가스기능사 실기

예문사

Preface

머리말

가스기능사 실기시험에 응시하시는 여러분 안녕하십니까? 가스라는 학문을 새롭게 대하는 초보자와 수험생 여러분을 환영합니다.

현대 생활이 복잡해지고 다양해지는 것은 누구도 막을 수 없고 새로운 진화로 재생산되어야함은 자명한 일입니다. 이제 가스는 우리 생활에 밀접한 에너지 연료로부터 첨단 기술인 반도체 공정까지 사용하지 않는 분야가 없을 정도로 다양화되고 있으며, 따라서 이를 다루는 학문은 앞으로도 발전가능성이 무궁무진할 것입니다.

그동안 가스 분야에 종사하면서 쌓은 경험과 지식을 바탕으로 이 분야에 새로운 기술인의 입문을 독려하고 자격증 취득에 도움을 드리고자 이 책을 집필하게 되었습니다. 특히, 2021년부터 기능사 실기시험이 새로운 유형으로 변경되어 새로운 기준에 맞춘 내용을 수록하였습니다.

이 책의 구성과 특징은 다음과 같습니다.

- 1편은 핵심요점으로 실기시험에 꼭 필요한 내용을 숙지할 수 있도록 핵심만 간추려 정리하였습니다.
- 2편에는 필답형 예상문제와 해설을 수록하였습니다.
- 3편에는 동영상 과년도 기출문제와 해설을 수록하였습니다. 기출문제 중에서 중요도가 높은 문제를 뽑아 사진과 함께 수록하여 수험생들이 쉽게 이해하고 실기시험에 대비할 수 있도록 하였습니다.
- 부록에는 필답형 및 동영상 최신 기출문제를 실어 출제경향을 파악하고 실전에 대비할 수 있도록 하였습니다.

이 책을 출간하면서 최대한 수험생의 입장에서 쓰려고 노력하였으나 부족하고 미비한 부분이 있다면 지속적으로 보완하겠습니다. 이 한 권의 책으로 수험생 모두가 자격을 취득하고 미래의 행운과 축복이 함께할 것을 기원합니다.

저자 일동

Craftsman Gas

가스기능사 실기 출제기준

직무 분야	안전관리	중직무 분야	안전관리	자격 종목	가스기능사	적용 기간	2025.1.1.~2028.12.31.

○ 직무내용 : 가스 시설의 운용, 유지관리 및 사고예방조치 등의 업무를 수행하는 직무이다.
○ 수행준거 : 1. 가스시설에 대한 기초적인 지식과 기능을 가지고 각종 가스 설비를 운용할 수 있다.
　　　　　　2. 가스설비에 대한 운전·저장·취급과 유지관리를 할 수 있다.
　　　　　　3. 가스기기와 설비에 대한 검사업무 및 가스안전관리 업무를 수행할 수 있다.
　　　　　　4. 가스로 인한 질식·화재·폭발사고를 예방·관리할 수 있다.

실기검정방법	복합형	시험시간	2시간 정도 (필답형 : 1시간, 작업형 : 1시간 정도)

실기 과목명	주요항목	세부항목	세세항목
가스 안전 실무	1. 가스 특성 활용	1. 가스 특성 활용하기	1. 가스의 종류별 물리·화학적 기초지식을 이해하고 취급할 수 있다. 2. 고압가스의 위험 특성을 이해하고 취급할 수 있다. 3. 액화석유가스의 위험 특성을 이해하고 취급할 수 있다. 4. 도시가스의 위험 특성을 이해하고 취급할 수 있다.
	2. 가스시설 유지관리	1. 가스설비 운용하기	1. 제조, 저장, 충전장치의 종류별 작동 원리를 이해하고 운용할 수 있다. 2. 기화장치의 종류별 작동 원리를 이해하고 운용할 수 있다. 3. 저온장치의 종류별 작동 원리를 이해하고 운용할 수 있다. 4. 가스용기, 저장탱크를 관리 및 운용할 수 있다. 5. 펌프 및 압축기의 종류별 작동 원리를 이해하고 운용할 수 있다.
		2. 가스설비 작업하기	1. 가스설비 설치를 할 수 있다. 2. 가스설비 유지관리를 할 수 있다.
		3. 가스안전설비·제어 및 계측기기 운용하기	1. 온도계의 구조 및 원리를 이해하고, 유지 보수할 수 있다. 2. 압력계의 구조 및 원리를 이해하고, 유지 보수할 수 있다. 3. 액면계의 구조 및 원리를 이해하고, 유지 보수할 수 있다.

실기 과목명	주요항목	세부항목	세세항목
가스 안전 실무	2. 가스시설 유지관리	3. 가스안전설비·제어 및 계측기기 운용하기	4. 유량계의 구조 및 원리를 이해하고, 유지 보수할 수 있다. 5. 가스검지기기의 구조 및 원리를 이해하고, 운용할 수 있다. 6. 각종 제어기기의 구조 및 원리를 이해하고, 운용할 수 있다. 7. 각종 안전장치의 구조 및 원리를 이해하고, 운용할 수 있다.
	3. 가스 법령 활용	1. 고압가스 안전관리법 활용하기	1. 고압가스 안전관리법을 활용하여 고압가스 시설의 운용·유지관리를 할 수 있다.
		2. 액화석유가스의 안전관리 및 사업법 활용하기	1. 액화석유가스의 안전관리 및 사업법을 활용하여 액화석유가스 시설의 운용·유지관리를 할 수 있다.
		3. 도시가스사업법 활용하기	1. 도시가스사업법을 활용하여 도시가스 시설의 운용·유지관리를 할 수 있다.
		4. 수소경제 육성 및 수소 안전관리에 관한 법률 활용하기	1. 수소경제 육성 및 수소 안전관리에 관한 법률을 활용하여 수소 관련 시설의 운용·유지관리를 할 수 있다.
	4. 가스사고 예방·관리	1. 가스시설 안전관리하기	1. 가스 사고예방 작업을 할 수 있다. 2. 가스 안전장치를 유지관리를 할 수 있다. 3. 가스 연소기기의 구조 및 기능에 대하여 알 수 있다. 4. 가스화재·폭발의 위험 인지와 응급대응을 할 수 있다.

Contents
차례

PART 1
핵심요점

CHAPTER 01	가스의 기초	2
CHAPTER 02	가스의 구분	9
CHAPTER 03	가스의 연소	11
CHAPTER 04	가스화재 및 폭발 예방	15
CHAPTER 05	가스의 성질, 제조방법 및 용도	20

PART 2
필답형 예상문제

CHAPTER 01	고압가스	34
SECTION 1	가스의 기초	34
SECTION 2	각종 가스의 종류 및 특성	42
SECTION 3	액화석유가스(LP가스)의 특성	53
SECTION 4	도시가스의 특성	67
SECTION 5	연소 및 연소장치의 특성	74
SECTION 6	고압장치 및 가스저장장치	82
SECTION 7	가스압축기 및 펌프의 특성	89
CHAPTER 02	계측기기	99
SECTION 1	계측기기 개요	99
SECTION 2	압력계의 종류 및 특성	105
SECTION 3	온도계의 종류 및 특성	110
SECTION 4	유량계의 종류 및 특성	119

SECTION 5	액면계의 종류 및 특성	124
SECTION 6	가스분석계 및 습도계의 특성	126
SECTION 7	자동제어의 특성	134

CHAPTER 03 가스안전관리 — 141

SECTION 1	가스폭발범위, 독성 가스 허용농도	141
SECTION 2	고압가스 안전관리법	144
SECTION 3	액화석유가스의 안전관리 및 사업법	159
SECTION 4	도시가스사업법	168

PART 3
동영상 과년도 기출문제 (2010~2020년)

CHAPTER 01 도시가스, LPG 안전 — 186

SECTION 1	도시가스 안전 및 설비	186
SECTION 2	LPG 안전	208
SECTION 3	일반가스 및 초저온가스	246

CHAPTER 02 가스용 부속장치 및 설비용 기기 — 253

SECTION 1	압축기의 종류 및 특성	253
SECTION 2	가스용 펌프	257
SECTION 3	정압기 및 압력조정기	260
SECTION 4	가스미터기	270
SECTION 5	가스배관의 재질 및 관 이음장치	277
SECTION 6	가스용 충전 및 저장용기	291
SECTION 7	가스분석, 계측장치	309
SECTION 8	용기, 배관의 비파괴검사	314
SECTION 9	용기의 충전질량 및 침입열량	317

CHAPTER 03 안전장치, 안전관리 — 319

SECTION 1	방폭구조 및 위험장소 안전장치	319
SECTION 2	벤트스택 및 플레어스택	325
SECTION 3	가스누설시험 및 기밀시험	326
SECTION 4	전기방식	329
SECTION 5	고압가스 자동차 운반차량	331

APPENDIX

필답형·동영상 최신 기출문제 (2021~2024년)

CHAPTER 01 2021년 1회 기출문제 — 334
- SECTION 1 필답형 — 334
- SECTION 2 동영상 — 338

CHAPTER 02 2021년 2회 기출문제 — 342
- SECTION 1 필답형 — 342
- SECTION 2 동영상 — 346

CHAPTER 03 2021년 3회 기출문제 — 350
- SECTION 1 필답형 — 350
- SECTION 2 동영상 — 353

CHAPTER 04 2021년 4회 기출문제 — 357
- SECTION 1 필답형 — 357
- SECTION 2 동영상 — 361

CHAPTER 05 2022년 1회 기출문제 — 365
- SECTION 1 필답형 — 365
- SECTION 2 동영상 — 369

CHAPTER 06 2022년 2회 기출문제 — 373
- SECTION 1 필답형 — 373
- SECTION 2 동영상 — 377

CHAPTER 07 2022년 3회 기출문제 — 381
- SECTION 1 필답형 — 381
- SECTION 2 동영상 — 384

CHAPTER 08 2022년 4회 기출문제 — 388
- SECTION 1 필답형 — 388
- SECTION 2 동영상 — 393

CHAPTER 09 2023년 1회 기출문제 — 398

- SECTION 1 　필답형 — 398
- SECTION 2 　동영상 — 402

CHAPTER 10 2023년 2회 기출문제 — 406

- SECTION 1 　필답형 — 406
- SECTION 2 　동영상 — 409

CHAPTER 11 2023년 3회 기출문제 — 413

- SECTION 1 　필답형 — 413
- SECTION 2 　동영상 — 416

CHAPTER 12 2023년 4회 기출문제 — 420

- SECTION 1 　필답형 — 420
- SECTION 2 　동영상 — 424

CHAPTER 13 2024년 1회 기출문제 — 428

- SECTION 1 　필답형 — 428
- SECTION 2 　동영상 — 432

CHAPTER 14 2024년 2회 기출문제 — 436

- SECTION 1 　필답형 — 436
- SECTION 2 　동영상 — 440

가스기능사 실기시험이 2020년까지는 (가스배관작업＋가스동영상)이었으나 2021년부터는 실기시험 방법이 변경되어 (필답형＋동영상)시험으로 시행되고 있습니다.

필답형 실기시험의 경우 기출문제가 부족해서 감을 잡기가 어렵습니다. 따라서 저자가 운영하고 있는 **네이버카페 '가냉보열'의 가스 시험 자료실**을 참고하시기 바랍니다.

PART 1
핵심요점

CHAPTER 01 가스의 기초
CHAPTER 02 가스의 구분
CHAPTER 03 가스의 연소
CHAPTER 04 가스화재 및 폭발 예방
CHAPTER 05 가스의 성질, 제조방법 및 용도

CHAPTER 01 가스의 기초

01 압력

1. 표준대기압(atm)
지구상의 표면에 작용하는 압력(토리첼리의 진공 수은높이 76cm)을 말한다.

$$1기압(atm) = 760mmHg = 76cmHg = 10.332mH_2O = 30inHg = 14.7lb/in^2(psi)$$
$$= 1.0332kg/cm^2 = 1.013bar = 0.101325MPa = 101.325kPa$$

2. 게이지압력(Gauge Pressure)
대기압을 0으로 측정한 압력($kg/cm^2 \cdot G$)을 말한다.

3. 절대압력(Absolute Pressure)
완전 진공상태의 압력($kg/cm^2 \cdot abs$)을 말한다.
① 절대압력 = 대기압 + 게이지압력
② 절대압력 = 대기압 - 진공압

> **Reference**
> - 절대압력 단위 뒤에는 abs(absolute) 또는 a를 표시한다.
> - 절대압력 기호의 표시가 없으면 게이지압력으로 본다.

4. 진공압
대기압보다 낮은 압력(cmHgV)
진공 절대압 = 대기압 - 진공압

02 온도

1. 섭씨온도(Celsius, ℃)
물의 어는점을 0℃, 끓는점을 100℃로 100등분하여 사용하는 온도를 말한다.

2. 화씨온도(Fahrenheit, °F)

물의 어는점을 32°F, 끓는점을 212°F로 180등분하여 사용하는 온도를 말한다.

$$t(℃) = \frac{5}{9}(t°F - 32)$$

$$t(°F) = \frac{9}{5}(t℃ + 32)$$

3. 절대온도(Absolute Temperature)

역학적으로 분자의 운동에너지가 0인 정지 상태를 말한다.

$$K(Kelvin) = 273 + t(℃)$$

$$R(Rankine) = 460 + t(°F)$$

> **Reference**
>
> 273K = 0℃ = 32°F = 492°R(물의 빙점 기준)

03 열량(Heat Quantity)

1. 열량 단위

① 1kcal : 대기압에서 물 1kg의 온도를 1℃ 올리는 데 필요한 열량
② 1BTU : 대기압에서 물 1 lb의 온도를 1°F 올리는 데 필요한 열량
③ 1CHU : 대기압에서 물 1 lb의 온도를 1℃ 올리는 데 필요한 열량

▼ 열량 단위의 비교

kcal	BTU	CHU
1	3.968	2.205
0.252	1	0.556
0.4536	1.8	1

2. 열용량(Heat Capacity Thermal)

어떤 물질의 온도를 1℃ 올리는 데 필요한 열량을 말한다.

열용량(H) = 물질의 질량(G) × 비열(kcal/kg · ℃)

3. 비열(Specific Heat)

어떤 물질 1kg의 온도를 1℃ 올리는 데 필요한 열량(kcal/kg · ℃)을 말한다.

▼ 물질의 비열

물질명	비열(kcal/kg · ℃)	물질명	비열(kcal/kg · ℃)
물	1	알루미늄	0.24
얼음	0.5	구리	0.094
공기	0.24	바닷물	0.94
수증기	0.44	중유	0.45

4. 현열과 잠열

① 현열(감열, Sensible Heat) : 어떤 물질이 상태 변화가 생기지 않고 온도 변화만 일으키는 열

$$Q_s = G \cdot C \cdot \Delta t$$

여기서, Q_s : 현열량(kcal) G : 물질의 무게(kg)
C : 물질의 비열(kcal/kg · ℃) Δt : 온도차(℃)

② 잠열(Latent Heat) : 어떤 물질이 온도 변화가 생기지 않고 상태 변화만 일으키는 열

$$Q_L = G \cdot r$$

여기서, Q_L : 잠열량(kcal) G : 물질의 무게(kg)
r : 물질의 잠열(kcal/kg)

Reference
- 얼음의 융해잠열 : 79.68kcal/kg
- 물의 증발잠열 : 539kcal/kg

04 밀도, 비중

1. 밀도(Density, ρ)

단위 체적이 갖는 질량(kg/m³)을 말한다.

① 밀도$(\rho) = \dfrac{질량(m)}{체적(V)}$

② 기체의 밀도 $= \dfrac{기체\ 분자량}{22.4\text{L}}$

2. 비중량(Specific Weight, γ)

단위 체적이 갖는 중량(kg/m³)을 말한다.

① 비중량$(\gamma) = \dfrac{중량(G)}{체적(V)}$

② 1기압, 4℃일 때 순수한 물의 비중량은 1이며, 절대단위로 9,800N/m, 중력단위로 1,000 kgf/m³이다(물 1,000kg/m³ = 1ton/m³).

3. 비체적(Specific Volume)

밀도의 역수로 단위 중량 또는 질량이 차지하는 체적을 말한다.

① 비체적$(\Delta v) = \dfrac{체적(V)}{중량(G)} = \dfrac{1}{\gamma}$

② 기체의 비체적 $= \dfrac{22.4L}{기체\ 분자량}$

4. 비중(Specific Gravity)

물 4℃의 무게와 같은 체적을 갖는 어떤 물질의 무게비로, 무차원이다.

① 비중$(S) = \dfrac{물질의\ 밀도}{4℃\ 물의\ 밀도}$

② 기체의 비중 $= \dfrac{기체\ 분자량}{공기\ 분자량(29)}$

③ 수은의 비중은 13.6kg/m³이다.

 Reference

- 경금속 : 비중이 4 이하인 금속 예 K, Mg, Ca
- 중금속 : 비중이 4 이상인 금속 예 Cu, Pb

5. 가스 비중

표준상태(0℃, 1기압)에서 공기 일정부피당 질량과 가스 부피 무게비

가스 비중 $= \dfrac{기체\ 분자량(질량)}{공기\ 분자량(29)}$

05 가스의 기초 법칙

1. 이상기체 법칙

① 보일의 법칙(Boyle's Law) : 일정 온도에서 압력과 부피는 서로 반비례한다.

$$P_1 V_1 = P_2 V_2$$

여기서, P_1 : 변하기 전의 압력(atm) P_2 : 변한 후의 압력(atm)
V_1 : 변하기 전의 부피(L) V_2 : 변한 후의 부피(L)

② 샤를의 법칙(Charle's Law) : 일정 압력에서 부피는 절대온도에 비례한다.

$$\frac{V_1}{T_1} = \frac{V_2}{T_2}$$

③ 보일-샤를의 법칙 : 기체의 부피와 압력은 서로 반비례하고 절대온도에 정비례한다.

$$\frac{P_1 V_1}{T_1} = \frac{P_2 V_2}{T_2}$$

여기서, P_1 : 변하기 전의 압력(atm)　　P_2 : 변한 후의 압력(atm)
　　　　V_1 : 변하기 전의 부피(L)　　　V_2 : 변한 후의 부피(L)
　　　　T_1 : 변하기 전의 온도(K)　　　T_2 : 변한 후의 온도(K)

2. 이상기체 상태방정식

① 보일-샤를의 법칙과 아보가드로 법칙을 결합하여 온도, 압력, 부피 관계를 나타낸 상태식이다.

$$PV = nRT = \frac{w}{M}RT$$

여기서, P : 절대압력　　　　　V : 기체부피
　　　　n : 몰수　　　　　　　R : 기체상수(0.082L · atm/mol · K)
　　　　T : 절대온도　　　　　w : 질량
　　　　M : 분자량

② 이상기체상수(R)는 단위의 선택방법에 따라 다음과 같이 나타낸다.

㉠ $R = \dfrac{PV}{nT} = \dfrac{1\text{atm} \times 22.4\text{L}}{1\text{mol} \times 273\text{K}} = 0.08205\text{L} \cdot \text{atm/mol} \cdot \text{K}$

㉡ $R = \dfrac{PV}{nT} = \dfrac{1.0332 \times 10^4 \text{kg/m}^2 \times 22.4\text{m}^3}{1\text{kmol} \times 273\text{K}} = 848\text{kg} \cdot \text{m/kmol} \cdot \text{K}$

㉢ $R = 848 \dfrac{\text{kg} \cdot \text{m}}{\text{kmol} \cdot \text{K}} \times \dfrac{1\text{kcal}}{427\text{kg} \cdot \text{m}} = 1.986\text{kcal/kmol} \cdot \text{K}$

㉣ $R = \dfrac{PV}{nT} = \dfrac{1.01325 \times 10^6 \text{dyne/cm}^2 \times 22.4 \times 10^3 \text{cm}^3}{1\text{mol} \times 273\text{K}} = 8.314 \times 10^7 \text{erg/mol} \cdot \text{K}$

㉤ $R = 8.314\text{J/mol} \cdot \text{K}$

3. 실제 기체

① 실제 기체(자연계 기체) : 이상기체는 존재할 수 없으나 학문상 정리된 가스지만, 실제기체는 분자 간의 인력과 부피가 존재하므로 이에 대한 보정을 필요로 하는 가스를 말한다.

② 실제 기체의 상태방정식

$$1\,\text{mol} = \left(P + \frac{a}{V^2}\right)(V - b) = RT$$

$$n\,\text{mol} = \left(P + \frac{n^2 a}{V^2}\right)(V - nb) = nRT$$

여기서, P : 압력(atm)
V : 체적(L)
a : 기체의 종류에 따른 정수로 반데르발스 정수($L^2 \cdot atm/mol^2$)
b : 기체의 종류에 따른 정수로 반데르발스 정수(L/mol)
R : 기체상수(L · atm/mol · K)
T : 절대온도(K)
$\dfrac{a}{V^2}$: 기체 분자 간의 인력
b : 기체 자신이 차지하는 부피

4. 돌턴(Dolton)의 분압 법칙

전체의 압력은 각 성분의 분압의 합과 같다.

$$P = P_1 + P_2 + P_3 + \cdots\cdots$$

여기서, P : 전압
P_1, P_2, P_3 : 성분기체의 분압

① 분압 = 전압 × $\dfrac{성분기체몰수}{전\ 몰수}$

② $\dfrac{성분기체몰수}{전\ 몰수} = \dfrac{성분기체부피비}{전\ 부피} = \dfrac{성분기체수}{전\ 분자수}$

즉, 몰%, = 부피% = 분자수%

5. 그레이엄(Graham)의 기체 확산속도 법칙

기체의 분자가 공간을 퍼져나가는 현상을 확산이라 하며, 기체 확산속도는 일정한 온도와 압력 하에서 그 기체의 분자량의 제곱근에 반비례한다.

$$\frac{U_b}{U_a} = \sqrt{\frac{M_a}{M_b}} = \frac{T_a}{T_b}$$

여기서, U_a, U_b : a, b 각 성분기체의 확산속도
M_a, M_b : a, b 각 성분기체의 분자량
T_a, T_b : a, b 각 성분기체의 확산시간

6. 헨리(Henry)의 법칙

용해도가 그리 크지 않은 기체의 용해도에 대하여 일정온도에서 일정량의 용매에 용해되는 기체의 질량은 압력에 정비례한다.

> **Reference**
> - 헨리법칙 적용 기체 : H_2, O_2, N_2, CO_2 등
> - 헨리법칙 적용 제외 : NH_3, HCl, H_2 등

7. 라울(Raoult)의 법칙

휘발성분의 증기압은 용액을 구성하는 각 성분 증기압의 몰분율에 비례한다.

$$P_A = P_a \times X_a, \quad P_B = P_b \times X_b$$
$$P = P_A + P_B$$

여기서, P_a, P_b : A, B 각 성분의 고유 증기압
X_a, X_b : A, B 각 성분의 몰분율(V%)
P_A, P_B : A, B 각 성분의 증기압
P : 전 증기압

> **Reference**
> - 임계(Critical) 온도 : 액화할 수 있는 최고의 온도
> - 임계(Critical) 압력 : 액화할 수 있는 최저의 압력
> - 기체가 액화되기 쉬운 조건 : 임계온도는 낮추고, 임계압력은 높인다.

CHAPTER 02 가스의 구분

01 가연성 가스

1. 정의

공기 중에서 연소하는 가스로서 폭발한계의 하한이 10% 이하인 것과 폭발한계의 상한과 하한의 차가 20% 이상인 것

▼ 가연성 가스의 폭발범위

가스명	화학식	폭발범위 (하한치~상한치)	가스명	화학식	폭발범위 (하한치~상한치)
아세틸렌	C_2H_2	2.5~81%	메탄	CH_4	5~15%
산화에틸렌	C_2H_4O	3~80%	프로판	C_3H_8	2.1~9.5%
수소	H_2	4~75%	부탄	C_4H_{10}	1.8~8.4%
일산화탄소	CO	12.5~74%	암모니아	NH_3	15~28%
이황화탄소	CS_2	1.25~44%	브롬화메탄	CH_3Br	13.5~14.5%
시안화수소	HCN	6~41%	벤젠	C_6H_6	1.3~7.9%
에틸렌	C_2H_4	2.7~36%	염화메탄	CH_3Cl	8.3~18.7%
에탄	C_2H_6	3~12.5%	황화수소	H_2S	4.3~45%

2. 폭발범위와 압력 영향

① 일반적으로 가스압력이 높을수록 발화온도는 낮아지고, 폭발범위는 넓어진다.
② 수소는 10atm 정도까지는 폭발범위가 좁아지고, 그 이상의 압력에서는 넓어진다.
③ 일산화탄소는 압력이 높을수록 폭발범위가 좁아진다.
④ 가스의 압력이 대기압 이하로 낮아지면 폭발범위가 좁아진다.

02 조연성 가스

1. 정의 : 자신은 연소하지 않고 연소를 도와주는 가스
2. 조연성 가스의 예 : 산소, 공기, 불소, 염소 등

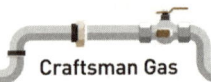

03 독성 가스

1. 정의
인체에 유해한 독성을 가진 가스로서 허용농도가 5,000ppm 이하인 것

2. 허용농도
해당 가스를 성숙한 흰쥐 집단에게 대기 중에서 1시간 동안 계속하여 노출시킨 경우 14일 이내에 그 흰쥐의 2분의 1 이상이 죽게 되는 가스의 농도를 말한다.

▼ 독성 가스의 허용농도

가스명	화학식	허용농도(ppm)	가스명	화학식	허용농도(ppm)
포스겐	$COCl_2$	0.05	황화수소	H_2S	10
오존	O_3	0.1	시안화수소	HCN	10
불소	F_2	0.1	벤젠	C_6H_6	10
브롬	Br	0.1	브롬화메탄	CH_3Br	20
인화수소	PH_3	0.3	암모니아	NH_3	25
염소	Cl_2	1	일산화질소	NO	25
불화수소	HF	3	산화에틸렌	C_2H_4O	50
염화수소	HCl	5	일산화탄소	CO	50
아황산가스	SO_2	5	염화메탄	CH_3Cl	100

04 기타 가스

1. **압축가스** : 상온에서 압축하여도 쉽게 액화되지 않는 가스  수소, 질소, 산소
2. **액화가스** : 상온, 낮은 압력에서 액화되는 가스 예 LPG, LNG, 암모니아, 염소
3. **불연성 가스** : 연소하지 않는 가스 예 질소, 이산화탄소, 0족 원소, 수증기

> **Reference**
>
> **고압가스의 종류와 범위**
> - 35℃ 또는 상용의 온도에서 압력이 1MPa 이상이 되는 압축가스(C_2H_2는 제외)
> - 15℃의 온도에서 압력이 0MPa을 초과하는 아세틸렌가스
> - 35℃ 또는 상용의 온도에서 압력이 0.2MPa 이상이 되는 액화가스
> - 35℃의 온도에서 압력이 0Pa을 초과하는 액화가스 중 액화시안화수소, 액화브롬화메탄 및 액화산화에틸렌가스

CHAPTER 03 가스의 연소

01 연소 현상

1. 연소
가연성 물질이 공기 중의 산소와 결합하여 열과 빛을 발생하는 급격한 산화 현상을 말한다.

2. 연소의 3요소
가연성 물질, 연소를 돕는 조연성 가스인 산소, 그리고 불씨를 말하는 점화원으로 구분할 수 있다.

02 연소의 종류

1. 확산연소
수소, 아세틸렌 등과 같이 가연성 가스가 공기분자가 서로 확산에 의하여 혼합되면서 연소하는 형태

2. 증발연소
알코올, 에테르 등의 가연성 액체에서 생긴 증기에 착화하여 연소하는 형태

3. 분해연소
종이, 석탄 등의 고체가 연소하면서 열분, 가연성 가스를 수반하여 연소하는 형태

4. 표면연소
숯, 석탄, 금속분 등과 같이 고체 표면에서 공기와 접촉한 부분에서 착화되어 연소하는 형태

5. 자기연소
산화에틸렌, 에스테르 등과 같이 자체 산소가 있어 산소 없이 연소하는 형태

03 연소 특성

1. 공기비가 클 경우 연소에 미치는 영향
① 연소실 내의 온도가 저하한다.
② 배기가스에 의한 열손실이 많아진다.
③ 저온 부식 및 대기오염을 유발한다.

2. 공기비가 작을 경우 연소에 미치는 영향
① 불완전 연소에 의한 매연 발생이 크다.
② 미연소에 의한 열손실이 증가한다.
③ 미연소 가스에 의한 폭발 사고의 원인이 된다.

04 이론연소온도와 실제연소온도

1. 이론연소온도
완전 연소되었을 경우 최고의 화염 온도를 말하며, 다음의 식으로 표현된다.

$$이론연소온도(t) = \frac{H_l \times G}{G_o \times C_p} + t_o$$

여기서, H_l : 저위발열량(kcal/m³)
 G : 실제연소가스량(m³/m³)
 G_o : 이론연소가스량(m³/m³)
 C_p : 평균정압비열(kcal/m³·℃)
 t_o : 기준온도(℃)

2. 실제연소온도
연료가 실제로 연소할 때 주위의 열손실에 의해 이론연소온도보다 낮아진다. 이에 대한 개략적인 실제연소온도는 다음의 식으로 표현된다.

$$실제연소온도(t) = \frac{H_l + A_h + G_h - Q}{G \times C_p} + t_o$$

여기서, A_h : 공기의 현열
 G_h : 연료의 현열
 Q : 방산열량

05 연소 계산

1. 탄소 · 수소 · 황의 연소

연료는 탄소(C), 수소(H), 산소(O), 황(S), 질소(N)와 회분(A), 수분(W) 등으로 구성되어 있는데, 산소와 화합하여 연소할 수 있는 가연원소의 연소에 관계되는 반응물질과 생성물질 간의 양적 관계를 산정한다.

① 탄소의 연소

반응식	C(s)	+	O_2	→	CO_2
몰비	1kmol		1kmol		1kmol
질량비	12kg		32kg		44kg
부피비			22.4Nm³		22.4Nm³

② 수소의 연소

반응식	H_2	+	$\frac{1}{2}O_2$	→	H_2O
몰비	1kmol		0.5kmol		1kmol
질량비	2kg		16kg		18kg
부피비			11.2Nm³		22.4Nm³

③ 황의 연소

반응식	S(s)	+	O_2	→	SO_2
몰비	1kmol		1kmol		1kmol
질량비	32kg		32kg		64kg
부피비			22.4Nm³		22.4Nm³

2. 기체연료의 연소

① 탄화수소의 완전 연소식

$$C_mH_n + (m + \frac{n}{4})O_2 \rightarrow mCO_2 + \frac{n}{2}H_2O$$

② 수소와 탄화수소의 연소반응식

㉠ 수소 : $H_2(g) + \frac{1}{2}O_2 \rightarrow H_2O(g)$

㉡ 일산화탄소 : $CO + \frac{1}{2}O_2 \rightarrow CO_2$

㉢ 메탄 : $CH_4 + 2O_2 \rightarrow CO_2 + 2H_2O$

㉣ 아세틸렌 : $2C_2H_2 + 5O_2 \rightarrow 4CO_2 + 2H_2O$

㉤ 프로판 : $C_3H_8 + 5O_2 \rightarrow 3CO_2 + 4H_2O$

㉥ 부탄 : $C_4H_{10} + 6.5O_2 \rightarrow 4CO_2 + 5H_2O$

③ 기체 부피로 구하는 계산식

㉠ 이론산소량(O_o) = $\frac{1}{2}H_2 + \frac{1}{2}CO + (m - \frac{n}{4})C_mH_n - O_2$ [Nm³/Nm³]

㉡ 이론공기량(A_o) = [$\frac{1}{2}H_2 + \frac{1}{2}CO + (m - \frac{n}{4})C_mH_n - O_2$] × $\frac{1}{0.21}$ [Nm³/N³]

④ 공기비 계산

$$m = \frac{실제공기량(A)}{이론공기량(A_o)} = 1 + \frac{과잉공기}{A_o}$$

$$= \frac{21}{21 - O_2} = \frac{(CO_2)_{max}}{CO_2}$$

$$= \frac{21N_2}{21N_2 - 79(O_2 - 0.5CO)}$$

$$= \frac{N_2}{N_2 - 3.76(O_2 - 0.5CO)}$$

※ 과잉공기율(%) = $(m - 1) \times 100 = \frac{A - A_o}{A_o} \times 100$

CHAPTER 04 가스화재 및 폭발 예방

01 폭발(Explosion)

1. 폭발
급격한 압력의 발생 또는 해방의 결과로 대단히 빠르게 연소를 진행하여 파열되거나 팽창의 결과로 열팽창과 동시에 매우 큰 파괴력을 일으키는 현상을 말한다.

2. 폭발의 종류
① 화학적 폭발 : 폭발성 혼합가스에 점화 등으로 화학적 반응에 의한 폭발
② 압력의 폭발 : 압력용기의 폭발 또는 보일러 팽창탱크의 폭발
③ 분해폭발 : 산화에틸렌, 아세틸렌가스 등이 가압에 의해서 단일가스로 분리 폭발
④ 중합폭발 : 시안화수소 등 중합열에 의한 폭발
⑤ 촉매폭발 : 수소, 염소의 혼합가스에 직사일광 등으로 인한 폭발
⑥ 분진폭발 : 분진의 폭발(Mg, Al)

02 가스의 폭발

1. 가스폭발의 발생원인
온도, 압력, 가스의 조성, 용기의 크기 등

2. 인화점과 발화점
① 인화점 : 점화원을 가까이 하여 연소가 일어나는 최저온도
② 발화점(착화점) : 점화원 없이 스스로 연소가 일어나는 최저온도

3. 발화 지연
가열을 시작하여 발화온도에 이르는 시간

Reference

발화 지연이 짧아지는 요인
- 고온, 고압일수록
- 가연성 가스와 산소의 혼합비가 완전산화에 가까울수록

4. 발화점에 영향을 주는 인자

① 가연성 가스와 공기의 혼합비
② 발화가 생기는 공간의 형태와 크기
③ 가열속도와 지속시간
④ 기벽의 재질과 촉매효과
⑤ 점화원의 종류와 에너지 투여

5. 가스온도가 발화점까지 높아지는 이유

① 가스의 균일한 가열
② 외부 점화원에 의해 에너지를 한 부분에 국부적으로 주는 것

▼ 물질의 발화온도

명칭	발화온도(℃)	명칭	발화온도(℃)
수소	580~590	일산화탄소	630~658
메탄	615~682	가솔린	210~300
에틸렌	500~519	코크스	450~550
아세틸렌	400~440	석탄	330~450
프로판	460~520	건조한 목재	280~300
부탄	430~510	목탄	250~320

6. 안전간격

발성 혼합가스를 점화시켜 외부 폭발성 가스에 화염이 전달되지 않는 한계의 틈을 말한다. 안전간격에 따른 폭발 등급은 다음과 같다.

① 폭발 1등급(안전간격 0.6mm 초과) : 메탄, 에탄, 가솔린
② 폭발 2등급(안전간격 0.6mm 이하~0.4mm 초과) : 에틸렌, 석탄가스
③ 폭발 3등급(안전간격 0.4mm 이하) : 수소, 아세틸렌, 이황화탄소, 수성가스

7. 안전공간

충전 용기나 탱크에서 온도 상승에 따른 내용물의 팽창을 고려한 공간의 체적을 말한다.

$$안전공간(V\%) = \frac{공간부피(V_1)}{전체부피(V_0)} \times 100$$

03 폭굉과 폭굉유도거리

1. 폭굉(Detonation)
가스 중의 음속보다 화염전파속도가 큰 경우 파면선단에 충격파라는 솟구치는 압력으로 격렬한 파괴 작용이 일어나는 현상을 말한다.
① 정상연소속도 : 0.03~10m/sec
② 폭굉속도 : 1,000~3,500m/sec

2. 폭굉유도거리
최초 완만 연소에서 격렬한 폭굉으로 발전할 때까지의 거리를 말한다.

3. 폭굉유도거리가 짧아지는 요소
① 정상연소속도가 큰 혼합가스일수록
② 압력이 클수록
③ 관 속에 방해물이 있거나, 관경이 작은 경우
④ 점화원의 에너지가 큰 경우

04 폭발 방지대책

1. 최소산소농도(MOC : Minimum Oxygen Concentration)
화염을 전파하기 위하여 최소한도의 산소농도가 요구되는데 이때의 산소농도를 최소산소농도라 하며, 이는 폭발 및 화재 방지에 유용한 기준이 된다.

MOC(최소산소농도) = 산소몰수 × 연소하한계

2. 불활성화(Inerting)
CO_2, 수증기, N_2 등을 가연성 혼합기에 부가하여 그 연소범위를 축소시켜 소멸하는 소화방법을 말한다. 임계산소농도에서는 산소농도 부족으로 인하여 인체에 장해(산소결핍증)가 발생할 가능성이 있다.

3. 연소의 불활성화 작업방법
① 진공 퍼지(Vacuum Purge) : 장치 내부를 진공 후 불활성 가스를 주입하여 원하는 산소농도 이하가 되도록 하는 방법
② 가압 퍼지(Pressure Purge) : 장치 내부에 가압으로 불활성 가스를 주입하여 원하는 산소농도 이하가 되도록 하는 방법
③ 스위프 퍼지(Sweep Purge) : 한쪽에서는 불활성 가스를 주입하고 다른 한쪽에서는 내부 가스를 방출하는 방법으로 가압이나 진공이 어려울 경우에 사용한다.
④ 사이펀 퍼지(Siphon Purge) : 물을 채운 후 물을 방출함과 동시에 불활성 가스를 주입하는 방법으로 퍼지의 경비를 최소화할 수 있으며 대형 용기의 퍼지에 많이 사용한다.

05 폭발의 위험성 평가

1. 위험도

가연성 가스의 위험 정도를 판단하기 위한 것으로, 폭발범위를 하한계로 나눈 값을 말한다.

$$위험도(H) = \frac{U-L}{L}$$

여기서, H : 위험도
U : 폭발상한값(%)
L : 폭발하한값(%)

2. 르 샤틀리에(Le Chatelier) 법칙

혼합가스의 폭발범위를 구하는 식을 말한다.

$$\frac{100}{L} = \frac{V_1}{L_1} + \frac{V_2}{L_2} + \frac{V_3}{L_3} + \cdots\cdots$$

여기서, L : 혼합가스의 폭발한계치(하한계, 상한계)
L_1, L_2, L_3 : 각 성분가스의 단독 폭발한계치(하한계, 상한계)
V_1, V_2, V_3 : 각 성분가스의 분포 비율(부피%)

06 방폭구조와 위험장소

1. 방폭전기기기의 분류

① **내압방폭구조** : 방폭전기기기의 용기 내부에서 가연성 가스의 폭발이 발생할 경우 그 용기가 폭발압력에 견디고, 접합면, 개구부 등을 통하여 외부의 가연성 가스에 인화되지 아니하도록 한 구조를 말한다.
② **유입방폭구조** : 용기 내부에 절연유를 주입하여 불꽃·아크 또는 고온 발생부분이 기름 속에 잠기게 함으로써 기름면 위에 존재하는 가연성 가스에 인화되지 아니하도록 한 구조를 말한다.
③ **압력방폭구조** : 용기 내부에 보호가스(신선한 공기 또는 불활성 가스)를 압입하여 내부압력을 유지함으로써 가연성 가스가 용기 내부로 유입되지 아니하도록 한 구조를 말한다.
④ **안전증방폭구조** : 정상운전 중에 가연성 가스의 점화원이 될 전기불꽃·아크 또는 고온부분 등의 발생을 방지하기 위하여 기계적·전기적 구조상 또는 온도상승에 대하여 특히 안전도를 증가시킨 구조를 말한다.
⑤ **본질안전방폭구조** : 정상 시 및 사고 시에 발생하는 전기불꽃·아크 또는 고온부에 의하여 가연성 가스가 점화되지 아니하는 것이 점화시험, 기타 방법에 의하여 확인된 구조를 말한다.

⑥ 특수방폭구조 : 방폭구조로서 가연성 가스에 점화를 방지할 수 있다는 것이 시험, 기타 방법에 의하여 확인된 구조를 말한다.

▼ 방폭전기기기의 구조별 표시방법

방폭전기기기의 구조	표시방법
내압방폭구조	d
유입방폭구조	o
압력방폭구조	p
안전증방폭구조	e
본질안전방폭구조	ia 또는 ib
특수방폭구조	s

2. 위험장소의 분류

① 1종 장소
  ㉠ 상용의 상태에서 가연성 가스가 체류하여 위험하게 될 우려가 있는 장소
  ㉡ 정비보수 또는 누출 등으로 인하여 종종 가연성 가스가 체류하여 위험하게 될 우려가 있는 장소
② 2종 장소
  ㉠ 밀폐된 용기 또는 설비 내에 밀봉된 가연성 가스가 그 용기 또는 설비의 사고로 인해 파손되거나 오조작의 경우에만 누출할 위험이 있는 장소
  ㉡ 확실한 기계적 환기조치에 의하여 가연성 가스가 체류하지 않도록 되어 있으나 환기장치에 이상이나 사고가 발생한 경우에는 가연성 가스가 체류하여 위험하게 될 우려가 있는 장소
  ㉢ 1종 장소의 주변 또는 인접한 실내에서 위험한 농도의 가연성 가스가 종종 침입할 우려가 있는 장소
③ 0종 장소 : 상용의 상태에서 가연성 가스의 농도가 연속해서 폭발하한계 이상으로 되는 장소(폭발상한계를 넘는 경우에는 폭발한계 내로 들어갈 우려가 있는 경우를 포함한다)를 말한다.

CHAPTER 05 가스의 성질, 제조방법 및 용도

01 수소(Hydrogen, H_2)

1. 성질
① 상온에서 무색, 무취, 무미의 가연성 압축가스이다.
② 가장 밀도가 작고 가장 가벼운 기체이다.
③ 액체수소는 극저온으로 연성의 금속재료를 쉽게 취화시킨다.
④ 산소와 수소의 혼합가스를 연소시키면 2,000℃ 이상의 고온을 얻을 수 있다.
$2H_2 + O_2 \rightarrow 2H_2O + 135.6kcal$(수소폭명기)
⑤ 고온·고압하에서 강재 중의 탄소와 반응하여 메탄을 생성하며, 수소취화 현상이 있다.
$Fe_3C + 2H_2 \rightarrow CH_4 + 3Fe$(탈탄 작용)

> **Reference**
> - 탈탄 작용 방지금속 : W, Cr, Ti, Mo, V
> - 탈탄 작용 방지재료 : 5-6크롬강, 18-8스테인리스강

2. 제법
① 수전해법 : 물의 전기분해법(20% NaOH 사용)
② 수성가스법 : 석탄, 코크스의 가스화법(폭발등급 3등급)
③ 석유분해법 : 수증기 개질법, 부분산화법(파우더법)
④ 천연가스 분해법
⑤ 일산화탄소 전화법

3. 용도
① 공업용으로 금속의 용접이나 절단에 사용한다.
② 액체수소의 경우 로켓이나 미사일의 추진용 연료이다.

4. 폭발성 및 인체에 미치는 영향
① 염소, 불소와 반응하면 폭발(수소폭명기) 위험이 있다.
② 최소발화에너지가 매우 작아 미세한 정전기나 스파크로도 폭발의 위험이 있다.
③ 비독성으로 질식제로 작용한다.

02 산소(Oxygen, O_2)

1. 성질

① 비중은 공기를 1로 할 때 1.11이며, 무색, 무취, 무미의 기체이다.
② 화학적으로 화합하여 산화물을 만든다.
③ 순산소 중에서는 공기 중에서보다 심하게 반응한다.
④ 수소와는 격렬하게 반응하여 폭발하고 물을 생성한다.
⑤ 탄소와 화합하면 이산화탄소와 일산화탄소를 생성한다.
⑥ 산소－수소염은 2,000~2,500℃, 산소－아세틸렌염은 3,500~3,800℃에 달한다.
⑦ 산소는 그 자신은 폭발의 위험이 없지만 강한 조연성 가스이다.
⑧ 기름이나 그리스 같은 가연성 물질은 발화 시에 산소 중에서 거의 폭발적으로 반응한다.
⑨ 만일 유지류가 부착되어 있을 경우에는 사염화탄소 등의 용제로 세정한다.

2. 제법

① 물의 전기분해법 : $2H_2O \rightarrow 2H_2 + O_2$
② 공기액화분리법 : 비등점 차이에 의한 분리(O_2 : －183℃, N_2 : －195.8℃)

> **Reference**
>
> 공기액화장치의 종류
> - 전저압식 공기분리장치 : $5kg/cm^2$ 이하, 대용량 사용
> - 중압식 공기분리장치 : $10~30kg/cm^2$ 정도, 질소가 많음
> - 저압식 액산플랜트 방식 : $25kg/cm^2$ 이하, Ar 회수

3. 폭발성 및 인화성

① 물질의 연소성은 산소농도나 산소분압이 높아짐에 따라 현저하게 증대하고 연소속도의 급격한 증가, 발화온도의 저하, 화염온도의 상승 및 화염길이의 증가를 가져온다.
② 폭발한계 및 폭굉한계는 공기 중에 비해 산소 중에서 현저하게 넓고 물질의 점화에너지도 저하하여 폭발의 위험성이 증대한다.

4. 인체에 미치는 영향

① 기체 산소의 흡입은 인체에 독성 효과보다 강장의 효과가 있다.
② 산소 과잉이거나 순산소인 경우는 인체에 유해하다. 60% 이상의 고농도에서 12시간 이상 흡입하면 폐충혈이 되며 어린아이나 작은 동물에서는 실명 또는 사망하게 된다.

5. 장치 안전

① 산소가스용기 및 기계류에는 윤활유, 그리스 등을 사용하지 않는 금유 표시기기를 사용한다.
② 산소 압축기의 윤활유로 물이나 10% 이하의 글리세린수를 사용한다.
③ 산소의 최고압력은 $150kg/cm^2$이며, 용기 재질은 Mn강, Cr강, 18－8스테인리스강을 사용한다.

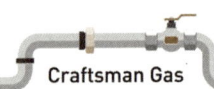

03 질소(Nitrogen, N₂)

1. 성질
① 상온에서 무색, 무취의 기체이며 공기 중에 약 78.1% 함유되어 있다.
② 불연성 기체로 분자 상태에서는 안정하나 원자 상태에서는 화학적으로 활발하다(NO, NO_2).
③ Mg, Li, Ca 등과 질화 작용을 한다(Mg_3N_2, Li_3N_2, Ca_3N_2).

2. 제법
① 공기 액화분리장치를 이용하여 제조한다.
② 아질산암모늄(NH_4NO_2)을 가열하여 제조한다.

3. 용도
① 급속 동결용 냉매로 사용한다.
② 산화 방지용 보호제로 사용한다.
③ 기기의 기밀시험용, 퍼지용 등으로 사용한다.

04 희가스

1. 성질
① 원소와 화합하지 않는 불활성 기체이다.
② 무색, 무취의 기체이며, 방전관 속에서 특유의 빛을 발생한다.

▼ 희가스의 물성

명칭	분자량	공기 중 분포	융점	비점	임계온도	임계압력	발광색
Ar	39.94	0.93%	−189.2℃	−185.8℃	−22℃	40atm	적색
Ne	20.18	0.0015%	−248.67℃	−245.9℃	−228.3℃	26.9atm	주황색
He	4.004	0.0005%	−272.2℃	−268.9℃	−267.9℃	2.26atm	황백색

※ Kr : 녹자색, Xe : 청자색, Rn : 청록색

2. 용도
네온사인용, 형광등 방전관용, 금속가공 제련 보호가스 등에 이용한다.

05 염소(Chlorine, Cl₂)

1. 성질
① 상온에서 심한 자극적인 냄새가 있는 황록색의 무거운 독성 기체이다(허용농도 1ppm).
② $-34℃$ 이하로 냉각시키거나, 6~8기압의 압력으로 액화되어 액체 상태로 저장한다.
③ 기체일 때 무게는 공기보다 약 2.5배 무겁고, 조연성 가스로 취급된다.
④ 수소와 염소가 혼합되었을 경우 폭발성을 가진다(염소폭명기).

2. 제법
소금을 전기분해하여 얻는다.
① 수은법 : 아말감(고순도)
② 격막법 : 공업용

3. 용도
① 수돗물을 살균한다.
② 펄프·종이·섬유를 표백한다.
③ 공업용수나 하수의 정화제로 이용한다.

4. 폭발성, 인화성 및 위험성
① 염소가스 분위기 중에 있는 금속을 가열하면, 금속이 연소된다.
② 염소와 아세틸렌이 접촉하면 자연발화의 가능성이 높다.
③ 독성 가스로서 호흡기에 유해하다.
④ 독성 제해제로는 소석회, 가성소다, 탄산소다 수용액을 사용한다.
⑤ 가용전(65~68℃)식 안전밸브에 사용한다.

06 암모니아(NH₃)

1. 성질
① 상온·상압하에서 자극이 강한 냄새를 가진 무색의 기체이다.
② 물에 잘 용해된다(0℃, 1atm에서 1,164배 용해됨).
③ 증발잠열이 크며, 독성, 가연성 가스이다.
④ 물 1cc에 800~900cc가 용해한다.

2. 제법
① 하버-보슈법 : $N_2 + 3H_2 \rightarrow 2NH_3 + 23kcal$(촉매 : $Fe + Al_2O_3$)
  ㉠ 고압법(600~1,000kg/cm² 이상) : 클로우드법, 카자레법
  ㉡ 중압법(300kg/cm²) : IG법, 뉴파우더법, 동공시법, JCI법

ⓒ 저압법(150kg/cm²) : 구데법, 켈로그법(경제적임)

② 석회질소법 : $3CaO + 3C + N_2 + 3H_2O \rightarrow 3CaCO_3 + 2NH_3$

3. 용도

① 질소비료, 황산암모늄 제조에 사용하며, 나일론, 아민류의 원료이다.

② 흡수식이나 압축식 냉동기의 냉매, 드라이아이스 제조에 사용한다.

4. 누출검지 및 인체에 미치는 영향

① 염산 수용액과 반응하면 흰 연기가 발생한다.

② 페놀프탈레인 용액과 반응한다(무색 → 적색).

③ 적색 리트머스 시험지와 반응한다(파란색).

④ 독성 가스로 최대 허용치는 25ppm이며, 고온·고압에서 질화 작용으로 18-8스테인리스강을 사용한다.

07 일산화탄소(CO)

1. 성질

① 무미, 무취, 무색의 기체이다.

② 독성이 강하며, 환원성의 가연성 기체이다.

③ 물에는 녹기 어렵고 알코올에 녹는다.

④ 금속과 반응하여 금속(Fe, Ni) 카보닐을 생성한다(카보닐 방지금속 : Cu, Ag, Al).

$Fe + 5CO \rightarrow Fe(CO)_5$

$Ni + 4CO \rightarrow Ni(CO)_4$

▼ 일산화탄소의 물성

분자량	비점	임계온도	임계압력	융점	연소범위	허용농도	비중(공기)
28	-192.2℃	139℃	35atm	-207℃	12.5~74.2%	50ppm	0.97

2. 제법

① 수성가스화법 : $CH_4 + H_2O \rightarrow CO + 2H_2$

② 석탄 코크스 습증기분해법 : $C + H_2O \rightarrow CO + H_2$

3. 용도

메탄올 합성, 포스겐 제조 등에 사용한다.

08 이산화탄소(CO_2)

1. 성질
① 무미, 무취, 무색의 기체이다.
② 독성이 없고, 불연성 기체로 공기보다 무겁다.
③ 물에는 녹기 어렵고, 물에 녹으면 약산성으로 관을 부식한다.

2. 제법
일산화탄소 전화반응, 석회석 가열, 코크스 연소 등의 방법으로 제조한다.

3. 용도
드라이아이스 제조, 요소((NH_2)$_2CO$) 원료, 탄산수, 소화제 등으로 이용한다.

09 LPG(Liquefied Petroleum Gas, 액화석유가스)

1. 성질
① 프로판, 부탄을 주성분으로 한 저급탄화수소로 보통 $C_3 \sim C_4$까지를 말한다.
② 기화 및 액화가 쉽다(기화잠열 : C_3H_8 101.8kcal/kg, C_4H_{10} 92kcal/kg). 프로판은 약 0.7MPa, 부탄은 약 0.2MPa 정도로 가압시키면 액화된다. 기화되어도 재액화될 가능성이 있다.
③ 공기보다 무겁고 물보다 가볍다.
④ 액화하면 부피가 작아진다.
⑤ 폭발성이 있으며, 연소 시 다량의 공기가 필요하다(C_3H_8 : 25배, C_4H_{10} : 32배).
⑥ 발열량 및 청정성이 우수하다.
  $C_3H_8 + 5O_2 \rightarrow 3CO_2 + 4H_2O + 530kcal/mol$
  $C_4H_{10} + 6.5O_2 \rightarrow 4CO_2 + 5H_2O + 700kcal/mol$
⑦ LPG는 고무, 페인트, 테이프 등의 유지류, 천연고무를 녹이는 용해성이 있다.
⑧ 무색, 무취이다(부취제인 메르캅탄을 첨가한다).

> **Reference**
>
> 공기 희석의 목적
> 열량 조절, 연소효율 증대, 재액화 방지, 누설손실 감소

▼ LPG의 물성

구분	분자량	비점	임계온도	임계압력	발화점	연소범위
C_3H_8	44	$-42.1℃$	$96.8℃$	42atm	$460 \sim 520℃$	$2.1 \sim 9.5\%$
C_4H_{10}	58	$-0.5℃$	$152℃$	37.5atm	$430 \sim 510℃$	$1.8 \sim 8.4\%$

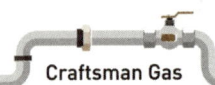

2. 제법
① 습성 천연가스 및 원유로부터 제조할 수 있으며, 압축냉동법, 흡수법(경유), 활성탄 흡수법이 있다.
② 제유소 가스로부터 제조한다.
③ 나프타 분해 및 수소화 분해 생성물로 얻어진다.

3. 용도
① 프로판은 가정용·공업용 연료로 많이 쓰이며, 내연기관의 연료로도 많이 쓰인다.
② 합성고무 원료인 부타디엔은 노르말부탄의 제조에 쓰인다.

4. 액화석유가스의 누출 시 주의사항
① LPG가 누출되면 공기보다 무거워서 낮은 곳에 고이게 되므로 특히 주의할 것
② 가스가 누출되었을 때는 부근의 착화원을 신속히 치우고 용기밸브, 중간밸브를 잠그고 창문 등을 열어 신속히 환기시킬 것
③ 용기의 안전밸브에서 가스가 누출될 때에는 용기에 물을 뿌려 냉각시킬 것

10 LNG(Liquefied Natural Gas, 액화천연가스)

1. LNG의 조성
천연가스는 메탄(CH_4)가스가 주성분이고, 약간의 에탄 등의 경질 파라핀계 탄화수소 외에도 황화수소, 이산화탄소 또는 부탄, 펜탄이 있다.

▼ LNG의 조성

구분	조성(Vol%)						액밀도	비점 (℃)
	CH_4	C_2H_6	C_3H_8	C_4H_{10}	C_5H_{12}	N_2		
보르네오산	88.1	5.0	4.9	1.8	0.1	0.1	465	-160
알래스카산	99.8	0.1	-	-	-	0.1	415	-162

2. 용도
① **연료** : 도시가스, 발전용 연료, 공업용 연료
② **한랭 이용** : 액화산소 및 액화질소의 제조, 냉동창고, 냉동식품, 저온분쇄(자동차 폐타이어, 대형폐기물, 플라스틱 등), 발전소 온·배수의 냉각
③ **화학공업의 원료** : 메탄올, 암모니아의 냉각

11 메탄(CH₄)

천연가스의 주성분인 메탄가스의 특성은 다음과 같다.

▼ 메탄의 물성

분자량	비점	임계온도	임계압력	융점	연소범위	발화점	비중(공기)
16	-162℃	-82.1℃	45.8atm	-182.4℃	5~15%	550℃	0.55

12 포스겐($COCl_2$)

1. 성질
① 순수한 것은 무색, 시판품은 짙은 황록색이며, 자극적인 냄새를 가진 유독가스이다.
② 서서히 분해하면서 유독하고 부식성이 있는 가스를 생성한다.
③ 300℃에서 분해하여 일산화탄소와 염소가 된다.
④ 표준품질은 순도 97% 이상이며, 유리염소 0.3% 이상이다.
⑤ 중화제 흡수제로 강한 알칼리를 사용한다.

2. 제법
① 일산화탄소와 염소로부터 제조 : $CO + Cl_2 \rightarrow COCl_2$
② 사염화탄소를 공기 중, 산화철, 습한 곳에서 생성한다.

13 아세틸렌(Acetylene, C_2H_2)

1. 성질
① 3중 결합을 가진 불포화 탄화수소로 무색의 기체이다.
② 비점(-84℃)과 융점(-81℃)이 비슷하여 고체 아세틸렌은 융해하지 않고 승화한다.
③ 물 1몰에 아세틸렌 1.1몰(15℃), 아세톤 1몰에 아세틸렌 25몰(15℃)이 녹는다.
④ 불꽃, 가열, 마찰 등에 의하여 자기분해를 일으키고, 수소와 탄소로 분해된다.
　　$C_2H_2 \rightarrow 2C + H_2 + 54.2 kcal/mol$
⑤ Cu, Hg, Ag 등의 금속과 결합하여 금속 아세틸라이드를 생성한다.
　　$C_2H_2 + 2Cu \rightarrow Cu_2C_2$(동 아세틸라이드) $+ H_2$

▼ 아세틸렌의 물성

분자량	융점	비점	임계온도	임계압력	연소범위
26	-82℃	83.8℃	36℃	61.7atm	2.1~81%

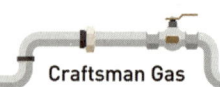

2. 제법
① 카바이드(Carbide)에 물을 가하여 제조 : $CaC_2 + 2H_2O \rightarrow C_2H_2 + Ca(OH)_2$
② 석유 크래킹(Creaking, 1,000~1,200℃)으로 제조 : $C_3H_8 \rightarrow C_2H_2 + CH_4 + H_2$

3. 용도
① 산소 · 아세틸렌염을 이용, 금속의 용접 및 절단에 사용한다.
② 벤젠, 부타디엔(합성고무원료), 알코올, 초산 등의 생산에 사용한다.

4. 아세틸렌가스 발생기 구분
① 가스발생기 종류로는 주수식, 침지식, 투입식이 있다.
② 습식 아세틸렌 발생기의 표면온도는 70℃ 이하를 유지하며, 적정온도는 50~60℃이다.
③ 아세틸렌 압축기의 윤활유는 양질의 광유를 사용하며, 온도에 관계없이 $25kg/cm^2$ 이상 압축을 금지한다.
④ 역화방지기 내부에 페로실리콘이나 물 또는 모래, 자갈을 사용한다.
⑤ 건조기 건조제로 $CaCl_2$를 사용한다.
⑥ 아세틸렌가스 청정제로 에퓨렌, 카타리솔, 리카솔(대표불순물 : H_2S, PH_3, NH_3, SiH_4)을 사용한다.
⑦ 아세틸렌가스 용제로 아세톤, DMF(디메틸포름아미드)를 사용한다.
⑧ 아세틸렌가스를 용제에 침윤시킨 다공도는 75~92% 이하로 한다.

$$다공도(\%) = \frac{V - E}{V} \times 100$$

여기서, V : 다공물질의 용적
E : 아세톤 침윤 후의 잔용적

14 산화에틸렌(CH_2CH_2O)

1. 성질
① 상온에서는 무색 가스로 에테르 냄새, 고농도에서는 자극적 냄새가 난다.
② 액체는 안정하나 증기는 폭발성, 가연성 가스로 중합 및 분해 폭발을 한다.
③ 아세틸라이드를 형성하는 금속(Cu, Hg, Ag)을 사용해서는 안 된다.

▼ 산화에틸렌의 물성

분자량	융점	비점	인화점	발화점	밀도	연소범위
44.05	-113℃	-10.4℃	-17.8℃	429℃	1.52	3~100%

2. 용도

에틸렌글리콜, 폴리에스테르 섬유 원료 등으로 이용한다.

15 프레온(Freon)

1. 성질

① 탄화수소와 할로겐 원소의 결합화합물로 무미, 무취, 무색의 기체이다.
② 독성이 없고, 불연성이며 비폭발성으로 열에 안정하다.
③ 액화하기 쉽고 증발잠열이 크다.
④ 약 800℃에서 분해하여 유독성의 포스겐 가스를 발생한다.
⑤ 천연고무나 수지를 침식시킨다.

▼ 프레온의 물성

품명	약칭	분자식	비중	할론 No.
사염화탄소	CTC	CCl_4	1.595	104
일염화일취화메탄	CB	CH_2BrCl	1.95	1011
일취화일염화이불화메탄	BCF	CF_2ClBr	2.18	1211
일취화메탄	MB	CH_3Br	-	1001
일취화삼불화메탄	MTB	CF_3Br	1.50	1301
이취화사불화에탄	FB^{-2}	$C_2F_4Br_2$	2.18	2402

2. 용도

냉동기 냉매, 테프론수지 생산, 에어졸 용제, 우레탄 발포제 등에 사용한다.

> **Reference**
> 핼라이드 토치 램프 색상으로 프레온가스 누설검사
> - 누설이 없을 때 : 청색
> - 소량 누설 시 : 녹색
> - 다량 누설 시 : 자색
> - 극심할 때 : 불 꺼짐

16 시안화수소(HCN)

1. 성질

① 복숭아 냄새의 무색 기체, 액체로 독성이 강하고 휘발하기 쉽다.
② 물, 암모니아수, 수산화나트륨 용액에 쉽게 흡수된다.
③ 장기간 저장하면 중합하여 암갈색의 폭발성 고체가 된다(60일 이내 저장).

▼ 시안화수소의 물성

분자량	융점	비점	인화점	발화점	밀도	연소범위	허용농도
27	−13.2℃	−25.6℃	−17.8℃	538℃	0.941	6~41%	10ppm

2. 제법

① 앤드류소법 : $CH_4 + NH_3 + \frac{3}{2}O_2 \rightarrow HCN + 3H_2O + 11.3\text{kcal}$

② 폼아미드법 : $CO + NH_3 \rightarrow HCONH_2$ (폼아미드)
$\hookrightarrow HCN + H_2O$

3. 용도

살충제, 아크릴수지의 원료로 쓰인다.

※ 아크릴로니트릴 : $C_2H_2 + HCN \rightarrow CH_2 = CHCN$

17 아황산가스(SO_2)

1. 성질

① 물에 쉽게 녹으며, 알코올과 에테르에도 녹는다.
② 환원성이 있으며, 표백작용을 한다.
③ 액체는 각종 무기·유기화합물의 용제로 사용한다.
④ 누출 시 눈, 코 및 기도를 강하게 자극시킨다.

▼ 아황산가스의 물성

분자량	융점	비점	임계온도	임계압력	밀도	허용농도
64	−78.5℃	−10℃	157.5℃	77.8atm	2.3	5ppm

2. 제법

황을 연소하여 제조 : $S + O_2 \rightarrow SO_2$

3. 용도

황산 제조, 제당, 펄프의 표백제로 이용한다.

18 온실가스(Greenhouse Gas)

지구온난화는 대기 중의 온실가스(Greenhouse Gases : GHGs)의 농도가 증가하면서 온실효과가 발생하여 지구 표면의 온도가 점차 상승하는 현상을 말한다. 온실효과를 일으키는 6대 온실기체는 이산화탄소(CO_2), 메탄(CH_4), 아산화질소(N_2O), 수소불화탄소(HFCs), 과불화탄소(PFCs), 육불화황(SF_6)이다.

▼ 온실가스의 주요 발생원

온실가스	지구온난화지수	주요 발생원	배출량
이산화탄소(CO_2)	1	에너지 사용, 산림 벌채	77%
메탄(CH_4)	21	화석연료, 폐기물, 농업, 축산	14%
아산화질소(N_2O)	310	산업공정, 비료 사용, 소각	8%
수소불화탄소(HFCs)	140~11,700	에어컨 냉매, 스프레이 분사제	1%
과불화탄소(PFCs)	6,500~9,200	반도체 세정용	
육불화황(SF_6)	23,900	전기 절연용	

Reference

수증기는 열흡수 열량이 대단히 크나 온실효과에 영향을 미치는지는 정확히 알기 어렵다.

PART 2

필답형 예상문제

CHAPTER 01 고압가스
CHAPTER 02 계측기기
CHAPTER 03 가스안전관리

CHAPTER 01 고압가스

SECTION 1 가스의 기초

01 다음 각각의 가스 분자량을 쓰시오.

(1) 수소가스(H_2) (2) 산소(O_2)
(3) 아세틸렌가스(C_2H_2) (4) 프로판가스(C_3H_8)
(5) 메탄가스(CH_4) (6) 부탄가스(C_4H_{10})

> **정답**
> (1) 2 (2) 32 (3) 26 (4) 44 (5) 16 (6) 58

02 부탄가스의 밀도(g/L)를 계산하시오.

> **정답**
> $\dfrac{58}{22.4} = 2.59$

해설
밀도 = $\dfrac{질량}{체적(22.4)}$

03 메탄가스의 비체적(L/g)을 구하시오.

> **정답**
> $\dfrac{22.4}{16} = 1.4$

해설
비체적(L/g)
가스 단위질량당 차지하는 체적
비체적 = $\dfrac{22.4}{M}$ = $\dfrac{체적}{질량}$

04 프로판가스의 비중량(kg/m³)을 구하시오.

정답

$$\frac{44}{22.4} = 1.96$$

해설

비중량 = $\frac{중량(분자량)}{체적(22.4)}$

05 공기의 주요 성분을 3가지만 쓰고, 공기의 평균 분자량을 쓰시오.

정답

(1) 주요 성분 3가지 : 질소, 산소, 아르곤
(2) 평균 분자량 : 29

해설

공기 분포가 산소 21%, 질소 79% 일 때 산소(O_2) 분자량 32g, 질소(N_2) 분자량 28g

$\therefore (32 \times \frac{21}{100}) + (28 \times \frac{79}{100})$
$= 28.84 ≒ 29$

06 기체상태의 메탄가스, 프로판가스, 부탄가스의 비중을 계산하시오.

정답

(1) 메탄 : $\frac{16}{29} = 0.55$

(2) 프로판 : $\frac{44}{29} = 1.52$

(3) 부탄 : $\frac{58}{29} = 2$

해설

가스 비중의 기준 물질은 공기이며, 가스 무게와 공기 무게의 비교값이 비중이 된다.

비중 = $\frac{가스\ 무게}{공기\ 무게}$

07 이상기체의 특성을 5가지 기술하시오.

정답

(1) 질량은 있으나 부피가 없다.
(2) 분자 간의 인력이 없고 분자 간의 충돌은 완전 탄성체로 이루어진다.
(3) 액화나 응고가 되지 않는다.
(4) 절대온도 0K(-273℃)에서 기체의 부피가 0이다.
(5) 보일-샤를의 법칙이 완전히 적용된다.
(6) 아보가드로 법칙을 따른다.
(7) 내부에너지는 체적에 무관하며 온도에 의해서만 결정된다.

해설

이상기체는 이론상으로 존재하는 가스로 영원한 기체로 존재하는 가상의 기체를 말한다.

08 표준대기압 1atm은 1.0332kg/cm²이고, 10.332mH₂O은 101.325N/m²일 경우에 이 상태에서는 몇 Pa인가?

정답
101325Pa

해설
표준대기압
$1atm = 1.0332 kg/cm^2$
$= 760 mmHg$
$= 1.01325 bar$
$= 0.101325 MPa$
$= 101.325 kPa$
$= 101325 Pa$

09 절대압력(abs) 산정식을 2가지로 표시하시오.

정답
(1) 게이지압력 + 1.0332kg/cm²
(2) 대기압력 − 진공압력

10 켈빈의 절대온도(K) 계산식을 기술하시오.

정답
K = 섭씨온도 + 273 = $t(℃)$ + 273

11 열량의 단위를 3가지만 쓰시오.

정답
(1) kcal
(2) BTU
(3) CHU

해설
• kcal : 대기압하에서 물 1kg의 온도를 1℃ 올리는 데 필요한 열량
• BTU : 대기압하에서 물 1 lb의 온도를 1°F 올리는 데 필요한 열량
• CHU : 대기압하에서 물 1 lb의 온도를 1℃ 올리는 데 필요한 열량

밀도 = $\dfrac{질량}{체적(22.4)}$

12 국제단위계(SI)에서 질량은 kg, 길이는 m, 시간은 s로 나타낸다. 국제단위계나 공학단위계에서 힘을 나타내는 단위는?

> **정답**
> 뉴턴(N)

13 절대단위계 2가지를 쓰고, 단위계별 기본단위 중 MKS, CGS 단위계와 관련 있는 3가지를 각각 쓰시오.

> **정답**
> (1) 절대단위계 2가지
>   ① MKS 단위계, ② CGS 단위계
> (2) ① MKS : 길이(m), 질량(kg), 시간(s)
>   ② CGS : 길이(cm), 질량(g), 시간(s)

14 국제단위계(SI)에서 압력의 기본단위는 $1m^2$의 면적에 1N의 세기로 누르는 힘을 1파스칼(Pascal)로 표시한다. 국제단위계, 공학단위계, 절대단위계에서 힘의 단위를 기술하시오.

> **정답**
> (1) 국제단위계 : Pa, N/m^2
> (2) 공학단위계 : kgf/cm^2
> (3) 절대단위계 : bar

15 SI 단위계, 공학단위계에서 일의 단위를 기술하시오.

> **정답**
> (1) SI 단위계 : 줄(J) 또는 N·m
> (2) 공학단위계 : kgf·m

16 기체의 비열비는 항상 1보다 크다. 비열비(K)를 계산하는 기준을 기술하시오.

> **정답**
> $$K = \frac{정압비열}{정적비열}$$

17 어떤 물질에서 상태변화 없이 온도변화만 일으키는 데 필요한 열을 무슨 열이라고 하는가?

> **정답**
> 현열(감열)

18 물질의 온도변화는 없고 상태변화 시 필요한 열을 무슨 열이라고 하는가?

> **정답**
> 잠열(숨은열)

19 단위시간에 한 일량을 동력(일률)이라고 한다. 동력을 나타내는 단위를 3가지만 기술하시오.

> **정답**
> (1) PS
> (2) HP
> (3) kW

20 다음 내용에 해당하는 열역학 법칙을 쓰시오.

(1) 열평형의 법칙
(2) 에너지불변 및 에너지보존의 법칙
(3) 에너지흐름의 법칙
(4) 어떤 인위적인 방법으로도 어떤 계를 절대 0도(−273℃)에 이르게 할 수 없는 법칙

> **정답**
> (1) 열역학 제0법칙　　(2) 열역학 제1법칙
> (3) 열역학 제2법칙　　(4) 열역학 제3법칙

21 기체 1몰(mol)의 질량은 분자량 값이다. 기체 몰수를 계산하는 방법과 기체 1몰은 몇 L인지 기술하시오.

> **정답**
> (1) 몰수 $= \dfrac{\text{질량}}{\text{분자량}}$
> (2) 1몰 = 22.4L

22 욕조 200L 내 물의 온도가 13℃이다. 53℃로 온도를 상승시키고자 하면 LP(액화석유)가스 몇 kg이 필요한지 계산하시오.(단, 가스의 발열량은 12,000kcal/kg이고, 연소효율은 85%이다.)

정답
0.78kg

해설
물 4℃의 비열 1kcal/L℃
$$\frac{200 \times 1 \times (53-13)}{12,000 \times 0.85} = 0.78 \text{kg}$$

23 순간온수기 능력 2호로 50L의 물을 20℃에서 60℃로 상승시키고자 한다. 소요되는 시간은 몇 분(min)이 되는가?(단, 능력 2호기는 1분에 2L의 물을 25℃로 상승시키는 능력을 말한다.)

정답
40min

해설
- 총열량
$$Q_1 = 50 \times 1 \times (60-20)$$
$$= 2,000 \text{kcal}$$
- 열발생능력
$$Q = 2 \times 1 \times 25$$
$$= 50 \text{kcal/min}$$
∴ 소요시간 $= \dfrac{2,000}{50} = 40 \text{min}$

24 용기 내에 프로판과 부탄이 각 50% 섞여 있는 혼합가스 $1m^3$에서 표준상태로 가정하면 혼합가스 질량은 몇 g이 되는가?(단, $1m^3 = 1,000$L로 한다.)

정답
2,276.79g

해설
혼합가스 질량
$$= 500 \times \frac{44}{22.4} + 500 \times \frac{58}{22.4}$$
$$= 2,276.79 \text{g}$$

25 35kg의 아세틸렌 용기에 잔류량이 7kg 남아 있다. 이 가스를 전부 누출한다면 몇 L가 되는가?(단, 아세틸렌가스 분자량은 26으로 한다.)

정답
6,030.77L

해설
1kg = 1,000g, 1m³ = 1,000L
$7 \times \dfrac{22.4}{26} \times 1,000 = 6,030.77L$

26 1기압의 기체 체적이 50L일 때 현재 온도가 15℃에서 100℃로 상승하면 체적이 몇 배로 증가하는가?

정답
1.30배

해설
$50 \times \dfrac{373}{288} = 64.76L$

$\dfrac{64.76}{50} = 1.30배$

27 300L 용기 속에 산소의 압력이 27℃에서 5.46atm이다. 이 용기 내의 산소는 총 몇 g인가?(단, 산소의 분자량은 32, 기체상수는 0.082L · atm/mol · K이다.)

정답
21.31g

해설
가스용기 내 질량(W)
$W = \dfrac{PVM}{RT}$

$PV = nRT = \dfrac{W}{M}RT$

여기서, P : 압력(atm)
W : 용기 내용적(L)
M : 가스 질량
R : 기체상수(0.082)
T : 가스절대온도

$\dfrac{5.46 \times 300 \times 32}{0.082 \times (273+27)} = 21.31g$

28 내용적 40L의 고압용기에 100atm의 산소가 충전되어 있다. 가스의 총 저장량은 몇 L인가?

정답
4,000L

| 해설 |
$40 \times 100 = 4,000L$

29 공기 10kg이 온도 27℃, 게이지압력 10kg/cm²로 용기에 충전되어 있다. 5일 후에 온도 17℃, 게이지압력 4kg/cm²로 확인되면 공기는 몇 kg이 누설되었는가?(단, 표준대기압은 1.033kg/cm²이다.)

정답
4.72kg

| 해설 |
$10 \times \dfrac{5.133}{11.033} \times \dfrac{27+273}{17+273}$
$= 4.72kg$

30 현장용 가스인 내용적 500L 산소용기로 가스용접 후 용기 내부압력이 10kg/cm²이고 용기 온도가 35℃이다. 이 경우 몇 kg의 산소가 남아 있는가?(단, 표준대기압은 1.033kg/cm², 산소 분자량은 32, 일반기체상수는 0.082L · atm/mol · K이다.)

정답
6.77kg

| 해설 |
$\dfrac{11.033}{1.033} \times 500 \times \dfrac{32}{0.082} \times 308$
$= 6,766.26g = 6.77kg$

31 고체에서 기체로, 기체에서 고체로 변화할 경우 필요한 열은?

정답
승화열

SECTION 2 각종 가스의 종류 및 특성

01 기체 중에서 열전도율이 매우 크고 확산속도가 가장 빠른 기체의 명칭을 기술하시오.

> **정답**
> 수소

02 수소와 염소 반응 시 발생하는 염소폭명기 반응식을 기술하시오.

> **정답**
> $H_2 + Cl_2 \rightarrow 2HCl + 44kcal$

03 수소가스는 고온·고압하에서 탄소와 반응하여 탄소를 탈취하고 강재를 취화시키는 메탄가스를 발생시킨다. 이런 현상을 어떤 취성이라고 하는가?

> **정답**
> 수소취성

04 액화산소는 담청색을 나타낸다. 가스로 기화 시 약 몇 배 정도의 기화체적이 일어나는가?

> **정답**
> 800배

05 가스용접 시 다음 물음에 답하시오.
(1) 산소-수소 용접의 화염온도는 약 몇 ℃인가?
(2) 산소-아세틸렌 용접의 화염온도는 약 몇 ℃인가?

> **정답**
> (1) 2,000~2,500℃
> (2) 3,500~3,800℃

06 산소용기는 내산화성 강재로 제조하는데, 주로 어느 강재를 써서 용기를 제작하면 좋은가?

> **정답**
> 크롬강

07 산소의 공업적 제법인 공기액화분리법의 종류를 3가지만 기술하시오.

> **정답**
> (1) 전저압식
> (2) 중압식
> (3) 저압식(액산플랜트식)

08 공기액화분리장치에서 CO_2가 저온장치에 들어가면 배관을 폐쇄하는 고체가 발생한다. 이 고체명 및 이 고체 발생을 방지하기 위한 수용액명을 쓰시오.

(1) 발생 고체명
(2) 방지용 수용액명

> **정답**
> (1) 드라이아이스
> (2) 수산화나트륨

09 저온장치인 공기액화분리장치 운전 중 수분을 제거하기 위한 건조제 3가지를 쓰시오.

> **정답**
> (1) 실리카겔   (2) 활성알루미나
> (3) 몰레큘러시브 (4) 염화칼슘

10 공기액화분리기 운전에서 압축기에서 고온으로 압축된 공기를 저온으로 하는 방법으로 팽창기를 사용한다. 이 팽창방식을 2가지만 쓰시오.

> **정답**
> (1) 자유팽창기
> (2) 단열팽창기

11 기기나 배관, 탱크의 청소나 수리 시 산소농도는 항상 얼마를 유지해야 하는가?

> 정답
> 18~22%

12 질소가스는 고온에서 산화질소가 된다. 이 질소는 마그네슘, 칼슘, 리튬과 반응하는데, 이 반응물질 3가지를 쓰시오.

> 정답
> (1) 질화마그네슘　　(2) 질화칼슘
> (3) 질화리튬

13 질소가스의 용도를 3가지 쓰시오.

> 정답
> (1) 암모니아 합성용　　(2) 석회질소 제조용
> (3) 가스퍼지용　　(4) 기기의 기밀시험용
> (5) 금속공업의 산화방지용

14 아세틸렌가스 제조 시 발생되는 불순물의 종류를 4가지만 쓰시오.

> 정답
> (1) 황화수소(H_2S)　　(2) 인화수소(PH_3)
> (3) 암모니아(NH_3)　　(4) 규화수소(SiH_4)

15 고체 아세틸렌의 비점과 융점은 약 몇 ℃인가?

> 정답
> (1) 비점 : -84℃　　(2) 융점 : -81℃

16 아세틸렌가스는 물에 1.1배가 용해한다. 아세톤에는 몇 배가 용해하는가?

> 정답
> 25배

17 아세틸렌가스의 다공성 물질 3가지와 용제 2가지를 쓰시오.

> **정답**
> (1) 다공성 물질 : 석면, 목탄, 규조토, 산화철, 다공성 플라스틱
> (2) 용제 : 아세톤, 디메틸포름아미드

18 아세틸렌가스는 금속과 반응하면 화합폭발성 아세틸리드를 생성한다. 이 금속의 종류 3가지를 쓰시오.

> **정답**
> (1) 구리   (2) 은
> (3) 수은

19 아세틸렌가스는 흡열반응을 하며 또한 폭발반응을 나타내는데, 이 폭발의 종류를 3가지만 쓰시오.

> **정답**
> (1) 산화폭발   (2) 분해폭발
> (3) 화합폭발

20 아세틸렌가스 발생기의 종류를 3가지만 쓰시오.

> **정답**
> (1) 주수식   (2) 침지식(접촉식)
> (3) 투입식

21 아세틸렌가스의 순도를 높이기 위해 청정제를 사용한다. 이 청정제의 종류를 3가지만 쓰시오.

> **정답**
> (1) 에퓨렌   (2) 리카솔
> (3) 카타리솔

22 아세틸렌가스 중의 수분을 제거하는 품명을 쓰시오.

> **정답**
> 염화칼슘

23 아세틸렌가스의 법적 다공도는 몇 %인가?

> **정답**
> 75% 이상~92% 미만

24 온도 15℃, 압력 15.5kg/cm² 에서 아세톤 1kg은 약 몇 g의 아세틸렌을 용해하는가?

> **정답**
> 450~500g

25 아세틸렌가스 저장용기는 탄소강이나 동합금에서 62% 미만의 황동, 청동이 사용된다. 충전은 2~3회로 나누어 충전하고 충전 후에는 몇 시간 정치해야 하는가?

> **정답**
> 24시간

26 아세틸렌가스 저장용기에 부착하는 안전장치 명칭과 이 안전장치의 용융온도를 쓰시오.

> **정답**
> (1) 안전장치 명칭 : 가용전
> (2) 용융온도 : 110℃

27 불활성 가스(희가스)에는 아르곤, 네온, 헬륨, 크립톤, 크세논, 라돈 등이 있다. 이 중 공기 중에 가장 많이 섞여 있는 가스는?

> **정답**
> 아르곤(0.93%)

28 물의 살균에 사용되는 기체명을 쓰시오.

> **정답**
> 액화염소(염화수소)

29 차아염소산의 용도를 쓰시오.

> **정답**
> 섬유의 표백 및 물의 살균

30 염소가 물에 녹아서 강재를 부식시키는 물질을 생성한다. 이 물질의 명칭을 기술하시오.

> **정답**
> 염산(HCl)

31 염소(Cl_2)와 수소(H_2)의 같은 부피 혼합물은 폭발적으로 반응한다. 그 반응식을 기술하시오.

> **정답**
> $H_2 + Cl_2 \rightarrow 2HCl$

32 염화수소, 염화비닐, 염화메탄, 포스겐, 클로로프렌의 제조에 사용되는 가스명을 쓰시오.

> **정답**
> 염소(Cl_2)

33 암모니아가스는 상온에서 물 1cc에 암모니아 몇 cc가 용해하는가?

> **정답**
> 800cc

34 암모니아 가스의 용도를 4가지만 쓰시오.

정답
(1) 요소비료 제조   (2) 질산 제조
(3) 소다회 제조   (4) 냉동기 냉매로 사용

35 일산화탄소의 용도를 3가지만 쓰시오.

정답
(1) 메탄올 합성원료   (2) 포스겐 제조원료
(3) 아크릴산, 부탄올 합성에 사용

36 CO_2(이산화탄소) 기체를 100기압 정도 압축하여 액화시키고 영하 25℃까지 냉각 후 단열팽창시키면 생성되는 물질명을 쓰시오.

정답
고체 드라이아이스

37 사용 용도가 요소, 소다 제조, 사이다 등 청량음료, 탄산수 제조에 사용되는 가스 기체명을 쓰시오.

정답
CO_2(이산화탄소)

38 염화수소가 물에 녹으면 어떤 물질이 발생하는가?

정답
염산

39 염화수소가 암모니아와 만나면 흰 연기가 발생한다. 이 흰 연기물질의 명칭과 반응식을 쓰시오.

정답
(1) 명칭 : 염화암모늄   (2) 반응식 : $NH_3 + HCl \rightarrow NH_4Cl$

40 강판이나 강재 재료의 녹을 제거하는 데 필요한 기체는?

> **정답**
> 염화수소(HCl)

41 액상에서는 안정적이지만 소량(2%)의 수분이나 알칼리 등의 불순물을 함유하면 반응열에 의해 중합폭발이 발생하는 기체의 명을 쓰시오.

> **정답**
> 시안화수소(HCN)

42 수소가스의 탈탄방지를 위한 재료 2가지와 탈탄방지 첨가원소 5가지를 쓰시오.

> **정답**
> (1) 탈탄방지 재료 : 크롬강, 스테인리스강
> (2) 탈탄방지 첨가원소 : 크롬, 몰리브덴, 텅스텐, 타이타늄, 바나듐, 니오븀

43 고압에서 산소를 사용할 때 유기물, 유지류와 접촉하면 산화폭발이 발생하므로 용제로 세척해야 한다. 여기에 사용되는 용제명을 쓰시오.

> **정답**
> 사염화탄소

44 산소농도는 18% 이상을 유지해야 하며, 용기밸브 개방 시 천천히 연다. 그리고 산소압력계는 산소 전용압력계로만 사용해야 하는데, 산소압력계에는 어떤 표시를 부착해야 하는가?

> **정답**
> 금유표시
>
> **해설**
> 오일 사용을 금지하는 표시가 필요하다.

45 압축된 가스를 단열팽창시키면 온도가 하강한다. 즉, 저온이 되는 기본적인 원리로서 팽창 전의 압력이 높고 최초의 온도가 낮을수록 효과가 큰 원리를 무슨 효과라고 하는가?

> **정답**
> 줄-톰슨 효과

46 질소를 550℃, 250atm의 고온·고압에서 철, 촉매 등을 사용하여 수소와 반응시킨 후에 생성되는 기체의 명칭을 쓰시오.

> **정답**
> 암모니아

47 환원성이 강하고 금속의 산화물을 환원시켜 단체금속을 생성하는 기체명을 쓰시오.

> **정답**
> 일산화탄소

48 일산화탄소는 고온·고압하에서 금속과 반응하여 금속카보닐을 생성한다. 이 금속을 2가지만 쓰시오.

> **정답**
> 철, 니켈

49 암모니아의 공업적 제조법으로 질소와 수소를 3:1로 반응시켜서 만드는 방법을 하버-보슈법이라고 한다. 이 합성공정에서 고압법, 중압법, 저압법의 각 압력(MPa)을 기술하시오.

> **정답**
> (1) 고압합성법 : 60MPa
> (2) 중압합성법 : 30MPa 전후
> (3) 저압합성법 : 15MPa 전후

50 1kg의 순수한 카바이드(CaC_2)는 15℃, 1atm에서 아세틸렌가스를 약 몇 L를 생성하는가?

> **정답**
> 360L

51 카바이드는 한 드럼이 약 225kg이다. 1kg당 아세틸렌가스 발생량(L)을 1급~3급으로 나누어 기술하시오.

> **정답**
> (1) 1급 : 280L 이상   (2) 2급 : 260L 이상
> (3) 3급 : 236L 이상

52 아세틸렌의 압축기는 일반적으로 어떤 압축기를 사용하는가?

> **정답**
> 왕복동식 압축기

53 아세틸렌가스는 온도에 관계없이 2.5MPa 이상 올리지 않고 2.5MPa 압력으로 충전 시 희석제를 사용한다. 이 희석제 종류를 5가지만 쓰시오.

> **정답**
> 질소, 메탄, 일산화탄소, 에틸렌, 수소

54 아세틸렌가스 발생기의 역화방지기 내부에 함유하는 물질을 4가지만 기술하시오.

> **정답**
> 페로실리콘, 물, 모래, 자갈

55 산화에틸렌가스의 폭발반응 종류를 3가지만 쓰시오.

> **정답**
> 산화폭발, 중합폭발, 분해폭발

56 산화에틸렌은 분해폭발을 방지하기 위하여 저장탱크나 충전용기에 저장 시 먼저 온도 45℃에서 그 내부압력이 0.4MPa 이상이 되도록 다른 기체물질을 충전해야 한다. 이 기체물질을 2가지만 쓰시오.

> **정답**
> 질소가스, 탄산가스

57 특이한 복숭아향이 나며 중합폭발을 일으키는 맹독성 가스의 명칭을 쓰시오.

> **정답**
> 시안화수소

58 시안화수소(HCN)의 중합방지제를 4가지 쓰시오.

> **정답**
> 황산, 동망, 염화칼슘, 인산, 오산화인, 아황산가스

59 폴리에틸렌 제조, 합성수지, 합성고무, 아세트알데히드 등을 제조하는 가스명을 쓰시오.

> **정답**
> 에틸렌

SECTION 3 액화석유가스(LP가스)의 특성

01 사슬모양의 탄화수소(지방족 탄화수소)에서 포화탄화수소 기체를 3가지만 쓰시오.

> **정답**
> (1) 메탄 (2) 에탄
> (3) 프로판

02 지방족 탄화수소에서 알칸 또는 메탄계 탄화수소를 4가지만 쓰시오.(일명 파라핀계 탄화수소라고 한다.)

> **정답**
> (1) 메탄 (2) 에탄
> (3) 프로판 (4) 펜탄

03 부탄의 구조식 2개 중 사슬모양인 것을 n-부탄, 가지가 달린 사슬모양의 부탄을 이소부탄이라고 한다. 같은 부탄이라도 녹는점, 끓는점이 서로 다른 물질을 무엇이라고 하는가?

> **정답**
> 이성질체

04 일명 올레핀계 탄화수소라고 하는 사슬모양의 불포화 탄화수소를 3가지만 쓰시오.

> **정답**
> (1) 에틸렌 (2) 프로필렌
> (3) 아세틸렌

05 고리모양인 방향족 탄화수소의 대표적인 기체를 쓰시오.

> **정답**
> 벤젠

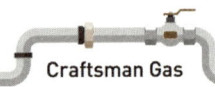

06 LPG의 성질을 5가지 기술하시오.

> **정답**
> (1) 무색, 무취, 무독성 기체이다.
> (2) 상온·상압에서는 항상 기체이지만 비교적 낮은 압력에서는 액화가스로 만들 수 있다.
> (3) 기체상태에서는 공기보다 무거우나 액체상태에서는 가볍다.
> (4) 물에는 잘 녹지 않으나 석유류 또는 동식물유나 천연고무를 잘 용해하고 알코올, 에테르에도 용해된다.
> (5) 증발잠열이 크고 기화하면 체적이 증가한다.
> (6) 전기절연성이 좋으나 정전기를 발생시키는 성질이 있다.

07 프로판, 부탄의 기체상태 비중 계산식과 기체, 액체상태의 비중을 각각 쓰시오.

(1) 기체상태의 비중 계산식

(2) 프로판, 부탄의 기체, 액체 상태의 비중

> **정답**
> (1) $\dfrac{\text{가스 분자량}}{29}$
> (2) ① 비중(기체상태) : 프로판 1.5, 부탄 2
>   ② 비중(액체상태) : 프로판 0.51, 부탄 0.58

08 프로판, 부탄의 증발 시 기화잠열량(kcal/mol)을 쓰시오.

(1) 프로판

(2) 부탄

> **정답**
> (1) 101.8kcal/mol   (2) 92.1kcal/mol

09 프로판, 부탄의 1L당 기화 시 부피량(L)을 쓰시오.

(1) 프로판

(2) 부탄

> **정답**
> (1) 250L   (2) 230L

10 프로판가스, 부탄가스의 1kg당 발열량(kcal)을 쓰시오.

(1) 프로판가스
(2) 부탄가스

> **정답**
> (1) 12,000kcal
> (2) 12,500kcal

11 액화석유가스 충전기기의 종류를 3가지만 기술하시오.

> **정답**
> (1) 충전기 (2) 회전충전기
> (3) 디스펜서

12 액화석유가스(LPG)는 연소속도가 느리다. 따라서 다른 가스보다 다소 안전성이 있는데, 일반적인 연소속도(m/s)를 쓰시오.

(1) 프로판
(2) 부탄

> **정답**
> (1) 4.45m/s
> (2) 3.65m/s

13 액화석유가스 연소 시 다량의 공기가 필요하다. 연소반응식을 프로판, 부탄으로 나누어 각각 쓰시오.(단, 연소 시 프로판은 23.8배, 부탄은 30.95배의 이론공기량이 필요하다.)

(1) 프로판
(2) 부탄

> **정답**
> (1) $C_3H_8 + 5O_2 \rightarrow 3CO_2 + 4H_2O + 530\text{kcal/mol}$
> (2) $C_4H_{10} + 6.5O_2 \rightarrow 4CO_2 + 5H_2O + 688\text{kcal/mol}$

14 액화석유가스 제조방법을 4가지만 쓰시오.

> **정답**
> (1) 습성천연가스 및 원유에서 제조하며 흡수법, 흡착법, 냉각법 등이 있다.
> (2) 제유소 가스에서 제조하며 상압증류장치, 접촉개질장치, 접촉분해장치로 제조한다.
> (3) 나프타분해로 제조한다.
> (4) 나프타의 수소화분해 또는 생성물에서 제조한다.

15 LPG 용기는 용접용기(계목용기)를 사용하는데, 안전밸브는 어떤 종류를 사용하는가?

> **정답**
> 스프링식

16 LP가스 누설 시 조치사항을 4가지만 쓰시오.

> **정답**
> (1) 주위의 화기를 제거한다.
> (2) 중간밸브 및 용기 원밸브를 닫는다.
> (3) 창문을 열고 환기시킨다.
> (4) 판매업자에게 연락하여 조치를 받는다.

17 LPG 자동차의 구성 요소를 5가지만 쓰시오.

> **정답**
> 가스용기, 필터, 전자밸브, 기화기, 카뷰레터

18 LP가스(액화석유가스) 용기 설치 시 주의사항을 5가지만 기술하시오.

> **정답**
> (1) 가능한 한 용기는 옥외에 설치할 것
> (2) 용기 주위 2m 이내에는 화기를 두지 말 것
> (3) 충전용기는 항상 40℃ 이하를 유지할 것
> (4) 옥외설비로서 금속관과 고무판의 접속부는 호스밴드로 꼭 조일 것
> (5) 용기 교환 후에는 비눗물이나 기타 가스누설검지기로 가스누설검사를 실시할 것

19 LP가스를 자동차 연료로 사용 시 장점을 5가지만 쓰시오.

정답
(1) 독성이 없다.
(2) 발열량이 높다.
(3) 탄소의 퇴적층이 없어서 엔진의 수명이 연장된다.
(4) 황분이 없어서 기관의 부식이나 마모가 적으므로 보링기간이 연장된다.
(5) 연소가 균일하여 열효율이 높다.

20 LP가스 공급방식에서 자연기화방식의 특징을 3가지 쓰시오.

정답
(1) 용기 내의 LP가스가 대기 중의 열을 흡수하여 기화하는 간단한 방식이다.
(2) 기화능력에 한계가 있어 소량 소비 시에 적당하다.
(3) 가스의 조정변화량이 크다.
(4) 발열량의 변화가 크다.

21 LP가스 강제기화방식은 기화기에 의하여 기화시키는 방식으로 3가지가 있다. 각 방식의 특징을 3가지씩 쓰시오.
(1) 생가스 공급방식
(2) 공기혼합가스 공급방식
(3) 변성가스 공급방식

정답
(1) 생가스 공급방식
 ① 기화기에서 기화된 가스를 공급한다.
 ② 온도가 0℃ 이하가 되면 가스가 재액화되기 쉽다.
 ③ 가스배관을 보온처리한다.
(2) 공기혼합가스 공급방식
 ① 기화한 부탄가스에 공기를 혼합하여 공급하는 방식이다.
 ② 기화된 가스의 재액화 방지가 가능하다.
 ③ 발열량 조절이 가능하고 부탄가스를 다량 소비하는 경우에 적당하다.
(3) 변성가스 공급방식
 ① 부탄을 고온의 촉매로서 분해하여 메탄, 수소, 일산화탄소 등의 연질가스로 변성시켜 공급한다.
 ② 금속의 열처리나 특수제품의 가열 등 특수용도에 사용한다.
 ③ LP가스를 변성하여 도시가스를 제조하는 방법은 공기혼합방식, 직접혼합방식, 변성혼합방식 등이 있다.

해설
공기혼합의 목적
• 재액화 방지
• 발열량 조절
• 연소효율 증대
• 누설 시 가스손실 감소

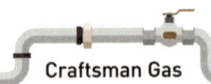

22 가스기화기(베이퍼라이저) 사용 시 이점을 4가지 쓰시오.

> **정답**
> (1) 가스 소비량이 많은 경우에도 연속으로 공급이 가능하다.
> (2) 공급가스 조성이 일정하다.
> (3) 설비 설치장소를 적게 차지한다.
> (4) 한랭지역이나 부탄가스처럼 비점이 높은 가스의 기화도 가능하다.
> (5) 설비비나 인건비가 절감된다.

23 다음 물음의 기화기 종류를 설명하시오.
(1) 작동원리에 따른 기화기
(2) 가열방법에 따른 기화기
(3) 열교환 구조형식에 따른 기화기

> **정답**
> (1) ① 가온감압방식 : 유입증발식이며 온수를 이용한 열교환기로 액화석유가스를 기화시킨다.
>   ② 감압가온방식 : 순간증발식이며 액화석유가스를 조정기 또는 팽창밸브 등을 통하여 감압시킨 후 온수나 열교환기를 통하여 기화시켜 공급한다.
> (2) ① 대기온 이용방식 : 공기온도를 이용한다.
>   ② 간접가열방식 : 열매체 이용방식이다.
> (3) 단관식, 다관식, 열판식, 사관식이 있다.

| 해설
열매체 이용방식은 전기, 가스, 증기, 온수, 온수스팀, 기타 금속의 열매체를 이용한다.

24 기화기를 구성하는 4대 요소를 설명하시오.

> **정답**
> (1) 기화부 : 열교환부
> (2) 제어부
>   ① 액유출 방지장치(액면검출형, 온도검출형)
>   ② 열매과열 방지장치
>   ③ 온도조절장치
>   ④ 안전장치(안전밸브 등)
> (3) 조압부 : 압력조정기 역할이며 가스의 압력을 일정하게 조절
> (4) 안전밸브 : 기화기 내의 압력 상승 시 장치 내의 가스를 외부로 방출

25. LP가스 이송설비와 방법 2가지와 각각의 특성을 설명하시오.

정답

(1) 탱크 자체를 이용한 이송방법
  설비의 필요 없이 차압을 이용하여 저장탱크에 바로 이송한다.
(2) 액펌프 이송방법
  펌프를 액라인에 설치하며, 탱크로리의 액상가스를 도중에서 가압시켜 저장탱크로 이송한다.
  ① 부탄가스의 재액화 우려가 없다.
  ② 오일 혼입 우려가 없다.
  ③ 충전시간이 길다.
  ④ 잔가스 회수가 곤란하다.
  ⑤ 베이퍼록이 발생한다.

해설

기어펌프, 원심식 펌프, 왕복동 펌프, 웨스코펌프, 서브머지드펌프 등을 사용한다.

26. 베이퍼록(Vapor Lock)의 발생 원인과 방지책을 5가지만 쓰시오.

정답

(1) 발생 원인 : 가스액이 펌프나 배관에서 온도상승이나 순간 압력저하로 액에서 증기로 증발하여 기체화되는 현상이다.
(2) 방지책
  ① 저장탱크나 탱크로리로부터 펌프 설치를 낮게 한다.
  ② 흡입배관은 짧고 굵게 하며 매끄러운 배관을 이용한다.
  ③ 펌프의 회전수를 감소시켜 액의 저항을 줄인다.
  ④ 필터의 막힘 등 액관의 저항이 없게 한다.
  ⑤ 가스액관을 냉각시킨다.

27. LP가스 압축기 이송방법을 3가지로 요약하여 설명하시오.

정답

(1) 액상라인을 그대로 연결하고 베이퍼라인을 압축기로 연결한다.
(2) 압축기를 운전하여 저장탱크 내의 기체를 회수해서 탱크로리로 보낸다.
(3) 저장탱크 내의 압력이 감소하고 탱크로리 내부압력이 상승하면 압력차에 의해 액체가스가 저장탱크로 보내진다.

28 LP가스 압축기 이송방법의 특징을 5가지 기술하시오.

> **정답**
> (1) 펌프이송방법보다 충전시간이 단축된다.
> (2) 잔가스 회수가 가능하다.
> (3) 베이퍼록 현상이 없고 조작이 용이하다.
> (4) 4방밸브를 사용하여 가스의 압축방향을 변경할 수 있다.
> (5) 압축기 오일이 저장탱크로 들어가 드레인의 원인이 발생한다.
> (6) 저온에서 부탄이 재액화될 수 있다.

29 LP가스 저온저장탱크 종류 3가지와 고압저장탱크 종류 2가지를 쓰시오.

(1) 저온저장탱크 종류 3가지
(2) 고압저장탱크 종류 2가지

> **정답**
> (1) 지상탱크, 지하탱크, 중압탱크
> (2) ① 지상식 : 원통형, 구형
>   ② 지하식 : 원통형

30 구형 탱크의 특징을 4가지만 쓰시오.

> **정답**
> (1) 강도가 강하고 동일용량으로 표면적이 가장 적다.
> (2) 기초 구조가 간단하여 공사가 쉽다.
> (3) 드레인이나 회수 배출이 용이하다.
> (4) 탱크 외관이 보기 좋고 유지관리가 용이하다.

31 LP가스의 부속설비인 압력조정기(레귤레이터)의 역할을 2가지만 쓰시오.

> **정답**
> (1) 고압, 중압을 연소 기구에 적합한 압력으로 감압 · 조정한다.
> (2) 가스 소비에 따라 용기 내의 압력변화에 대한 공급압력을 일정하게 유지하고 소비를 중단했을 때 가스를 차단한다.

32 압력조정기 중 단단 감압식(1단 감압식)의 특징을 4가지만 쓰시오.

> **정답**
> (1) 장치가 간단하다.
> (2) 조작이 간단하다.
> (3) 비교적 배관이 굵어진다.
> (4) 최종압력이 부정확하다.

33 압력조정기 2단 감압방식의 특징을 4가지만 쓰시오.

> **정답**
> (1) 원거리 배관의 경우에 공급압력이 일정하다.
> (2) 중간배관의 직경이 작아도 된다.
> (3) 입상배관에 의한 압력강하를 보정할 수 있다.
> (4) 연소기구에 알맞은 압력으로 가스공급이 가능하다.

34 단단 감압식(1단 감압식)은 용기 내 압력을 한번에 소요압력까지 감압이 가능하고 2단 감압 방식은 용기 내의 가스압력을 소요압력보다 약간 높은 압력으로 감압하고 2단에서 소요압력까지 감압하는 방식이다. 2단 감압방식의 단점을 4가지만 기술하시오.

> **정답**
> (1) 설비가 복잡해진다.
> (2) 조정기의 수요가 많다.
> (3) 가스의 재액화 우려가 발생한다.
> (4) 검사방법이 복잡해진다.

35 가스압력 조정기에서 일체형, 분리형에 대하여 간단하게 설명하시오.

    (1) 일체형
    (2) 분리형

> **정답**
> (1) 1차 조정기와 2차 조정기가 하나로 되어 있는 형식이다.
> (2) 1차 조정기와 2차 조정기가 분리되어 있는 형식이다.

36 자동절체식(자동교체식) 조정기의 종류를 2가지만 쓰시오.

> 정답
> (1) 자동교체식 분리형 조정기
> (2) 자동교체식 일체형 조정기

37 자동교체식 조정기의 원리와 종류를 설명하시오.

> 정답
> (1) 용기를 현재 사용하는 측과 예비로 놓아두는 측의 2계열로 설치하고, 조정기 끝부분을 각각에 접속시켜 사용 측의 가스압력이 저하하면(사용 완료) 자동적으로 예비용 용기 측에서 가스의 공급이 가능하도록 한 조정기이다.
> (2) 분리형 조정기와 일체형 조정기가 있다.

38 자동절체형 조정기의 사용상 이점을 4가지만 기술하시오.

> 정답
> (1) 가스 잔액이 거의 없어질 때까지 사용 가능하다.
> (2) 전체 용기 수량이 수동교체식보다 적어도 된다.
> (3) 용기 교환주기의 폭을 넓힐 수 있다.
> (4) 일체형보다 분리형을 사용하면 단단 감압식 조정기보다 도관의 압력손실을 크게 해도 된다.

39 LP가스 조정기 선정 시 최대 가스 소비율 대비 소비수량의 몇 배 이상 용량을 갖는 것이 좋은가?

> 정답
> 1.5배(150%)

40 가스미터기의 사용목적을 4가지만 쓰시오.

> 정답
> (1) 가스 사용 최대 유량에 적합한 계량 능력이 있을 것
> (2) 사용 중 오차의 변화가 없고 계량이 정확할 것
> (3) 내압 및 내열성이 좋고 가스의 기밀성이 양호하고 내구성이 있을 것
> (4) 부착이 간편하고 유지관리가 용이할 것

41 실측식 가스미터기 중 건식에 해당하는 막식(다이어프램식) 가스미터기 2가지와 회전식에 해당하는 가스미터기 종류 3가지를 쓰시오.

> **정답**
> (1) 막식 가스미터기
>   ① 독립내기식   ② 클로버식
> (2) 회전식 가스미터기
>   ① 루트식   ② 로터리피스톤식
>   ③ 오벌기어식
>
> **| 해설 |**
> **오벌기어식**
> 건식은 회전수가 비교적 낮기 때문에 100m³/h 이하의 소비량에 적합하다.

42 추량식(간접식) 가스미터기의 종류를 4가지만 쓰시오.

> **정답**
> (1) 벤투리식   (2) 오리피스식
> (3) 터빈식   (4) 와류량계식

43 막식 가스미터기의 특징을 5가지만 기술하시오.

> **정답**
> (1) 가격이 저렴하다.
> (2) 설치 후 유지관리 시간이 짧다.
> (3) 대용량용은 설치면적을 크게 차지한다.
> (4) 일반적 수용가에서 많이 설치한다.
> (5) 용량범위는 1.5~200m³/h 정도이다.

44 습식 가스미터기의 특징을 5가지만 기술하시오.

> **정답**
> (1) 계량이 정확하다.
> (2) 사용 중 기차의 변동이 크지 않다.
> (3) 사용 중 수위 조정 등에 관리가 필요하다.
> (4) 기준기나 실험용으로 사용한다.
> (5) 용량범위는 0.2~3,000m³/h 정도이다.

45 루트식 가스미터기의 특징을 6가지만 쓰시오.

> **정답**
> (1) 대유량의 가스사용량 측정에 적합하다.
> (2) 중압가스의 계량이 가능하다.
> (3) 필터의 설치가 필요하고 설치 후 유지관리가 필요하다.
> (4) 사용량이 $0.5m^3/h$ 이하의 것은 부동의 우려가 있다.
> (5) 사용용도는 대수용가용이다.
> (6) 용량범위는 $100 \sim 5,000m^3/h$ 정도이다.

46 가스미터기의 압력손실(mmH_2O)에 대해 다음 물음에 답하시오.

(1) 가스미터 통과 후
(2) 최대유량 통과 시
(3) 가스미터기에서 가스콕까지 합계

> **정답**
> (1) $5 \sim 10mmH_2O$ 정도
> (2) 약 $15mmH_2O$
> (3) 최대 $25mmH_2O$

47 가스미터기 설치 시 주의사항을 4가지만 쓰시오.

> **정답**
> (1) 가능한 한 배관길이가 짧고 꺾이지 않는 위치일 것
> (2) 통풍이 양호하고 검침이나 수리 등의 작업이 편리한 위치일 것
> (3) 진동이 없고 청결한 장소로서 습기나 화기와 적정거리 떨어진 위치일 것
> (4) 실외에 설치하고 높이는 지상에서 1.6~2m 이내에 설치할 것

48 LP가스배관 시공 시 고려사항을 5가지 기술하시오.

> **정답**
> (1) 배관 내의 압력강하 상태
> (2) 배관경로 길이 상태
> (3) 배관 지름의 결정
> (4) 가스용기 크기 및 필요본수 결정
> (5) 감압방식의 결정 및 조정기 선정
> (6) 최대 가스소비량 결정

49 배관 내 마찰저항에 의한 압력손실 5가지를 기술하시오.

정답
(1) 가스유속의 2승에 비례하여 압력손실이 발생한다.
(2) 배관 길이에 비례한다.
(3) 배관 내경의 5승에 비례한다.
(4) 배관 내 요철(내벽상태)에 관계된다.
(5) 배관 내를 흐르는 유체의 점도에 관계된다.

해설
- 유속이 2배 증가 시 압력손실은 4배 증가
- 관의 내경이 $\frac{1}{2}$로 줄어들면 압력손실은 32배 증가

50 가스 입상배관의 압력손실(mmH₂O) 계산식을 쓰시오.

정답
압력손실(H) = 1.293 × (가스비중 − 1) × 배관높이

51 가스배관경로 결정 시 주의사항을 4가지만 쓰시오.

정답
(1) 최단거리로 할 것
(2) 구부리거나 오르내림을 적게 할 것
(3) 은폐하거나 매설을 피할 것
(4) 가능한 한 옥외에 설치할 것

52 배관에서 응력이 발생하는 원인을 5가지 쓰시오.

정답
(1) 열팽창에 의한 응력
(2) 내압에 의한 응력
(3) 냉간가공에 의한 응력
(4) 용접에 의한 응력
(5) 배관재료 자체 및 유체의 무게에 의한 응력
(6) 배관부속품, 각종 밸브, 플랜지이음 등에 의한 응력

53 배관 진동의 원인을 5가지만 기술하시오.

정답
(1) 펌프 및 압축기 구동에 의한 진동
(2) 배관 내를 흐르는 유체의 압력변화에 의한 진동
(3) 배관 굴곡에 의한 힘의 영향으로 인한 진동
(4) 가스안전밸브 분출 시 진동
(5) 태풍, 동절기 쌓인 눈, 지진 등에 의한 진동

54 LP가스 용기 저장량을 3가지로 구분하였다. 각 용기별 저장량(kg)을 쓰시오.

(1) 수직형 소형용기 저장량
(2) 가정용 용기 저장량 3가지
(3) 자동차용 용기 저장량

정답
(1) 51kg 이하
(2) 10kg, 20kg, 수직형 50kg
(3) 수직형 25~30kg

55 LP가스 수송방법 3가지를 쓰시오.

정답
(1) 용기에 의한 방법
(2) 탱크로리에 의한 방법
(3) 철도차량에 의한 방법

56 엘피가스(LP) 연소기에서 안전장치를 4가지로 나누었다. 각각의 종류를 쓰시오.

(1) 파일럿 안전장치   (2) 과열방지장치
(3) 헛불방지장치   (4) 과압방지장치

정답
(1) 바이메탈식, 액체팽창식, 열전대식, 프레임로드식
(2) 퓨즈메탈식, 바이메탈식, 액체팽창식
(3) 플로트밸브식, 압력스위치식
(4) 스프링 사용식

SECTION 4 도시가스의 특성

01 독성 가스의 원료를 고체, 액체, 기체로 구별하여 각각 2가지만 기술하시오.

(1) 고체 원료　　　　　　　　　　(2) 액체 원료
(3) 기체 원료

> **정답**
> (1) 석탄, 코크스
> (2) 나프타, LPG
> (3) 천연가스, 정유가스, LNG, LPG, 나프타

02 천연가스를 습성가스, 건성가스로 구별하여 설명하시오.

(1) 습성가스　　　　　　　　　　(2) 건성가스

> **정답**
> (1) 메탄가스에 에탄이나 프로판 등 중질가스가 다량 포함된 가스이다.
> (2) 라인가스라고도 하며 거의 대부분이 메탄가스가 주성분이다.

03 천연가스이며 도시가스 원료인 메탄가스의 특성을 4가지 쓰시오.

> **정답**
> (1) 채굴 시 습성가스와 건성가스로 구분한다.
> (2) 비점인 −162℃로 액화시킨 가스가 LNG, 즉 액화천연가스이다.
> (3) 발열량은 약 11,000kcal/m^{3}이다.
> (4) 액체 비중은 0.425이고, 기체 비중은 0.55이다.
> (5) 액화시키면 부피가 $\frac{1}{600}$로 축소된다.
> (6) 표준상태에서 메탄 1kg을 기화시키면 약 1.4m^3 정도가 발생한다.
> (7) 냉열을 이용할 수 있다.

04 정유가스(업가스)에 대하여 간단하게 기술하시오.

> **정답**
> 메탄, 에틸렌 등의 탄화수소 및 수소 등을 개질한 것이며, 석유정제와 석유화학의 부산물이다.

05 LNG의 탈수방법을 4가지만 기술하시오.

정답
(1) 압축 후에 상온까지 냉각시킨 다음 응축수로 분리시킨다.
(2) 예냉기로 응축수를 분리시킨다.
(3) 메탄올이나 글리콜 등의 액체로 흡수시킨다.
(4) 몰레큘러시브, 활성알루미나 등 고체의 흡착제로 흡수시킨다.

06 천연가스를 LNG로 액화시키는 방법을 3가지만 쓰시오.

정답
(1) 팽창사이클 이용 방법
(2) 대형액화법으로 캐스케이드 사이클을 이용하는 방법
(3) 혼합냉매 사이클을 이용하는 방법

07 도시가스 제조방법을 5가지만 쓰시오.

정답
(1) 열분해 공정(열분해 프로세스)
(2) 접촉분해 공정(수증기 개질)
(3) 부분연소 공정
(4) 수소화분해 공정
(5) 대체천연가스 공정(SNC 합성천연가스 공정)

08 도시가스 제조에서 접촉분해 공정의 종류를 3가지만 기술하시오.

정답
(1) 사이클링식 접촉분해 공정   (2) 고온수증기 개질 공정
(3) 저온수증기 개질 공정

09 도시가스 원료의 송입방법에 의한 종류를 3가지만 쓰시오.

정답
(1) 연속식   (2) 배치식
(3) 사이클링식

10 도시가스 제조에서 가열방식에 의한 종류를 4가지만 기술하시오.

> **정답**
> (1) 외열식　　　　　　(2) 내열식(축열식)
> (3) 부분연소식　　　　(4) 자열식

11 도시가스 공급방식을 3가지로 나누었다. 공급압력(kg/cm^2)을 각각 기술하시오.

(1) 저압공급식
(2) 중압공급식
(3) 고압공급식

> **정답**
> (1) 1kg/cm^2 이하　　(2) 1kg/cm^2 이상~10kg/cm^2 미만
> (3) 10kg/cm^2 이상

12 도시가스의 열량조정의 종류를 2가지만 쓰시오.

> **정답**
> (1) 증열법
> (2) 희석법
>
> **해설**
> 증열법
> LPG 증열, 나프타 증열

13 정압기의 특성을 5가지로 분류하여 설명하시오.

(1) 정특성　　　　　　(2) 동특성
(3) 유량특성　　　　　(4) 사용 최대 차압
(5) 작동 최소 차압

> **정답**
> (1) 정상상태에서 유량과 2차 압력의 관계를 말한다.
> (2) 응답속도 및 안정성의 특성으로 부하변동이 심한 곳에 사용되는 정압기의 부하변동에 대한 응답의 신속성과 안정성을 나타낸다.
> (3) 스트로크, 리프트 등 메인밸브의 열림과 유량의 관계를 말한다.
> (4) 메인밸브에는 1차 압력과 2차 압력의 차압이 작용하여 정압능력에 영향을 주나 이것이 실용적으로 사용할 수 있는 범위에서 최대로 되었을 때의 차압이다.
> (5) 파일럿 정압기에서 1, 2차 압력의 차압이 어느 정도 이상이 없으면 정압기는 작동이 불가한데, 이 최솟값을 말한다.

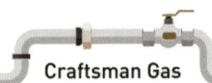

14 작동원리에 의한 도시가스 정압기의 종류를 2가지만 쓰시오.

> **정답**
> (1) 직동식 정압기
> (2) 파일럿식 정압기
>
> | 해설 |
> · 직동식 정압기는 다이어프램을 이용한다.
> · 파일럿식 정압기에는 로딩형, 언로딩형이 있다.

15 정압기의 종류를 4가지로 분류하였다. 그 특성을 각각 2가지 이상 쓰시오.

(1) 피셔식   (2) 액시얼–플로식
(3) 레이놀즈식   (4) KRF식

> **정답**
> (1) ① 로딩형이다.
>   ② 정특성, 동특성이 양호하다.
>   ③ 비교적 콤팩트하다.
> (2) ① 변칙 언로딩형이다.
>   ② 정특성, 동특성이 양호하다.
>   ③ 차압이 높을수록 특성이 양호하다.
>   ④ 매우 콤팩트하다.
> (3) ① 언로딩형이다.
>   ② 정특성은 극히 좋으나 안정성이 부족하다.
>   ③ 정압기에 비하여 대형이다.
> (4) ① 언로딩형이다.   ② 정압기에 비하여 대형이다.
>   ③ 정특성이 좋다.   ④ 안정성이 부족하다.

16 가스미터기의 이상현상에 대한 다음 물음에 답하시오.

(1) 가스미터기 부동에 대하여 설명하시오.
(2) 가스미터기 불통에 대하여 설명하시오.
(3) 가스미터기 기차불량에 대하여 설명하시오.
(4) 가스미터기 감도불량에 대하여 설명하시오.

> **정답**
> (1) 가스가 미터기를 통과하지만 가스미터기의 지침이 작동하지 않는다.
> (2) 가스가 아예 미터기를 통과하지 않는 상태이다.
> (3) 가스사용량의 오차범위가 ±4%를 넘으면 가스미터기 오차이다.
> (4) 가스미터기에 소량의 감도에 해당하는 유량을 흘렸을 때 미터의 지침에 변화가 나타나지 않는 현상이다.

17 정압기의 용도에 따른 분류를 다음 3가지로 구분하여 답하시오.

(1) 제조소나 공급소용 정압기
(2) 공급지역에 공급하기 위한 정압기
(3) 수요자나 특수 연소기에 설치된 전용 정압기, 기타 수요자 부근에 저압관이 없는 경우 사용하는 정압기

정답
(1) 원정압기(기정압기) (2) 지구정압기
(3) 수요자 전용 정압기

18 저압용 가스홀더는 유수식, 무수식 등이 있다. 이 중에서 유수식 가스홀더의 구조상의 특징을 3가지만 설명하시오.

정답
(1) 가스 출입관은 물탱크부에 입상관으로 수면 위까지 연결되어 있다.
(2) 다층식은 각 층의 연결부를 수봉하여 기밀을 유지한다.
(3) 수취기를 설치하여 수분을 제거한다.

19 고정된 탱크 내에 상하 왕복운동을 하는 피스톤이나 다이어프램 등을 설치 후 내용적을 변화시켜 압력을 일정하게 유지하는 가스홀더의 명칭을 쓰시오.

정답
무수식 가스홀더

20 가스 수요량이 증가하면 가스압력이 불충분하므로 압력증가를 위한 압송기가 필요하다. 이 압송기의 종류를 3가지만 기술하시오.

정답
(1) 원심식 (2) 스크루식
(3) 회전식

21 가스홀더의 종류를 3가지만 기술하시오.

정답
(1) 유수식 (2) 무수식
(3) 고압식(구형 서지탱크)

22 유수식 가스홀더의 특징을 5가지 쓰시오.

> **정답**
> (1) 제조설비가 저압인 경우에 많이 사용한다.
> (2) 구형 가스홀더에 비해 유효 가동량이 많다.
> (3) 압력이 가스의 수요에 따라 변동한다.
> (4) 많은 물을 필요로 하기 때문에 기초비가 많이 든다.
> (5) 한랭지에서 물의 동결방지를 필요로 한다.
> (6) 가스의 성분, 열량, 조성 등을 균일하게 할 수 있다.

23 무수식 가스홀더의 특징을 4가지 기술하시오.

> **정답**
> (1) 대용량 저장에 유리하다.
> (2) 유수식에 비하여 작동 중 가스압력이 일정하다.
> (3) 수조(물탱크)가 없으므로 기초가 간단하고 설비 비용이 절감된다.
> (4) 저장가스를 건조한 상태에서 저장할 수 있다.
> (5) 탱크가 고정되며 상하 왕복운동하는 피스톤이나 다이어프램을 설치하여 내용적을 변화시켜 압력을 일정하게 한다.

24 가스중독이나 폭발사고를 사전 예방하기 위하여 냄새 나는 물질을 가스 제조량의 $\dfrac{1}{1,000}$ 정도로 부가한다. 이 물질의 이름을 기술하시오.

> **정답**
> 부취제

25 부취제의 구비조건을 5가지 쓰시오.

> **정답**
> (1) 독성이 없을 것
> (2) 일생생활의 냄새와는 명확히 구분될 것
> (3) 저농도에서도 냄새로 확인이 가능할 것
> (4) 가스배관이나 가스미터기에 흡착되지 말 것
> (5) 도관 내에서 응축되지 않을 것
> (6) 화학적으로 안정적일 것
> (7) 물에 용해되지 말 것
> (8) 토양에 대하여 투과성이 있을 것
> (9) 가격이 저렴하고 연소 후에도 유해물질이나 냄새를 남기지 말 것

26 부취제 주입방법에서 액체주입방법, 증발식 부취주입방법의 종류를 기술하시오.

(1) 액체주입방법
(2) 증발식 주입방법

> **정답**
> (1) ① 펌프주입방식　　　　② 적하주입방식
>   　③ 미터연결 바이패스 방식
> (2) ① 바이패스 증발식
>   　② 위크 증발식

27 다음 부취제의 특성을 2가지씩 기술하시오.

(1) THT
(2) TBM
(3) DMS

> **정답**
> (1) ① 석탄가스 냄새가 난다.
>   　② 냄새 취기가 보통이며 토양에 대한 투과성이 보통이다.
> (2) ① 양파 썩는 냄새가 난다.
>   　② 냄새 취기가 가장 강하고 토양에 대한 투과성이 우수하다.
> (3) ① 마늘 냄새가 난다.
>   　② 냄새 취기가 가장 약하고 토양에 대한 투과성이 가장 크다.

28 부취제의 외부 누설 시 제거하는 방법을 3가지만 쓰시오.

> **정답**
> (1) 화학적 산화처리로 제거한다.
> (2) 활성탄에 의한 흡착법을 이용한다.
> (3) 연소법을 이용하여 처리한다.

29 도시가스에서 웨버지수(WI)에 대하여 설명하시오.

> **정답**
> 가스의 발열량을 비중의 제곱근으로 나눈 것으로서 가스의 연소성을 판단하는 데 중요한 수치이다.

SECTION 5 연소 및 연소장치의 특성

01 메인 버너에서 버너 모양에 따른 버너 종류를 5가지만 쓰시오.

> **정답**
> (1) 링 버너 (2) 파이프 버너
> (3) 윤켈 버너 (4) 익형 버너
> (5) 플레어 버너

02 가스 버너에서 화염 염구의 모양에 따른 버너 종류를 4가지만 쓰시오.

> **정답**
> (1) 원공 버너 (2) 슬릿 버너
> (3) 철망식 염공 버너 (4) 리본 버너

03 점화용 버너의 명칭을 쓰시오.

> **정답**
> 파일럿 버너

04 일정량의 가스를 버너에 보내고 1차 공기를 혼입하기 위해 필요한 가스의 분류를 만드는 것의 명칭을 쓰시오.

> **정답**
> 노즐

05 버너에 사용하는 노즐 종류를 4가지만 쓰시오.

> **정답**
> (1) 평노즐 (2) 튀어나온 노즐
> (3) 감속노즐 (4) 매립노즐

06 공기량에 의한 연소방법에서 분젠식 연소법의 특징을 5가지 기술하시오.

정답

(1) 1차 소요공기량 비중이 40~70%이고, 2차 소요공기량 비중이 30~60% 이다.
(2) 화염온도가 약 1,300℃로 비교적 고온이다.
(3) 댐퍼의 조절이 필요하다.
(4) 가스가 노즐로 분출할 때 운동에너지에 의해 공기구멍이 연소에 필요한 1차 공기를 유입한다.
(5) 연소실이 작아도 된다.
(6) 연소속도가 빠르고 제조가스 사용 시 온도는 1,200℃, 천연가스의 경우는 1,800℃ 정도로 고온이 된다.
(7) 리프팅(선화작용) 현상이 발생하고 소음이 난다.
(8) 화염의 길이가 짧다.

해설

분젠식으로는 일반가스기구, 온수기, 가스레인지 등이 대표적이다.

07 적화식 연소방식의 특징을 5가지 기술하시오.

정답

(1) 가스를 그대로 대기 중에 방출하여 2차 공기 100%로 연소시키는 방식이다.
(2) 가스압력이 낮은 곳에서도 사용할 수 있다.
(3) 자동온도조절장치 사용이 편리하다.
(4) 국부가열이 부적당하므로 연소실 면적을 넓게 잡을 필요가 있다.
(5) 불꽃의 온도가 900℃ 정도로 낮다.
(6) 화염의 길이가 길고 적황색을 띤다.
(7) 지금은 이 방식의 버너 사용은 거의 없다.

08 전일차식 연소방식의 특징을 5가지 기술하시오.

정답

(1) 연소에 필요한 소요공기를 1차 공기로 100% 공급하는 방식이다.
(2) 역화하기가 쉽고 리프팅하는 경우가 많은 연소방식이다.
(3) 화염의 길이가 매우 짧다.
(4) 버너는 어떤 방향으로도 사용이 가능하다.
(5) 구조가 복잡하고 가격이 고가이다.
(6) 난방용이나 공업용 버너에 사용한다.
(7) 사용온도는 850~950℃ 정도이다.

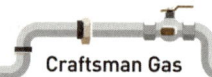

09 세미분젠식의 연소방식의 특징을 4가지 기술하시오.

> **정답**
> (1) 역화의 우려가 없다.
> (2) 불꽃의 색은 청색이며 온도가 약 1,000℃이다.
> (3) 고온을 요구하는 곳에서는 사용하지 않는다.
> (4) 적화식과 분젠식의 절충형 연소방식이다.
> (5) 1차 공기량이 30~40%이고 2차 공기량이 60~70%이다.
> (6) 점화용 버너, 소형 온수기 등에 사용한다.

10 공기 중 착화온도가 높은 가스를 5가지만 기술하시오.

> **정답**
> (1) 메탄 (2) 일산화탄소
> (3) 에틸렌 (4) 에탄
> (5) 수소

11 공기 중 착화온도가 낮은 가스를 5가지만 쓰시오.

> **정답**
> (1) 아세틸렌 (2) 부탄
> (3) 부틸렌 (4) 프로필렌
> (5) 프로판

12 연소속도가 빨라지는 원인을 4가지만 기술하시오.

> **정답**
> (1) 분자의 충돌횟수가 많을수록
> (2) 활성화 에너지가 작을수록
> (3) 반응온도가 높을수록
> (4) 산소농도가 높을수록
>
> **해설**
> 반응온도가 10℃ 상승 시 연소속도가 2배 상승한다.

13 다음 연소형식에 해당하는 연료를 기술하시오.
(1) 확산연소 (2) 증발연소
(3) 분해연소 (4) 표면연소

정답
(1) 기체연료 (2) 액체연료
(3) 고체 및 고비점 액체연료 (4) 숯, 코크스, 목탄

14 가연성 물질이 점화원 없이 연소가 일어나는 최저 온도를 발화온도(착화온도)라고 한다. 발화점은 일반적으로 인화점보다 높다. 이 발화점에 영향을 주는 요인을 5가지만 쓰시오.

정답
(1) 가연성 가스와 공기의 혼합비율
(2) 발화가 생기는 공간의 크기와 형태
(3) 가열속도와 지속시간
(4) 기벽의 재질과 촉매효과
(5) 점화원의 종류와 에너지 공급 투여법

15 발화온도가 낮아지는 요인을 5가지만 기술하시오.

정답
(1) 탄소수가 많을수록 (2) 발열량이 클수록
(3) 분자구조가 복잡할수록 (4) 산소량이 증가할수록
(5) 기체압력이 높을수록

16 가스의 폭발범위(연소범위)를 %로 나타내시오.
(1) 수소 (2) 메탄
(3) 프로판 (4) 부탄
(5) 아세틸렌

정답
(1) 4~75% (2) 5~15%
(3) 2.1~9.5% (4) 1.8~8.4%
(5) 2.5~81%

17 연소의 3대 요소를 쓰시오.

> **정답**
> (1) 가연물(연료) (2) 산소공급원
> (3) 점화원(불씨)

18 폭발의 종류를 5가지 쓰시오.

> **정답**
> (1) 압력폭발 (2) 산화폭발
> (3) 분해폭발 (4) 중합폭발
> (5) 촉매폭발 (6) 분진폭발

19 압력, 온도에 의한 폭발범위 관계를 4가지로 구별하여 기술하시오.

> **정답**
> (1) 고온·고압일수록 폭발범위가 넓어진다.
> (2) 수소가스는 압력이 10atm까지는 좁아지지만 그 이상의 압력에서는 넓어진다.
> (3) 압력이 표준대기압보다 낮아지면 폭발범위는 변화가 없다.
> (4) 일산화탄소는 고압일수록 폭발범위가 좁아진다.

20 폭발 1등급 가스의 종류를 5가지 쓰시오.(단, 안전간극 0.6mm 초과이다.)

> **정답**
> (1) 메탄   (2) 일산화탄소
> (3) 프로판   (4) 부탄
> (5) 에탄   (6) 가솔린

21 폭발 2등급 가스의 종류를 2가지만 쓰시오.(단, 안전간극 0.4mm 초과 0.6mm 이하이다.)

> **정답**
> (1) 에탄   (2) 석탄가스

22 안전간극 0.4mm 이하인 폭발 3등급 가스의 종류를 4가지만 기술하시오.

> **정답**
> (1) 수소 (2) 수성가스
> (3) 이황화탄소 (4) 아세틸렌

23 발화원의 종류를 5가지 기술하시오.

> **정답**
> (1) 자연발화 (2) 충격 및 마찰
> (3) 화염 (4) 단열압축
> (5) 정전기 (6) 전기불꽃

24 폭굉(DID : Detonation)이란 가스폭발에서 특히 격렬하게 폭발하여 화염이 음속보다 빠른 경우 파면선단에 충격파라고 하는 큰 압력파가 생겨 격렬한 파괴현상을 일으키는 현상을 말한다. 폭굉 시 변화를 4가지로 구별하여 쓰시오.

> **정답**
> (1) 화염 전파속도는 1,000~3,500m/s 정도이다.
> (2) 온도가 보통 연소 시보다 10~20% 정도 높아진다.
> (3) 연소 시보다 압력이 2배 정도 높아진다(밀폐공간이라면 7~8배 상승. 반응 종류에 따라 5~35배 증가).
> (4) 폭굉파가 장애물 벽면에 부딪쳐 반사될 경우 압력은 2.5배 증가한다.

25 폭굉유도거리에 대하여 간단히 기술하시오.

> **정답**
> 최소한의 완만한 연소에서 격렬한 폭굉으로 발전할 때까지의 거리나 시간을 말하며 폭굉유도거리가 짧을수록 위험하다.

26 폭굉유도거리(DID)가 짧아지는 요인을 4가지만 기술하시오.

> **정답**
> (1) 정상연소속도가 큰 혼합가스일수록
> (2) 관 속에 방해물이 있거나 관경이 작을수록
> (3) 점화원의 에너지가 강할수록
> (4) 압력이 높을수록

27 가스연소 시 역화의 원인을 5가지 쓰시오.

> **정답**
> (1) 부식에 의하여 염공이 크게 되었을 경우
> (2) 노즐의 구경이 너무 큰 경우
> (3) 콕에 먼지나 이물질이 부착된 경우
> (4) 가스압력이 너무 낮을 경우
> (5) 콕이 충분히 열리지 않았을 경우
> (6) 가스곤로, 가스레인지 위에 용량이 초과한 큰 냄비 등을 올려서 장시간 사용한 경우

28 가스연소 시 불꽃 주위, 특히 불꽃 기저부에 대한 공기의 움직임이 세지면 불꽃이 노즐에서 정착하지 못하고 떨어져 꺼져버리는 현상이 발생한다. 이런 현상을 무슨 현상이라고 하는가?

> **정답**
> 블로오프 현상

29 가스연소 시 공급가스가 유출되는 과정에서 연소속도에 비해 공급속도가 더 빨라져서 불꽃이 불꽃구멍인 염공에 접하여 연소되지 못하고 염공을 벗어나서 공중에서 연소하는 현상을 무엇이라고 하는가?

> **정답**
> 선화(리프팅 현상)

30 선화의 원인을 5가지만 기술하시오.

> **정답**
> (1) 버너 염공에 먼지 등이 쌓여서 염공(불꽃구멍)이 작아진 경우
> (2) 가스의 공급압력이 너무 높은 경우
> (3) 노즐의 구경이 너무 작은 경우
> (4) 연소가스, 배기가스의 배출상태가 불충분한 경우
> (5) 공기댐퍼를 너무 많이 연 경우

31 불완전연소의 원인을 5가지 기술하시오.

> **정답**
> (1) 1차, 2차 공기가 부족한 경우
> (2) 배기가스의 배기가 불충분한 경우
> (3) 조정기 용량이 적거나 배관저항 등에 의한 이상저압으로 가스를 공급한 경우
> (4) 연소기구에 맞지 않는 버너 등을 설치한 경우
> (5) 가스가 지나치게 과잉 공급된 경우
> (6) 프레임이 냉각된 경우

32 연소반응 도중에 탄화수소인 가스연료 등이 열분해되어 탄소입자가 발생하여 미연소된 채 적열되어 염의 선단이 적황색으로 변해 연소하는 것을 옐로우 팁(Yellow Tip) 현상이라고 한다. 이 현상이 일어나는 원인을 2가지만 쓰시오.

> **정답**
> (1) 주물 밑부분에 철가루가 존재하는 경우
> (2) 1차 공기 공급이 부족한 경우

> **│해설│**
> **가스용기 내 몰수(n)**
> $$n(\text{mol}) = \frac{PV}{RT}$$
> 여기서, n : 몰수
> P : 압력(atm)
> V : 용기 내용적(L)
> R : 기체상수(0.082)
> T : 가스온도(K)

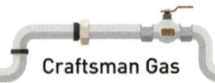

SECTION 6 고압장치 및 가스저장장치

01 용접을 하지 않고 제조하는 이음새 없는 무계목용기(심리스용기)의 장점을 2가지만 쓰시오.

> 정답
> (1) 내압력에 의한 응력분포가 균일하다.
> (2) 이음새가 없으므로 고압에 잘 견딘다.

> 해설
> 이음새 없는 용기는 제조 공정상 두께를 균일화하는 것이 곤란하다.

02 용접하여 제조하는 웰딩제조용인 계목용기의 장점을 3가지만 쓰시오.

> 정답
> (1) 저렴한 강판을 사용하므로 경제적이다.
> (2) 재료가 판재이므로 용기형태 및 치수를 자유롭게 선택할 수 있다.
> (3) 두께 공차가 적다.

03 가스용기 제조 시 용기의 최대 두께와 최소 두께의 차이는 몇 % 이하로 해야 하는가?

> 정답
> 20%

04 용기용 밸브에서 가스충전구 나사형식 3가지를 쓰고, 각 밸브를 설명하시오.
(1) A형   (2) B형
(3) C형

> 정답
> (1) 가스충전구 나사가 수나사이다.
> (2) 가스충전구 나사가 암나사이다.
> (3) 가스충전구 나사가 없다.

05 가스 충전구에서 가연성 가스의 경우와 기타는 어떤 나사형식으로 이루어져 있는가?
(1) 가연성 가스   (2) 기타 가스

> 정답
> (1) 왼나사 형식   (2) 오른나사 형식

06 가연성 가스이나 충전구 나사가 왼나사가 아닌 오른나사로 해도 무방한 가스의 종류를 2가지만 쓰시오.

> **정답**
> (1) 암모니아가스　　　(2) 브롬화메탄가스

07 가연성 가스 용기밸브의 그랜드너트(육각너트)는 왼나사와 오른나사가 있는데, 육각 모서리에 V자형 홈 표시는 어느 나사를 나타내는 표시인가?

> **정답**
> 왼나사 표시

08 밸브의 구조에 따른 종류를 4가지만 기술하시오.

> **정답**
> (1) 다이어프램식　　　(2) 백시트식
> (3) O링식　　　　　　(4) 패킹식

09 용기용 안전장치 종류를 3가지만 쓰시오.

> **정답**
> (1) 안전밸브　　　　　(2) 가용전식
> (3) 파열판식 박판식(랩처디스크)

10 가용전 안전장치 합금성분을 4가지만 쓰시오.

> **정답**
> (1) 비스무트　　　　　(2) 카드뮴
> (3) 주석　　　　　　　(4) 납

11 파열판식(랩처디스크) 1회용 안전장치 재질의 종류를 3가지 기술하시오.

> **정답**
> (1) 알루미늄　(2) 납　　(3) 스테인리스강
> (4) 은　　　　(5) 모넬　(6) 플라스틱

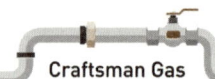

12 안전장치인 가용전(퓨즈메탈)의 가스별 용융온도를 4가지로 구별하여 쓰시오.

(1) 일반가스용 (2) 암모니아용
(3) 염소용 (4) 아세틸렌용

> **정답**
> (1) 60~70℃ (2) 62℃
> (3) 65~68℃ (4) 105(±5)℃

13 스프링식 안전밸브의 특성을 3가지만 기술하시오.

> **정답**
> (1) 고압가스나 장치에 사용이 가능하다.
> (2) 반영구적으로 사용이 가능하다.
> (3) 스프링 작동에 의하여 이상고압 시 가스를 외부로 방출하여 압력을 조절한다.

14 가용전식(퓨즈메탈) 안전장치의 특성을 3가지만 기술하시오.

> **정답**
> (1) 아세틸렌이나 염소용기에 사용한다.
> (2) 합금으로 제작한다.
> (3) 고온의 영향을 받는 곳에는 사용이 불가능하다.

15 파열판식 안전장치의 특성을 4가지만 기술하시오.

> **정답**
> (1) 구조가 간단하며 취급이 용이하다.
> (2) 부식성 유체 및 괴상물질을 함유한 유체에 적합하다.
> (3) 한번 작동하면 재사용이 불가하므로 다른 파열판으로 교체해야 한다.
> (4) 밸브시트(변좌)의 누설이 없다.

16 가스저장탱크에서 횡형, 입형의 압력에 따른 경판을 4가지 종류별로 구별하여 기술하시오.

> **정답**
> (1) 접시형 (2) 반타원형
> (3) 반구형 (4) 원추형

17 원통형 저장탱크의 특징을 3가지만 쓰시오.

정답
(1) 동일용량일 경우 구형탱크에 비해 중량이 무겁다.
(2) 구형탱크에 비해 제작 및 조립이 용이하다.
(3) 운반이 용이하다.

18 고압저장탱크의 특징을 4가지 쓰시오.

정답
(1) 건설비가 싸다.
(2) 기초 및 구조가 간단하여 공사가 용이하다.
(3) 보존면에서 유리하고 누설이 완전 방지된다.
(4) 액체가스 저장 시 타 저장탱크보다 동일용량 대비 표면적이 작고 강도가 높다.
(5) 형태가 아름답다.

19 고압가스용기 재료의 구비조건을 4가지만 기술하시오.

정답
(1) 가벼우면서 충분한 강도를 가져야 한다.
(2) 저온이나 사용 온도에서 견디는 연성, 점성, 강도를 가져야 한다.
(3) 내식성, 내마모성이 있어야 한다.
(4) 가공성, 용접성이 좋고 가공 중 결함이 생기지 않아야 한다.

20 가스용기의 재질을 기술하시오.
(1) 산소용기　　　　　　　　　(2) 수소용기
(3) LPG 용기　　　　　　　　　(4) 암모니아 용기

정답
(1) 30% 크롬강
(2) 5~6% 크롬강
(3) 탄소강
(4) 탄소강, 18-8스테인리스강

| 해설 |
암모니아 가스용기는 탈탄작용이 발생하기 때문에 구리나 구리 성분이 62% 이상 함유된 것은 사용 불가하다.

21 고압가스 용기의 내압시험 중 수조식 시험의 특징을 3가지 쓰시오.

> **정답**
> (1) 용기를 수조에 넣고 수압으로 가압시험한다.
> (2) 보통 소형용기 내압시험용이다.
> (3) 압력시험에서 팽창이 정확하게 나타난다.
> (4) 비수조식에 비하여 측정결과에 신뢰성이 있다.

22 용기 내압시험에서 비수조식의 특징을 간단히 설명하시오.

> **정답**
> 용기 제조시험 시 수조에 넣지 않고 수압에 의한 가압으로 내압시험을 한다.

23 내압시험 후 용기 내의 기밀시험에 사용되는 기체의 종류를 3가지만 쓰시오.

> **정답**
> (1) 질소   (2) 이산화탄소
> (3) 불활성 가스

24 용기의 인장시험기 종류를 3가지만 기술하시오.

> **정답**
> (1) 암슬러 시험기   (2) 올센 시험기
> (3) 몰스 시험기

25 용기재료인 금속재료의 충격시험기 종류를 2가지만 쓰시오.

> **정답**
> (1) 샤르피 충격시험기   (2) 아이조드 충격시험기

26 영하 50℃ 이하 초저온용기의 단열성능시험 시 사용하는 기체를 3가지만 쓰시오.

> **정답**
> (1) 액화질소   (2) 액화산소
> (3) 액화아르곤

27 다음 가스용기의 내압시험 기준을 간단히 설명하시오.

(1) 압축가스 및 액화가스 용기
(2) 아세틸렌 용기
(3) 고압가스설비

> **정답**
> (1) 최고충전압력×3배
> (2) 사용압력×1.5배
> (3) 사용압력×1.5배

28 다음 3가지 용기의 기밀시험 압력기준을 쓰시오.

(1) 초저온 용기 및 저온 용기
(2) 아세틸렌 용기
(3) 기타 용기

> **정답**
> (1) 최고충전압력×1.1배
> (2) 최고충전압력×1.8배
> (3) 최고충전압력 이상

29 용기 제조 시 기밀시험 방법을 4가지만 쓰시오.

> **정답**
> (1) 내압시험이 끝난 후 용기에 대하여 기밀시험을 한다.
> (2) 기밀시험은 기압으로 하며 시험기체는 공기 또는 불활성 가스로 한다.
> (3) 시험압력 이상에서 1분 이상 유지한 후에 비눗물을 사용하여 기포 발생 여부를 파악한다.
> (4) 중·소형 용기는 기밀시험 시 용기를 수조에 넣고 기포 발생으로 측정한다.

30 초저온 용기의 내용적별 단열성능시험 합격기준을 2가지로 구별하여 쓰시오.

(1) 내용적 1,000L 이하
(2) 내용적 1,000L 이상

> **정답**
> (1) 0.0005kcal/L·h·℃ 이하
> (2) 0.002kcal/L·h·℃ 이하

31 초저온가스인 액화질소, 액화산소, 액화아르곤의 비점온도(℃)와 기화잠열(kcal/kg)을 쓰시오.

(1) 액화질소

(2) 액화산소

(3) 액화아르곤

> **정답**
> (1) 비점 −196℃, 기화잠열 48kcal/kg
> (2) 비점 −183℃, 기화잠열 51kcal/kg
> (3) 비점 −186℃, 기회잠열 38kcal/kg

SECTION 7 가스압축기 및 펌프의 특성

01 통풍기, 송풍기, 압축기 사용이 가능한 토출압력을 기술하시오.
(1) 통풍기(팬) (2) 송풍기
(3) 압축기

> **정답**
> (1) 1,000mmAq
> (2) 1,000mmAq 이상~1kg/cm² 미만
> (3) 1kg/cm² 이상

02 비용적식인 원심식 압축기의 종류를 3가지만 쓰시오.

> **정답**
> (1) 터보형
> (2) 축류식
> (3) 사류식(혼류식)

03 용적형 압축기의 종류를 3가지 쓰시오.

> **정답**
> (1) 왕복식   (2) 스크루식   (3) 다이어프램식
> (4) 스크롤식 (5) 회전식

04 원심식인 터보형 압축기의 특징을 5가지 쓰시오.

> **정답**
> (1) 설치면적이 작고 고속으로 운전이 가능하며 대용량 압축기이다.
> (2) 기계의 접속부가 적어서 마모나 마찰손실이 적다.
> (3) 무급유식이므로 압송유체에 오일이 혼입되지 않는다.
> (4) 압축이 연속적이어서 맥동현상이 없다.
> (5) 가스의 비중에 크게 영향을 받으며 토출압력 변화에 의한 용량 변화가 크다.
> (6) 회전운동이므로 동적 밸런스를 잡기 쉬워 진동이나 소음 발생이 적다.
> (7) 효율이 다소 낮고 1단으로 높은 압축비를 얻을 수 없어서 높은 압력에 대해 단수가 많아지는 단점이 있다.
> (8) 압축기 운전 중 서징(맥동현상)에 주의가 필요하다.

| 해설 |
맥동현상은 센트리퓨걸형 원심식 압축기에서 발생한다.

05 축류형 압축기의 특징을 3가지 쓰시오.

정답
(1) 날개베인이 동익, 정익으로 조합된 압축기이다.
(2) 동익(가동익) 축류 압축기인 경우 날개각도 조절로 축동력을 일정하게 할 수 있다.
(3) 일반적으로 효율이 낮다.
(4) 압축비가 작아서 공기조화 설비에 많이 사용한다.

해설
베인의 배열
- 후치 정익형
  반동도 80~100%
- 전치 정익형
  반동도 100~120%
- 전후치 정익형
  반동도 40~60%

06 왕복동 압축기의 특징을 5가지 쓰시오.

정답
(1) 실린더 내에서 피스톤을 왕복운동시켜 기체를 흡입·압축한다.
(2) 속도가 저속이므로 동일 용량에 비해 외형이 크고 중량이 무겁고 설치면적이 크다.
(3) 압축이 단속적이라서 진동 및 소음이 크며 밸브 고장이 많다.
(4) 전반적으로 압축효율이 높고, 유량조절이 용이하며 그 범위가 10~100%이다.
(5) 토출압력에 비해 용량변화가 적고 기체비중에 관계없이 쉽게 고압을 얻을 수 있다.
(6) 피스톤과 실린더 사이에 윤활유가 혼입되므로 압축가스 중 오일이 혼입될 우려가 있다.
(7) 접촉 부분이 많아서 마찰에 의한 마모가 심하다.
(8) 일정량의 가스가 압축되며 단단으로도 비교적 고압을 얻을 수 있다.

07 회전식 압축기의 특성을 5가지 쓰시오.

정답
(1) 왕복동식 압축기에 비하여 부품수가 적고 구조가 간단하다.
(2) 압축기 운동 부분의 동작이 단순하므로 대용량 제작이 가능하며 진동이 적다.
(3) 마찰부 가공에 정밀도 및 내마모성이 요구된다.
(4) 고압축비를 얻기 용이하며 효율이 높다.
(5) 압축이 연속적이라 고진공을 얻기 용이하다.
(6) 흡입밸브가 없고 토출 측에 역지밸브를 사용하며 크랭크 케이스 내에 고압이 형성된다.
(7) 오일 윤활방식이며 일반적으로 소용량에 이용된다.
(8) 고정익형과 회전익형이 있다.
(9) 케이스 내부는 고압이 형성된다.

08 스크루(나사용) 압축기의 특징을 5가지 기술하시오.

정답

(1) 암·수의 두 로터의 회전운동에 의하여 압축된다.
(2) 진동이나 맥동이 없고 연속 송출이 가능하다.
(3) 소용량으로 대량가스를 처리할 수 있고 마모 부분이 적다.
(4) 가볍고 설치면적이 작으며 고속으로 중용량 및 대용량에 적합하다.
(5) 토출압력 변화에 의한 용량 변화가 적고 기체의 비중에 약간 영향을 받는다.
(6) 흡입·압축·배기 등 3행정 사이클이 이용된다.
(7) 가스의 유동저항이 적도록 축방향으로 흡입·압축·토출이 반복된다.
(8) 오일급유식 및 무급유식이 있다.

09 왕복동식 압축기의 특성을 5가지 기술하시오.

정답

(1) 용적형이어서 정량압축이 가능하다.
(2) 윤활식 및 무급유식이 있다.
(3) 왕복운동이 단속적이라서 맥동이 발생한다.
(4) 저속하에서 쉽게 고압을 얻을 수 있다.
(5) 형태가 크고 중량이 무겁다.
(6) 설치면적을 많이 차지한다.
(7) 토출압력 변화에 의한 용량의 변화가 적다.
(8) 기체의 비중에 별로 영향을 받지 않는다.
(9) 접촉부가 많아서 보수나 수리가 까다롭다.
(10) 압축효율이 높고 용량의 조정범위가 10~100% 정도로 넓다.

해설

- 왕복동식 압축기는 크랭크 축에 연결된 연결봉에 의해 피스톤을 왕복시켜 압축한다.
- 크랭크케이스 내부는 저압이다.

10 왕복동 압축기 부속장치를 5가지 쓰시오.

정답

(1) 크랭크 샤프트(축)
(2) 커넥팅 로드(연결봉)
(3) 흡입용, 토출용 밸브
(4) 실린더
(5) 피스톤
(6) 크랭크 케이스(오일 저장소)
(7) 축봉장치(기밀 유지용)

11 왕복동식 압축기 유면에서 오일유면의 높이를 2가지로 구별하여 기술하시오.

(1) 운전정지 중   (2) 압축기 운전 중

> **정답**
> (1) 유면계의 $\frac{2}{3}$ 정도
> (2) 유면계의 $\frac{1}{2} \sim \frac{1}{3}$ 정도

12 왕복동 압축기의 용량제어법을 5가지 쓰시오.

> **정답**
> (1) 흡입구 밸브 폐쇄법 (2) 바이패스밸브 사용법
> (3) 회전수 변경법   (4) 타임드밸브 사용법
> (5) 클리어런스밸브 조정법(간극밸브 조정법)
> (6) 흡입밸브 개방법(언로드법)

13 고속다기통 압축기의 특징을 5가지 쓰시오.

> **정답**
> (1) 소형 경량이며 설치면적이 작다.
> (2) 실린더 기통수가 많아서 실린더 지름이 작아도 된다.
> (3) 용량제어가 가능하며 자동운전이 용이하다.
> (4) 동적 및 정적 밸런스가 양호하며 진동이 적다.
> (5) 톱클리어런스(간극)가 커서 체적효율이 낮다.
> (6) 각 부품교환이 용이하다.
> (7) 유속이 빠르고 기통수가 많아서 윤활유 소비량이 많다.

| 해설 |
① 다단압축의 목적
  • 가스의 온도상승 방지
  • 단단식에 비하여 일량 감소
  • 이용효율 증가
  • 힘의 평형 향상
② 단수 결정 시 고려사항
  • 단수가 많을수록 가격 상승
  • 구조가 복잡
  • 최종출구 토출압력
  • 취급 가스량 및 종류
  • 연속 운전 여부
  • 동력 및 제작상의 경제성
③ 압축비가 커져 발생하는 장애
  • 압축일량이 커지므로 토출가스 온도상승
  • 압축기 과열 발생
  • 온도상승에 의한 체적효율 감소
  • 체적효율 감소에 의한 압축기 능력 감소

14 왕복동식 압축기 안전장치 3가지를 기술하시오.(단, 압력별로 저압에서 고압 순서로)

정답
(1) 안전두　　　　(2) 고압차단스위치
(3) 안전밸브

15 스크루식 압축기의 용량제어법을 간단하게 기술하시오.

정답
슬라이드 밸브를 움직여서 가스를 압축개시 전에 흡입 측으로 되돌려 용량을 제어한다.

16 터보형 압축기의 용량제어법을 5가지만 기술하시오.

정답
(1) 속도 제어법　　　　(2) 흡입밸브 제어법
(3) 토출밸브 제어법　　(4) 베인 컨트롤법
(5) 바이패스 사용법

17 압축기 윤활유의 사용목적을 4가지만 기술하시오.

정답
(1) 유막을 형성하여 압축기 내의 가스누설을 방지한다.
(2) 접촉부 마찰저항 감소에 의해 압축기 운전을 용이하게 한다.
(3) 활동부 마찰열을 제거하여 기계효율을 향상시킨다.
(4) 압축기 수명 연장 및 냉각효과를 향상시킨다.

18 압축기 윤활유의 구비조건을 5가지 쓰시오.

정답
(1) 화학적으로 안정시켜 사용하는 가스와 반응하지 않도록 할 것
(2) 항유화성이 크고 점도가 적당할 것
(3) 열에 대하여 안정하고 열분해가 쉽지 않도록 할 것
(4) 정제도가 높고 잔류탄소량이 적을 것
(5) 수분의 성분이나 산 등의 불순물이 적을 것
(6) 응고점이 낮고 인화점이 높을 것

19 다음 압축기의 종류별 사용 윤활유를 쓰시오.

(1) 공기용 압축기
(2) 수소 압축기용 2가지
(3) 아세틸렌용 압축기
(4) 산소 압축기용 2가지
(5) 염소용 압축기
(6) 염화메탄용 압축기
(7) 아황산가스 압축기용 2가지
(8) 액화석유가스(LPG)용 압축기

> **정답**
> (1) 양질의 광유
> (2) 양질의 광유, 순광물성유
> (3) 양질의 광유
> (4) 물, 10% 이하의 묽은 글리세린수
> (5) 진한 황산(H_2SO_4)
> (6) 화이트유
> (7) 화이트유, 잘 정제된 터빈유
> (8) 식물성유

20 비용적형 펌프(원심식 터보형)의 종류를 3가지만 쓰시오.

> **정답**
> (1) 원심식 펌프(볼류트형, 터빈형)
> (2) 사류 펌프(혼류 펌프)
> (3) 축류 펌프
>
> **해설**
> 원심식 펌프는 시동하기 전 펌프 내에 물을 충만시키는 프라이밍 작업이 필요하다.

21 용적형 펌프 형식의 종류별 펌프를 3가지 기술하시오.

(1) 왕복동식 펌프
(2) 회전식 펌프

> **정답**
> (1) 피스톤형, 플런저형, 격막형(다이어프램형), 깃형(윙형)
> (2) 기어식, 나사식, 베인식
>
> **해설**
> 깃형에는 공기실을 설치하여 맥동을 감소시킨다.

22 특수펌프의 종류를 4가지만 기술하시오.

> **정답**
> (1) 마찰펌프
> (2) 제트펌프
> (3) 기포펌프
> (4) 수격펌프

23 펌프운전 중 발생하는 캐비테이션, 즉 공동현상에 대하여 간단히 서술하시오.

> **정답**
> 이송액의 유체 중 어느 부분의 정압이 그 액의 유체 증기압보다 낮은 압력이 발생하면 부분적으로 유체인 액이 증발하는 가운데 액이나 물속의 공기 등 가스분이 분출하여 기포를 발생시키는 현상이다.

24 공동현상 발생 시 나타나는 현상을 4가지만 쓰시오.

> **정답**
> (1) 소음 및 진동이 발생한다.   (2) 깃에 대한 침식이 생긴다.
> (3) 양정이나 효율이 저하된다.   (4) 양수가 불가능할 수 있다.

25 캐비테이션(공동현상)의 발생조건을 4가지만 쓰시오.

> **정답**
> (1) 흡입양정이 너무 높을 경우
> (2) 펌프 입구에서 과속으로 유량이 증대하는 경우
> (3) 물이나 액의 온도상승이 심할 경우
> (4) 펌프 흡입 측이나 흡입배관에서 마찰저항이 증가하는 경우

26 캐비테이션 방지법을 5가지 쓰시오.

> **정답**
> (1) 흡입양정을 짧게 한다.   (2) 흡입관경을 크게 한다.
> (3) 펌프의 회전수를 줄인다.   (4) 양흡입펌프를 사용한다.
> (5) 두 대 이상의 펌프를 사용한다.   (6) 입형, 액중 펌프를 설치한다.

27 펌프운전 중 수격작용(워터해머) 방지법을 4가지만 기술하시오.

> **정답**
> (1) 관경을 크게 하고 유속을 감소시킨다.
> (2) 조압수조 및 공기실을 관로에 설치한다.
> (3) 펌프에 플라이휠(관성차)을 설치한다.
> (4) 역류방지밸브 외측에 자동수압조절밸브를 설치한다.

28 펌프의 서징현상(맥동현상)에 대하여 간단히 기술하시오.

> **정답**
> 펌프운전 시 토출 측의 저항이 커지면 유량이 감소되어 어느 유량까지는 정상운전이 가능하다. 하지만 적정수준 이하의 유량으로 감소하면 펌프나 배관 내 맥동 및 진동이 일어나서 불안전한 조건에서 펌프의 지침이 흔들리는 현상이다.

29 비등점이 낮은 액체를 이송할 경우 펌프 입구 측에서 액체가 기화되는 현상을 쓰시오.

> **정답**
> 베이퍼록 현상

30 펌프의 구비조건을 5가지 쓰시오.

> **정답**
> (1) 고온·고압에 잘 견딜 것
> (2) 고속회전에 안전할 것
> (3) 저부하에서도 효율이 좋을 것
> (4) 작동이 확실하고 조작이 간단할 것
> (5) 부하변동에 대응이 가능할 것
> (6) 병렬운전에 지장이 없을 것

31 저비점 액화가스의 펌프 사용상 주의사항을 4가지만 쓰시오.

> **정답**
> (1) 펌프는 가급적 저조 가까이에 설치한다.
> (2) 펌프의 흡입 및 토출관에는 신축조인트를 설치한다.
> (3) 밸브와 펌프 사이에 기화한 가스를 방출하는 안전밸브를 설치한다.
> (4) 운전 전에 펌프를 예랭시킨다.

32 펌프에서 유체의 누설방지를 위하여 축봉장치인 실(Seal)을 사용한다. 다음 물음에 답하시오.
(1) 운동 부분에 사용하는 축봉장치 실은?
(2) 고정 부분에 사용하는 축봉장치 실은?

> **정답**
> (1) 패킹   (2) 개스킷

33 펌프의 축봉장치에서 그랜드패킹 재질상 종류를 3가지만 쓰시오.

> **정답**
> (1) 소프트 패킹 (2) 세미메탈식 패킹
> (3) 메탈릭 패킹

34 펌프의 축봉장치에서 메커니컬 실의 종류를 3가지만 쓰시오.

> **정답**
> (1) 세트 형식 (2) 실 형식
> (3) 면압 밸런스 형식

35 유효흡입양정(NPSH)에 대하여 간단하게 설명하시오.

> **정답**
> 펌프가 작동 중 캐비테이션을 일으키지 않을 한도 내에서의 최대흡입양정을 말한다.

36 펌프 작동 중 베이퍼록 현상에 대하여 설명하시오.

> **정답**
> 비등점이 낮은 저비점의 액체를 이송할 때 펌프의 입구 측에서 액체가 끓는 현상으로 펌프가 진동한다.

| 해설 |
베이퍼록 방지법
- 펌프를 가급적 액의 저장탱크(저조) 가까이에 설치한다.
- 펌프의 흡입·토출관에는 신축 조인트를 설치한다.
- 밸브와 펌프 사이에 기화된 가스를 방출하는 안전밸브 설치가 필요하다.
- 운전개시 전 펌프를 청정하여 건조한 다음 펌프를 충분히 예랭시킨다.

37 펌프의 모터가 과부하되는 원인을 3가지만 쓰시오.

> **정답**
> (1) 양정이 지나치게 높거나 용량에 비하여 수량이 지나칠 때
> (2) 액의 점도나 액의 비중이 증가할 때
> (3) 베인이나 임펠러에 이물질이 부착되었을 때

38 펌프가 액을 토출하지 않는 원인을 3가지만 기술하시오.

> **정답**
> (1) 수조(물탱크)의 액면이 낮아졌다.
> (2) 흡입관로가 막혀 있다.
> (3) 흡입 측에 누설개소가 있다.

39 펌프 내 공기를 흡입하면 양수가 불량해진다. 공기의 흡입 이유를 3가지만 쓰시오.

> **정답**
> (1) 탱크 수위의 저하가 있을 경우
> (2) 흡입관로 중 공기의 체류부가 있을 경우
> (3) 흡입관의 누설이 있을 경우

CHAPTER 02 계측기기

SECTION 1 계측기기 개요

01 계측 및 제어의 목적을 4가지만 기술하시오.

> **정답**
> (1) 조업조건의 안정화 (2) 열설비의 안정화
> (3) 안전위생 관리 (4) 작업인원 절감

02 공업계기의 계측기기 구비조건을 5가지만 기술하시오.

> **정답**
> (1) 견고하고 신뢰성이 높을 것
> (2) 구조가 간단하고 취급이 용이하며 보수가 쉬울 것
> (3) 구입이 쉽고 경제적일 것
> (4) 설치장소 및 주위 조건에 대하여 내구성이 있을 것
> (5) 원격지시나 기록이 연속적으로 가능할 것

03 계측기기의 보전을 위한 준수사항을 5가지만 쓰시오.

> **정답**
> (1) 검사 및 수리의 연속
> (2) 정기점검 및 일상점검
> (3) 보존관리자의 교육
> (4) 예비부품 및 예비용 기기 확보
> (5) 계측기기 관련 자료의 정비 및 특성 파악

04 계측기기의 기본단위 조건을 4가지만 쓰시오.

> 정답
> (1) 기본량, 물리량을 가능한 한 정확히 실현할 것
> (2) 실용상 편리한 크기일 것
> (3) 모든 조립단위가 가능하고 간단한 형태로 유도가 될 것
> (4) 일정하게 유지될 것

05 SI 기본단위 7가지를 기술하시오.

> 정답
> (1) 길이(m)   (2) 질량(kg)
> (3) 시간(s)   (4) 온도(K)
> (5) 전류(A)   (6) 광도(cd)
> (7) 물질량(mol)

06 특수단위를 5가지 이상 아는 대로 쓰시오.

> 정답
> 습도, 비중, 입도, 인장강도, 내화도, 굴절도, 점도, 경도, 역률, 충격치, 흡수선량, 압축강도 등

07 절대단위, 중력단위, 공학단위계의 기본단위를 3~4개씩 쓰시오.

(1) 절대단위   (2) 중력단위
(3) 공학단위

> 정답
> (1) 길이(L), 질량(M), 시간(T)
> (2) 길이(L), 힘(F), 시간(T)
> (3) 힘(F), 질량(M), 길이(L), 시간(T)

| 해설 |
① 절대단위
 • CGS 단위계 : cm, g, sec
 • MKS 단위계 : m, kg, sec
② 중력단위 : 절대단위에 중력가속도를 곱한 것(힘, 길이, 시간)
③ 공학단위 : 중력단위 사용에 따라 달라지는 공학 기술의 단위 (힘, 길이, 시간, 질량)

08 정밀도, 정확도에 대하여 간단하게 기술하시오.

(1) 정밀도
(2) 정확도

> **정답**
> (1) 반복하여 측정하는 경우 흩어짐이 적은 측정을 정밀하다고 하며, 이 정도를 나타내는 것을 정밀도로 표시한다.
> (2) 평균값과 참값의 차를 쏠림이라 하고, 이 쏠림이 작은 측정을 정확하다고 하며, 이 정도를 정확도라 한다.

> **해설**
> 쏠림 = 평균값 − 참값
> • 우연오차가 작으면 정밀도가 우수하다.
> • 계통오차가 작으면 정확도가 우수하다.

09 계통적 오차란 쏠림이 원인이 되는 오차를 말한다. 계통적 오차의 종류를 2가지 쓰고, 계통적 오차의 원인을 3가지 쓰시오.

(1) 계통적 오차의 종류 2가지
(2) 계통적 오차의 원인 3가지

> **정답**
> (1) 측정기 오차, 개인오차
> (2) ① 고유오차 : 측정기 자신의 오차
>   ② 개인오차 : 측정자의 습관 등에 의한 오차
>   ③ 이론오차 : 온도, 습도 등 환경조건에 의한 팽창·수축에 대한 오차

10 계통적 오차의 특징을 3가지만 쓰시오.

> **정답**
> (1) 조건 변화에 따라 규칙적으로 생긴다.
> (2) 오차를 제거할 수도 있고, 보정할 수도 있다.
> (3) 측정값의 평균값에서 참값을 뺀 값이므로 반드시 치우침에 의한 오차가 생기기 마련이다.

11 흩어짐의 원인에 의한, 즉 원인을 알 수 없는 오차를 무슨 오차라고 하는가?

> **정답**
> 우연오차

12 우연오차의 특징을 3가지만 기술하시오.

정답
(1) 원인이 불명확하다.
(2) 원인을 제거할 수 없다.
(3) 오차란 측정값에서 참값을 뺀 에러이다.

해설
편차 = 측정값 − 평균값

13 우연오차의 원인을 3가지만 쓰시오.

정답
(1) 측정기기 산포
(2) 판단오차, 관측오차 등 측정자에 의한 오차
(3) 조건변동에 의한 오차로서 측정환경에 의한 산포

14 계측기기 눈금의 종류 3가지를 쓰시오.

정답
(1) 작은눈금(아들눈금)
(2) 큰눈금(어미눈금)
(3) 중간눈금

해설
큰눈금은 작은눈금의 5배수 또는 10배수로 표시한다.

15 계기눈금의 통칙을 5가지 기술하시오.

정답
(1) 눈금의 종류는 아들눈금, 어미눈금, 중간눈금의 3가지가 있다.
(2) 작은눈금의 길이는 눈금폭의 5배 이하로 한다.
(3) 작은눈금의 굵기는 눈금폭의 $\frac{1}{2} \sim \frac{1}{15}$로 한다.
(4) 큰눈금폭은 1.0mm보다 좁게 해서는 안 된다.
(5) 큰눈금의 굵기는 작은 눈금보다 굵게 하되 작은눈금의 5배 이하로 한다.
(6) 눈금량은 1, 2, 5 또는 이 숫자의 10의 정수배로 한다.
(7) 눈금수의 최댓값은 공업계기의 정밀도에 맞도록 정한다.

16 계기눈금의 표시법을 5가지 기술하시오.

정답
(1) 양을 나타내는 표시는 숫자로서 어미눈금에 붙인다.
(2) 눈금판에 기입하는 단위기호는 계량법에 따른다.
(3) 단위기호는 눈금판의 보기 쉬운 장소에 기입한다.
(4) 눈금판에서 표시량이 높아지는 방향은 왼쪽에서 오른쪽으로 또는 아래에서 위로 한다.
(5) 눈금판의 색은 눈금판과 바늘의 색이 서로 상반되는 것을 선택한다.
(6) 눈금이나 바늘은 쉽게 판별이 가능한 모양의 것이어야 한다.
(7) 바늘과 눈금판이 동일 평면상에 있지 않을 때는 바늘과 눈금판의 거리를 될 수 있는 한 가깝게 해야 한다.

17 계기의 선택을 4가지 기술하시오.

정답
(1) 측정범위
(2) 정도
(3) 측정대상 및 사용조건
(4) 주위의 조건을 적절하게 파악
(5) 사용목적과 효과에 따른 경제성

18 단위의 요건에 대해 기술하시오.

정답
(1) 정확한 기준이 있어야 한다.
(2) 사용하기 편리하고 알기 쉬워야 한다.
(3) 보편적이고 확고한 기반을 가진 원기가 있어야 한다.

19 표준기의 구비조건을 4가지 기술하시오.

정답
(1) 경년변화가 적어야 한다.
(2) 안정성이 있어야 한다.
(3) 정도가 높고 단위의 현시가 가능해야 한다.
(4) 외부의 물리적 조건 등에 대한 변형이 적어야 한다.

20 오차와 상대오차를 각각 설명하시오.

> **정답**
> (1) 오차 = 측정값 − 참값
> (2) 상대오차 = $\dfrac{\text{오차}}{\text{참값}}$

21 정도(정확도, 정확률)에 대하여 간단하게 기술하시오.

> **정답**
> 측정결과에 대한 신뢰도를 수량으로 표시한 척도이다.

22 감도에 대하여 간단하게 기술하시오.

> **정답**
> (1) 계측기기 측정량의 변화에 민감한 정도를 말하며 측정량의 변화에 대한 지시량 변화의 비로 나타낸다.
> (2) 감도가 좋으면 측정시간이 길어지고 측정범위가 좁아진다.
>
> **해설**
> 감도 = $\dfrac{\text{지시량 변화}}{\text{측정량 변화}}$

22 다음 계측기기의 측정방법을 쓰시오.
(1) 스프링식 저울
(2) 천칭
(3) 다이얼게이지

> **정답**
> (1) 편위법   (2) 영위법
> (3) 치환법

| SECTION 2 | **압력계의 종류 및 특성**

01 1차 압력계 중 액주식 압력계의 종류를 4가지 기술하시오.

> **정답**
> (1) U자관식 (2) 단관식(상형압력계)
> (3) 경사관식 (4) 호르단형

02 다른 압력계 보정이나 눈금교정에 사용되는 분동식 표준압력계로 사용하는 1차 압력계의 명칭을 쓰시오.

> **정답**
> 자유피스톤식

03 액주식 압력계의 액주로 사용하는 액의 구비조건을 3가지 쓰시오.

> **정답**
> (1) 점성이 작아야 한다.
> (2) 온도변화에 의한 밀도변화가 적어야 한다.
> (3) 모세관현상 및 표면장력이 적어야 한다.
> (4) 화학적으로 안정되고 휘발성, 활성도가 적어야 한다.

04 2차 압력계의 종류를 5가지 기술하시오.

> **정답**
> (1) 부르동관 압력계
> (2) 다이어프램 압력계(격막식 압력계)
> (3) 벨로스식 압력계
> (4) 전기저항 압력계
> (5) 피에조 전기압력계
> (6) 스트레인 게이지
> (7) 침종식 압력계(단종식, 복종식)
> (8) 환상천평식 압력계(링밸런스식 압력계)

05 탄성식 압력계의 종류를 3가지 쓰시오.

> **정답**
> (1) 부르동관 압력계
> (2) 벨로스식 압력계
> (3) 다이어프램식 압력계(격막식 압력계)
> (4) 아네로이드식 압력계

> **해설**
> 다이어프램식 압력계의 구성
> 링크, 섹터, 피니언

06 부르동관 압력계 중 압력에 따른 부르동관 재질명을 쓰시오.

(1) 저압용 부르동관
(2) 고압용 부르동관

> **정답**
> (1) 황동, 청동, 인청동
> (2) 니켈강, 특수강

> **해설**
> 부르동관 형식
> C형, 와선형, 나선형

07 암모니아, 아세틸렌 가스용 부르동관 압력계에서 주의사항 2가지를 쓰시오.

> **정답**
> (1) 구리 및 구리의 합금은 사용이 불가하다.
> (2) 연강재를 사용한다.

08 부르동관 압력계에서 산소용기에 부착된 압력계는 반드시 표시가 필요하다. 이 표시의 명칭을 쓰시오.

> **정답**
> 금유표시

> **해설**
> 오일 사용을 금지하는 표시가 필요하다.

09 격막식(다이어프램식) 압력계 사용 시 특성을 5가지 쓰시오.

> **정답**
> (1) 격막의 재질은 고무, 테프론, 양은, 스테인리스 등이다.
> (2) 부식성 유체 측정이 가능하다.
> (3) 온도의 영향을 받지 않는다.
> (4) 측정의 응답속도가 빠르다.
> (5) 파손 시 위험성이 적다.

10 벨로스식 압력계의 특성을 4가지 쓰시오.

정답

(1) 신축에 의한 압력을 이용한다.
(2) 유체 내의 먼지 등의 영향이 적고 압력변동에 적응하기 어렵다.
(3) 측정압력은 0.01~10kg/cm²이다.
(4) 구조가 매우 간단하다.
(5) 벨로스의 재질은 일반적으로 인청동, 스테인리스로 한다.

11 전기저항 압력계의 대표적인 압력계 명칭을 쓰시오.

정답

스트레인 게이지 압력계

12 고압측정용이며 수정, 전기석, 로셀염 등의 결정체를 이용한 압력계의 명칭을 쓰시오.

정답

피에조 전기압력계

13 전기식 압력계의 특징을 쓰시오.

정답

(1) 정밀도가 높고 측정이 안정하다.   (2) 지시 및 기록이 쉽다.
(3) 원격 측정이 가능하다.   (4) 반응속도가 빠르다.
(5) 압력계가 소형이다.

14 경사관식 압력계의 특징을 5가지 쓰시오.

정답

(1) 눈금을 확대할 수 있다.
(2) U자관 압력계보다 정밀한 측정이 가능하다.
(3) 경사각도는 $\frac{1}{10}$ 이내가 좋다.
(4) 경사관의 지름은 약 2~3mm이다.
(5) 압력계 내부의 유입액은 물, 알코올 등이다.

15 단종식, 복종식의 압력계인 침종식 압력계의 특징을 5가지 쓰시오.

> **정답**
> (1) 계기는 수평으로 설치한다.
> (2) 봉입액의 양은 일정하게 하여야 한다.
> (3) 봉입액은 자주 세정 혹은 교환하여 청정하게 사용한다.
> (4) 과대압력이나 과대차압 측정은 피한다.
> (5) 압력측정 도압관은 짧게 하고 될 수 있는 한 압력원에 가깝도록 한다.

16 환상천평식 압력계(링밸런스식 압력계) 취급 시 주의사항을 4가지 기술하시오.

> **정답**
> (1) 진동, 충격 등이 없는 장소에서 수평 또는 수직으로 설치한다.
> (2) 온도변화가 적고 부식성 가스나 습기가 적은 장소에 설치한다.
> (3) 지시치는 눈의 높이로 설치하되 계기가 잘 보이도록 하고 보수 및 점검이 용이한 장소에 설치한다.
> (4) 도압관은 굵고 짧게 하며 될 수 있는 한 압력원에 가깝도록 설치한다.

17 표준분동식 압력계는 2차 압력계의 교정용에 사용한다. 표준압력계에서 사용하는 기름 종류 5가지와 최고 측정압력(MPa)을 쓰시오.

> **정답**
> (1) 경유 : 4~10MPa (2) 스핀들유 : 10~100MPa
> (3) 피마자유 : 10~100MPa (4) 마진유 : 10~100MPa
> (5) 모빌유 : 300MPa

18 부르동관 압력계의 취급상 주의사항을 4가지 쓰시오.

> **정답**
> (1) 급격한 온도변화 및 충격을 피한다.
> (2) 동결되지 않도록 한다(사이펀관 내 물 동결방지).
> (3) 사이펀관 내부 물의 온도가 80℃ 이상이 되지 않도록 한다.
> (4) 강관이나 동관의 경우 구경을 달리한다.

19 진공계의 종류를 3가지 쓰시오.

정답
(1) 맥라우드형
(2) 열전도형
(3) 열전대 진공계
(4) 전리형
(5) 방전전리형

해설
- 열전도형 : 피라니 진공계, 서미스터 진공계
- 방전전리형 : 가이슬러관, 열전자 전리진공계, 알파선 전리진공계

20 진공계 압력계의 단위를 쓰시오.

정답
토르(Torr)

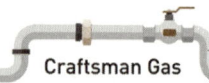

SECTION 3 온도계의 종류 및 특성

01 온도계 선정 시 유의사항 5가지를 기술하시오.

> **정답**
> (1) 견고하고 내구성이 있을 것
> (2) 취급하기 쉽고 측정이 간편할 것
> (3) 측정범위 및 정밀도가 높을 것
> (4) 지시나 기록 등을 쉽게 알 수가 있을 것
> (5) 피측온체와의 화학반응 등에 의한 온도계의 영향이 없을 것
> (6) 피측온 물체의 크기가 온도계 크기에 비해 적당할 것

02 비교적 낮은 온도 측정에 유리한 접촉식 온도계와 고온 측정에 유리한 비접촉식 고온도계의 종류를 각각 4가지만 쓰시오.

(1) 접촉식
(2) 비접촉식

> **정답**
> (1) 유리제 온도계, 압력식 온도계, 열전대 온도계, 전기저항식 온도계
> (2) 광고온도계, 방사 온도계, 색온도계, 광전관식 온도계

03 액체팽창식 온도계의 종류를 3가지 쓰시오.

> **정답**
> (1) 수은 온도계   (2) 알코올 온도계
> (3) 베크만 온도계

04 액체팽창식 온도계에 사용하는 일반용, 저온용 액체를 구별하여 각각 2가지 쓰시오.

(1) 일반용 액체
(2) 저온용 액체

> **정답**
> (1) 수은, 알코올   (2) 톨루엔, 크레오소트유, 펜탄

05 고체팽창식 온도계는 대표적인 바이메탈 온도계이다. 이 온도계는 히스테리시스가 있기 때문에 정도가 낮으나 기계적 출력이 강하다. 이 바이메탈 온도계의 특성을 3가지 쓰시오.

> **정답**
> (1) 온－오프 제어기로 많이 사용한다.
> (2) 현장지시용으로 많이 사용한다.
> (3) 자동제어용에 많이 이용된다.
> (4) 형상에 따라 원호형, 나선형이 있다.
> (5) 측정온도범위는 －50～500℃ 정도이다.
> (6) 바이메탈은 일반적으로 황동과 인바 금속이 많이 사용된다.

06 감온부, 조절부인 감압부, 도압부의 3가지 구성으로 전달되는 접촉식 온도계 명칭을 쓰시오.

> **정답**
> 압력식 온도계

> **해설**
> 압력식 온도계
> 압력변화는 부르동관, 벨로스, 다이어프램 등 세관에 의해 전달되고 도압부는 약 50m 이하까지 늘릴 수 있다.

07 압력식 온도계의 종류를 3가지 쓰시오.

> **정답**
> (1) 액체압력식 온도계
> (2) 기체압력식 온도계
> (3) 증기압력식 온도계

> **해설**
> 액체압력식 온도계는 수은, 아닐린, 알코올을 사용한다.

08 기체압력식 온도계에서 사용하는 봉입기체 종류 4가지를 쓰시오.

> **정답**
> 헬륨, 네온, 수소, 질소

09 증기압력식 온도계의 내부 봉입액 종류를 5가지 기술하시오.

> **정답**
> 프레온, 에틸에테르, 에틸알코올, 염화메틸, 톨루엔, 아닐린

10 냉접점에서 반드시 0°C를 유지하고 가늘게 생긴 소선을 보상도선으로 대체하는 온도계의 명칭과 이 온도계 종류 4가지를 기술하시오.

(1) 명칭   (2) 온도계 종류

정답
(1) 열전대온도계
(2) 철 – 콘스탄탄(J형), 크로멜 – 알루멜(K형), 동 – 콘스탄탄(T형), 백금 – 백금로듐(R형)

11 다음 열전대온도계의 특징을 간단하게 3가지씩 기술하시오.

(1) 백금 – 백금로듐   (2) 크로멜 – 알루멜
(3) 철 – 콘스탄탄   (4) 구리 – 콘스탄탄

정답
(1) ① 0~1,600°C의 측정이 가능하다.
    ② 산화성 분위기에 강하다.
    ③ 환원성 분위기나 금속증기에는 약하다.
(2) ① -20~1,200°C의 측정이 가능하다.
    ② 기전력이 크다.
    ③ 산화성 분위기에는 강하나 환원성 분위기에는 약하다.
(3) ① -20~800°C의 측정이 가능하다.
    ② 열기전력이 크다.
    ③ 환원성에는 강하나 산화에는 비교적 약하다.
    ④ 가격이 저렴하다.
(4) ① -180~350°C의 측정이 가능하다.
    ② 수분에 의한 부식에 강하다.
    ③ 환원성에는 강하나 산화에는 약하다.
    ④ 저온의 실험용으로 사용한다.

12 열전대 재료의 구비조건을 5가지 기술하시오.

정답
(1) 열기전력이 크고 온도 상승에 따라 연속적으로 상승할 것
(2) 열기전력이 안정되고 장시간 사용 시에도 잘 견딜 것
(3) 재생도가 높고 기공성이 좋으며 특성이 일정한 것을 얻기 쉬울 것
(4) 내열성, 고온에서 기계적 강도가 유지되고 내식성이 있을 것
(5) 전기저항, 저항온도계수 및 열전도율이 작을 것
(6) 재료 구입이 용이하고 가격이 저렴할 것

13 열전대온도계의 종류를 3가지 쓰시오.

> **정답**
> (1) 흡인식 (2) 시스열전대
> (3) 표면온도계

14 열전대온도계는 산화성 분위기에는 강하나 환원성 분위기에는 약하고 용융 금속증기에 약하므로 반드시 보호관이 필요하다. 이 보호관의 구비조건을 5가지 기술하시오.

> **정답**
> (1) 기계적 강도가 높고 온도 급변화 시에도 견딜 것
> (2) 내열성이 뛰어나고 가스에 대하여 기밀하며 부식되지 않을 것
> (3) 내압력에 충분히 견디고 진동이나 충격에 견딜 것
> (4) 보호관 자체로부터 열전대에 유해한 가스를 발생시키지 말 것
> (5) 외부 온도 변화를 신속하게 열전대에 전할 것

15 열전대 금속보호관의 종류 5가지를 쓰시오.

> **정답**
> (1) 황동관
> (2) 13크롬관
> (3) 13크롬 칼로라이즈강관
> (4) 스테인리스 27 내지 32
> (5) 내열강 SEH 5

16 비금속 보호관의 종류 4가지와 최고사용온도를 쓰시오.

> **정답**
> (1) 석영관 : 1,050℃
> (2) 자기관(A) : 1,550℃
> (3) 자기관(B) : 1,700℃
> (4) 카보런덤관 : 1,700℃

17 다음 전기저항식 온도계의 특징을 3가지씩 기술하시오.

(1) 백금저항 온도계 (2) 니켈저항 온도계
(3) 동저항 온도계 (4) 서미스터(반도체) 온도계

> **정답**
> (1) ① 정밀측정용이다.
>   ② 안정성과 재현성이 뛰어나다.
>   ③ 고온에서는 열화가 적으나 저항온도계수가 작고 가격이 비싸다.
>   ④ 온도 측정 시 시간지연이 큰 결점이다.
>   ⑤ 0℃에서 저항값이 25, 50, 100Ω으로 정해져 있다.
> (2) ① 상온에서 안정성이 있으며 가격이 저렴하다.
>   ② 저항값이 커서 백금저항 온도계 다음으로 많이 사용한다.
>   ③ 사용범위가 좁다.
> (3) ① 가격이 싸고 비례성이 좋다.
>   ② 저항률이 낮아서 선을 길게 감아야 한다.
>   ③ 고온에서는 산화하므로 상온 부근의 온도 측정에서만 유리하다.
> (4) ① 니켈, 코발트, 망간, 철, 구리 등의 산화물 합금 온도계이다.
>   ② 금속산화물을 소결시킨 반도체이다.
>   ③ 응답이 빠른 감열소자를 이용할 수 있다.
>   ④ 온도계수(%/℃)가 백금선의 10배 정도이다.
>   ⑤ 좁은 장소에 설치가 가능하나 자기 가열에 주의해야 한다.
>   ⑥ 흡습 등으로 열화되기 쉽다.
>   ⑦ 호환성이 적고 경년변화가 생긴다.
>   ⑧ 금속 개개 특유의 균일성을 얻기가 어렵다.

18 전기저항식 측온저항체의 구비조건을 4가지 쓰시오.

> **정답**
> (1) 온도계수가 클 것
> (2) 기계적이나 화학적으로 안정될 것
> (3) 온도저항곡선은 연속적이며 임의적일 것
> (4) 같은 종류의 저항소자의 온도특성이 같고 호환성이 있을 것

19 열의 전도속도나 열의 분포상태를 파악하는 데 사용되는 도료의 일종인 온도계 역할 명칭을 쓰시오.

> **정답**
> 서모컬러

20 점토나 규석질 등 내열성 금속산화물 등을 적절하게 배합하여 만든 삼각추로서 노 내의 온도 감시나 내화물 등의 시험용으로 사용하는 삼각형 물체의 명칭을 쓰시오.

> **정답**
> 제겔콘

21 고온의 물체에서 방사되는 방사에너지 중 특정한 파장(0.65㎛)인 적외선에서 방사에너지의 휘도를 표준온도의 고온물체로 사용되는 전구 필라멘트 휘도와 비교하여 온도를 측정하는 비접촉식 고온온도계의 명칭을 쓰시오.

> **정답**
> 광고온도계

22 광고온도계의 장단점을 3가지씩 기술하시오.

(1) 장점
(2) 단점

> **정답**
> (1) ① 700~3,000℃의 고온 측정이 가능하다.
> ② 구조가 간단하고 휴대가 편리하다.
> ③ 비교적 정도를 좋게 측정할 수 있다.
> (2) ① 연속 측정이나 제어에는 이용이 불가능하다.
> ② 측정에 시간을 요하며 개인에 따라 오차가 크다.
> ③ 주위 온도에 대한 지시 오차가 크고 외부 빛인 광의 영향이 클수록 오차가 커진다.
> ④ 저온의 온도 측정은 불가능하다.

23 수동식 측정인 광고온도계의 취급상 주의사항을 4가지 쓰시오.

> **정답**
> (1) 광학계의 먼지나 흠집 등을 점검한다.
> (2) 개인차가 있으므로 여러 사람이 모여서 측정한다.
> (3) 측정체와의 사이에 먼지나 스모그 등의 연기가 적도록 한다.
> (4) 비접촉식이므로 외부의 충격을 피한다.
>
> | 해설 |
> 광고온도계 계량형 = 자동식화한 광전관식 온도계

24 측정온도범위는 50~3,000℃이고 흑체의 방사 성질을 이용하여 물체로부터 방사되는 모든 파장의 전방사에너지를 측정하여 온도를 측정하는 비접촉식 온도계의 명칭을 쓰시오.

> **정답**
> 방사 온도계

25 방사 온도계의 장단점을 각각 4가지 기술하시오.
   (1) 장점
   (2) 단점

> **정답**
> (1) ① 연속 측정이 가능하다.
>   ② 기록이나 제어가 가능하다.
>   ③ 구조가 간단하고 견고하다.
>   ④ 시간지연이 적다.
>   ⑤ 이동물체의 온도 측정이 가능하다.
>   ⑥ 피측정물과 접촉하지 않기 때문에 측정 시 조건이 까다롭지 않다.
> (2) ① 방사율에 의한 보정량이 크다.
>   ② 측정체와의 사이에 수증기나 이산화탄소가스, 연기 등의 영향을 받으므로 주의한다.
>   ③ 고온에서 연속 측정 시 수냉각이나 공랭장치가 필요하다.
>   ④ 방사 발신기 자체에 의한 오차가 발생하기 쉽다.

26 수동식인 광고온도계를 자동화한 광전관식 온도계의 특징을 5가지 쓰시오.

> **정답**
> (1) 응답시간이 빠르고 이동물체의 온도 측정이 가능하다.
> (2) 자동적으로 연속 측정 및 온도 기록이 가능하다.
> (3) 정도는 광고온도계와 같다.
> (4) 700~1,000℃의 측정이 가능하다.
> (5) 구조가 약간 복잡한 면이 있다.

27 파장 15마이크로미터(㎛) 정도까지 적외선을 이용하는 온도계의 명칭을 쓰시오.

정답
적외선 온도계

해설
검출소자
- 서미스탯이나 집전소자와 같은 열형검출기
- PbS, Ge, Si 등의 광전소자에 의한 광형검출기

28 적외선 온도계의 특징을 3가지 기술하시오.

정답
(1) 측정물에서 방사는 반사경으로 반사되어 빛초퍼를 거쳐 검출소자로 유도된다.
(2) 자동평형식이다.
(3) 교대로 단속된 빛이 작용하게 된다.

29 적외선 온도계가 방사 온도계와 다른 점을 3가지 쓰시오.

정답
(1) 실온 및 설계에 주의하면 0℃ 이하의 전 온도 측정이 가능하다.
(2) 멀리 원방에서 작은 미소물체의 온도 측정이 가능하다.
(3) 검출기의 움직이는 동특성이 우수하다.

30 600℃ 이상에서 고온체를 보면서 필터를 조절하여 고온체의 색을 시야에 있는 기준색과 합치시켜 이때 필터의 조절 위치로부터 고온체의 온도를 측정한다. 이처럼 색이 발광하고 온도가 높아짐에 따라 청색 단파장이 많이 생기는 것을 이용한 비접촉식 온도계의 명칭과 검출기 종류를 쓰시오.

(1) 온도계 명칭
(2) 검출기

정답
(1) 색온도계
(2) 광전자, 증배관, 태양전지

해설
색온도계는 고온의 측온체에서 방사 되는 파장 중 두 가지 파장의 휘도를 비교해서 온도를 지시한다.

31 색온도계의 특징을 5가지 쓰시오.

> **정답**
> (1) 광로 도중의 흡수에 그다지 영향을 받지 않고 응답이 빠르다.
> (2) 방사율에 의한 보정량의 영향이 적다.
> (3) 700℃가 넘어야 측정이 가능하고 기록이나 조절용으로 사용이 가능하다.
> (4) 주위로부터 반사 영향을 받는다.
> (5) 구조가 복잡하다.

32 비접촉식(고온계) 온도계의 특징을 5가지 기술하시오.

> **정답**
> (1) 내구성이 있어야 한다.
> (2) 고온이나 이동물체 온도 측정이 가능하다.
> (3) 방사율의 보정이 필요하다.
> (4) 표면온도 측정에 한정된다.
> (5) 방사 고온계 외에는 700℃ 이하 측정이 곤란하다.
> (6) 측정하고자 하는 물체와 온도 측정기 사이에 방사에너지를 흡수하는 물질이 있으면 지시치가 내려간다.

SECTION 4 유량계의 종류 및 특성

01 베르누이 법칙을 이용한 유속식 유량계의 명칭을 쓰시오.

> **정답**
> 피토관식 유량계

02 유속식 유량계의 종류 3가지를 쓰시오.

> **정답**
> (1) 피토관식 (2) 임펠러식(날개바퀴식)
> (3) 열선식

03 피토관 유속식 유량계 사용 시 주의사항 4가지를 기술하시오.

> **정답**
> (1) 유속 5m/s 이하의 기체 유량 측정에는 적용이 불가하다.
> (2) 더스트나 미스트 등이 많은 유체에는 부적당하다.
> (3) 피토관은 사용 유체의 압력에 충분한 강도를 가져야 한다.
> (4) 피토관의 머리부분을 흐르는 유체의 방향과 평행이 되도록 부착한다.

04 열선식 유량계의 특징을 3가지 쓰시오.

> **정답**
> (1) 변동하는 유체의 측정이 가능하다.
> (2) 흩어짐의 측정이 가능하다.
> (3) 국부적인 흐름의 측정이 가능하다.

05 프로펠러, 날개바퀴 등으로 구성된 유량계의 명칭을 쓰시오.

> **정답**
> 임펠러식 유량계

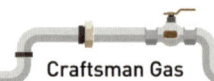

06 관로에 가열된 전열선에 정전류를 두고 유속에 의한 온도 변화로 유량을 측정하는 방식의 유량계 명칭을 쓰시오.

> **정답**
> 열선식 유량계

07 차압식 유량계의 종류를 3가지 쓰시오.

> **정답**
> (1) 오리피스식
> (2) 플로노즐식
> (3) 벤투리미터식

08 오리피스 차압식 유량계의 특성을 3가지 쓰시오.

> **정답**
> (1) 구조가 간단하고 표준화되어 있다.
> (2) 오리피스 부근에 침전물이 축적되면 오차가 발생하는 원인이 된다.
> (3) 도관의 압력손실이 크다.
> (4) 제작비가 적게 들고 설치 및 제거가 용이하다.
> (5) 레이놀즈수가 작아지면 유량계수가 증가한다.

| 해설 |
탭의 종류
- 코너탭
- 베나탭
- 플랜지탭

09 플로노즐 유량계의 특징을 5가지 쓰시오.

> **정답**
> (1) 조리개부가 유선형이다.
> (2) 유체의 교란을 적게 하고 마모나 압력손실이 오리피스보다 감소하도록 설계한다.
> (3) 구조가 복잡하고 설계나 가공이 어렵다.
> (4) 레이놀즈수가 작아지면 유량계수가 감소한다.
> (5) 압력 5~30MPa의 고압유체 측정도 가능하다.

10 벤투리 차압식 유량계의 특성을 5가지 쓰시오.

정답

(1) 조리개부가 유선형에 가깝다.
(2) 축류의 영향을 적게 받고 조리개에 의한 압력손실이 없다.
(3) 협잡물이 있는 유체 측정에 용이하고 정도가 높다.
(4) 고장 시 수리가 불편하여 새 것으로 완전 교체하여 사용한다.

11 차압식 유량계 취급 시 유의사항을 5가지 쓰시오.

정답

(1) 교축장치 통과 유체는 단일상이어야 한다.
(2) 레이놀즈수가 10^5 이하에서는 유량계수가 달라진다.
(3) 사용에 있어서 필요한 직관 길이를 미리 정해야 한다.
(4) 저유량에서는 정도가 저하하고, 측정범위를 넓게 잡을 수 없다.
(5) 맥동유체나 고점도 액체의 측정 시 오차가 발생한다.

| 해설 |
차압식 유량계
- 유량은 관 직경의 제곱에 비례한다.
- 유량은 차압의 제곱근에 비례한다.

12 면적식 유량계의 종류 2가지와 장단점을 각각 4가지 기술하시오.

(1) 종류 2가지
(2) 장단점 각각 4가지

정답

(1) 부자식(로터미터), 게이트식
(2) ① 장점
- 소유량이나 고점도 유체의 측정이 가능하다.
- 균등유량 눈금을 얻을 수 있으며 압력손실이 없다.
- 슬러리액이나 부식성 유체 측정이 가능하다.
- 유체의 밀도를 미리 알고 측정하며 액체, 기체의 측정용으로 사용된다.

② 단점
- 설치 시 수직으로만 부착해야 사용이 가능하다.
- 플로트(부자)의 오염이 따른다.
- 정밀측정에는 사용이 불가능하다.
- 지름 100mm 이상의 것은 대형이라 가격이 고가이다.

13 용적식 유량계의 특징을 4가지 쓰시오.

> **정답**
> (1) 유체의 밀도에는 무관하며 체적유량을 측정한다.
> (2) 일정 체적의 이동식 유량계로 본다.
> (3) 적산 체적식 유량계이다.
> (4) 정도가 높아서 상업 거래용으로 많이 사용한다.
> (5) 높은 점도의 유체나 점도 변화가 있어도 유량 측정이 가능하다.
> (6) 맥동에 의한 영향이 비교적 적다.
> (7) 발신기 취부 전후의 직관부가 필요 없다.
> (8) 압력손실이 없다.
> (9) 고형물의 혼입을 막기 위해 계량기 입구 측에 반드시 여과기 설치가 필요하다.

해설
용적식 유량계의 종류
- 오벌기어식
- 루트식
- 피스톤식
- 드럼식(건식, 습식)
- 로터리회전식

14 전기도체가 자계 내에서 자력선을 자를 때 기전력이 발생한다는 패러데이 법칙과 액체의 도전율을 이용한 유량계의 명칭을 쓰시오.

> **정답**
> 전자식 유량계

15 전자유량계의 특징을 5가지 쓰시오.

> **정답**
> (1) 발신부가 가동부를 갖지 않는다.
> (2) 장치의 취급이 용이하다.
> (3) 유체 흐름을 교란시키지 않고 압력손실도 없다.
> (4) 불순물 혼합이나 점성, 비중, 부식의 영향을 받지 않는다.
> (5) 감도가 높고 정도가 비교적 좋다.
> (6) 직류나 교류가 유체의 유속에 비례하고 기전력 발생으로 증폭, 원격, 전송 등이 용이하다.
> (7) 액체의 도전율 값에 좌우되지 않는다.
> (8) 유속의 측정 범위에 제한이 없다(단, 증기와 같은 도전율이 없는 유체나 도전율이 너무 낮은 유체의 측정은 곤란하다).

16 유체 흐름 속에 놓인 원주 배후에 생기는 카르만 소용돌이 와열은 레이놀즈수의 범위에서 유속과 관계된 정해진 발생수를 이용하여 유량 측정을 한다. 이 유량계의 명칭을 쓰시오.

정답
와류식 유량계

17 와류식 유량계의 종류 3가지를 쓰시오.

정답
(1) 델타 유량계   (2) 스와르미터 유량계
(3) 카르만 와류식 유량계

18 유체 흐름에 초음파를 발사하면 그 전송시간은 유속에 비례하여 감속하는 것을 이용한 유량계의 명칭을 쓰고, 그 특징을 3가지 쓰시오.
(1) 명칭   (2) 특징 3가지

정답
(1) 초음파 유량계
(2) ① 일정 간격의 전송시간을 측정하여 유속을 얻는다.
　　② 유속은 유체의 종류나 상태에 따라 변화하며 이 영향을 제거해야 한다.
　　③ 기체와 액체 측정이 가능하며, 액체의 측정이 유리하다.

19 굴뚝, 연도와 같이 불리한 조건에서도 유량 측정이 가능한 연속측정 유량계의 명칭을 3가지 기술하시오.

정답
(1) 퍼지식   (2) 아뉴바식
(3) 서멀식

20 휴대용으로 재나 회분이 비산되는 양이 적고 단시간 사용이 가능한 유량계 종류 3가지를 쓰시오.

정답
(1) 고온용 열선풍속계   (2) 웨스턴형
(3) 피토관식

SECTION 5 액면계의 종류 및 특성

01 액면계 중 직접식, 간접식 측정방법을 각각 4가지 기술하시오.
(1) 직접식
(2) 간접식

정답
(1) 게이지 글라스식(유리관식), 부자식, 검척식
(2) 기포식(퍼지식), 차압식, 음향식, 방사선식(γ선 액면계), 초음파식

02 편위식 액면계는 일명 디스플레이스먼트 액면계라고도 하는데, 어떤 원리를 이용한 액면계인가?

정답
아르키메데스 원리

03 고압밀폐탱크의 액면 측정에 사용이 가능한 액면계는?

정답
차압식 액면계

04 석유탱크의 액면을 주로 측정하는 초음파식 액면계의 특징을 3가지 기술하시오.

정답
(1) 액면 측정에 시간을 요하지 않는다.
(2) 완전히 밀폐된 고압탱크와 부식성 액체의 액면 측정이 가능하다.
(3) 측정범위가 매우 넓고 정도가 높다.

05 감마(γ)선식 액면계는 방사선으로 ^{60}Co 등이 사용된다. 밀폐된 고압탱크나 부식성 액체의 탱크 액면 측정이 가능한데, 측정 메커니즘은 복잡하지만 타 액면계에 비하여 어떤 특징이 있는가?

정답
가장 확실한 액면 측정이 가능하다.

| 해설 |
감마선식 액면계의 종류
투과식, 플로트식, 추종식 등

06 직접식인 부자식 액면계의 특징을 3가지 쓰시오.

> **정답**
> (1) 밀폐, 개방 탱크 겸용이다.
> (2) 유체가 500℃ 정도의 고온이나 1,000psi 정도의 고압에도 사용이 가능하다.
> (3) 침전물이 부자에 부착되는 액면 측정은 불가하다.
> (4) 조작력이 크기 때문에 자력 조절에도 사용한다.

07 유리관식 액면계는 주로 어느 곳에 사용이 가능한가?

> **정답**
> 가압탱크, 진공탱크 등 적당한 압력에도 견디는 곳에 사용한다.

SECTION 6 가스분석계 및 습도계의 특성

01 가스분석계 중에서 화학적·물리적 방법을 이용한 가스분석계의 종류를 3가지씩 쓰시오.

(1) 화학적 분석계 (2) 물리적 분석계

정답
(1) 오르사트식, 연소식(O_2), 자동화학식(CO_2), 헴펠식
(2) 열전도율법, 밀도법, 적외선흡수법, 자화율법, 세라믹법, 가스크로마토그래피법

02 가스분석계의 특징 및 선택 요건을 5가지 쓰시오.

정답
(1) 선택성에 대한 고려가 필요하다.
(2) 일반적으로 복잡하며 설치 조건이나 보수에 주의할 필요가 있다.
(3) 계기의 교정에는 화학분석에 의해 검정된 표준시료가스를 이용한다.
(4) 적정한 시료가스의 채취 장치가 필요하다.
(5) 시료가스의 온도, 압력 변화로 측정오차를 일으킬 우려가 있다.

03 산업용 보일러 배기가스 분석 시 사용하는 1, 2차 필터를 각각 설명하시오.

정답
(1) 1차 필터(제진성이 좋은 카보런덤, 소결금속 등의 내열성) : 디스피레이터를 통과한 가스의 흡입필터용
(2) 2차 필터(솜, 유리솜 등) : 가스 냉각기를 거친 배기가스 흡입필터용

04 연도, 연돌에서의 배기가스 측정 시 시료가스 채취의 주의사항을 5가지 기술하시오.

정답
(1) 시료가스 채취는 연도의 중심부에서 하고 벽에 가까운 부분은 피한다.
(2) 온도 600℃ 이상의 배기가스라면 측정기기는 철판 등을 사용하지 않는다.
(3) 시료가스 배관은 짧게 하고 바이패스를 설치한다.
(4) 채취구에서는 공기 등의 불순가스가 침입하지 못하게 한다.
(5) 흡입가스 배관은 경사로 하고 끝부분에서는 드레인포트를 붙인다.
(6) 가스채취 프로브필터는 정기적인 청소를 한다.
(7) 채취구는 연도 끝부분에 설치하고, 연도의 굴곡 부분이나 가스가 교차되는 부분, 가스의 유속변화가 심한 곳에서는 가스를 채취하지 않는다.

05 다음 오르사트 가스분석계의 가스 성분별 흡수액의 명칭을 쓰시오.

(1) CO_2 흡수액

(2) O_2 흡수액

(3) CO 흡수액

> **정답**
> (1) KOH 30% 수용액
> (2) 알칼리성 피로갈롤 용액
> (3) 암모니아성 염화제1동 용액

> **해설**
> • 질소(%)
> $= 100\% - $ (이산화탄소%+산소%+일산화탄소%)
> • 중탄화수소($C_m H_n$) 흡수액 : 진한 황산

06 연소식(O_2) 가스분석계는 열을 발생하는 반응을 하는 가스를 분석한다. 이 가스분석계의 특성 3가지를 쓰시오.

> **정답**
> (1) 원리가 간단하고 취급이 용이하다.
> (2) 선택성은 있으나 수소(H_2) 등의 가연성 연료가스를 준비해야 한다.
> (3) 측정가스의 유량 변동은 측정오차에 영향을 미친다.

07 자동화학식 CO_2계의 장단점을 각각 2가지 쓰시오.

(1) 장점

(2) 단점

> **정답**
> (1) 장점
>   ① 선택성이 비교적 양호하다.
>   ② 조성가스가 많아도 정도가 높은 CO_2 측정이 가능하다.
> (2) 단점
>   ① 유리 부분이 많아서 파손되기 쉽다.
>   ② 점검과 소모품 보수에 시간을 요한다.

> **해설**
> CO_2 흡수용액
> KOH(수산화칼륨) 30% 용액을 사용한다.

08 가스는 각각 열전도율이 다르다. 특히 CO_2 가스는 공기에 비하여 열전도율이 작다는 것을 이용하여 CO_2를 분석하는 가스분석계의 명칭을 쓰고, 그 특징을 3가지 쓰시오.

(1) 명칭
(2) 특징 3가지

> **정답**
> (1) 열전도율형 CO_2계
> (2) ① 원리나 장치가 비교적 간단하다.
> ② 연소가스 성분 중 질소, 산소, 일산화탄소의 농도가 변해 측정 시 오차가 크지 않다.
> ③ 열전도율이 큰 수소(H_2) 가스가 혼입되면 측정오차가 크게 나타난다.

09 가스 중 자화율(대자율)이 +인 반자성체의 성질을 이용하여 산소(O_2)를 분석하는 가스분석계의 명칭을 쓰고, 그 특징을 4가지 쓰시오.

(1) 명칭
(2) 특징 4가지

> **정답**
> (1) 자기식 O_2계
> (2) 특징
> ① 가동 부분이 없다.
> ② 가스의 영향이 없고 계기 자체로는 시간지연도 없다.
> ③ 감도가 크고 정도가 1% 내외이다.
> ④ 가스의 점성이나 압력 변화 시에도 측정오차가 생기지 않는다.

10 가스분석 시 CO_2는 다른 가스에 비하여 밀도가 공기보다 무겁다. 이 원리를 이용하여 CO_2를 측정하는 밀도식 CO_2계의 특징을 4가지 쓰시오.

> **정답**
> (1) 구조가 견고하다.
> (2) 보수와 취급이 용이하다.
> (3) 공기나 CO_2의 압력과 온도가 같으면 오차를 일으키지 않는다.
> (4) 가스 중 CO_2 외 다른 가스가 혼입되면 밀도가 달라서 오차가 발생한다.

11 칼럼 속을 통과하는 가스의 속도 차이에 의해 혼합가스를 개별적으로 분석하는 기기분석법인 가스크로마토그래피 장치에서 캐리어가스의 종류와 그 특징을 3가지 쓰시오.

(1) 캐리어가스 종류
(2) 특징 3가지

정답
(1) 수소, 질소, 헬륨
(2) ① 적외선 가스에 비하여 응답속도가 느리다.
② 혼합가스의 분석에 유리하다.
③ 분리능력과 선택성이 우수하다.

해설
분석이 불가능한 가스
SO_2, NO_2 등

12 ZrO_2(지르코니아)가 주원료인 세라믹의 온도가 높아지면 산소 농담전지를 형성함으로써 기전력에 의하여 O_2를 분석하는 세라믹 산소(O_2)계의 특징을 5가지 기술하시오.

정답
(1) 응답이 빠르다.
(2) 연속측정이 가능하며 측정범위가 넓다.
(3) 측정가스 중에 가연성 가스가 있으면 사용이 불가하다.
(4) 측정가스의 유량, 설치장소, 주위의 온도변화에 대한 영향이 적다.
(5) 측정부의 온도 유지를 위해 온도조절용 전기로가 필요하다.

13 가스에 연속 스펙트럼을 주면 가스 특유의 파장이 흡수되므로 그 흡수 스펙트럼을 보아 가스의 종류를 알고 흡수율에 의한 가스농도를 측정하는 가스분석계의 명칭과 특징 3가지를 쓰시오.

(1) 명칭
(2) 특징 3가지

정답
(1) 적외선 가스분석계
(2) ① 선택성이 뛰어나다.
② 대상 범위가 넓고 저농도의 분석에 적합하다.
③ 측정가스의 먼지나 습기의 방지에 주의가 필요하다.

해설
적외선 영역에서 투명하지 못하여 적외선 가스분석계로 분석이 안 되는 가스 종류에는 수소, 산소, 질소 등이 있다.

14 대표적인 습도계의 종류 4가지를 쓰시오.

> 정답
> (1) 전기식 건습구 습도계
> (2) 전기저항 습도계
> (3) 듀셀 노점계
> (4) 광전관식 노점 습도계

15 건습구 습도계는 전기저항 온도계를 유리온도계 대신 이용한 습도계이다. 이 습도계의 특징을 쓰시오.

> 정답
> (1) 습구를 항상 적셔 놓아야 한다.
> (2) 저온 측정이 곤란하다.
> (3) 상대온도를 측정하는 데 많이 사용된다.

16 기체의 습도에 의하여 검출부의 전기저항이 변화하는 것을 이용하여 상대습도를 측정하는 전기저항식 습도계의 특징을 4가지 쓰시오.

> 정답
> (1) 기체의 압력, 풍속에 의한 오차가 없다.
> (2) 구조 및 측정회로가 간단하여 저습도 측정에 적합하다.
> (3) 응답이 빠르고 온도계수가 크다.
> (4) 경년변화가 발생하는 결점이 있다.

17 유리섬유에 함침된 염화리튬 등의 수용액이 기체 중의 수증기 압력과 평형할 때 온도로부터 습도를 측정하는 일종의 노점계 명칭과 그 특징을 4가지 쓰시오.

(1) 명칭
(2) 특징 4가지

> 정답
> (1) 듀셀 전기 노점계
> (2) ① 저습도 측정에 적당하다.
>   ② 구조가 간단하고 고장이 적다.
>   ③ 고압하에서도 사용이 가능하다.
>   ④ 응답이 늦은 결점이 있다.

18 광전관식 노점 습도계의 특징을 5가지 쓰시오.

정답

(1) 프로세스 제어에 이용한다.
(2) 온도를 전기적으로 표시하여 연속적인 노점을 측정한다.
(3) 거울을 이용한 습도계이다.
(4) 경년변화가 적고 기체의 온도에 영향을 받지 않는다.
(5) 저습도 측정이 가능하다.
(6) 정도가 높다.

19 흡수분석법인 게겔법은 저급탄화수소 분석법으로 사용한다. 분석가스 순서를 6가지 기술하시오.

정답

이산화탄소 – 아세틸렌 – 프로필렌 – 에틸렌 – 산소 – 일산화탄소

20 연소분석법 3가지를 쓰시오.

정답

(1) 폭발법
(2) 완만 연소법
(3) 분별 연소법

21 화학분석법 3가지를 쓰시오.

정답

(1) 적정법 : 오드적정법, 중화적정법, 킬레히트적정법
(2) 중량법 : 침전법, 황산바륨, 침전법
(3) 흡광광도법

22 운반가스(캐리어 가스)가 필요한 기기분석법인 가스크로마토그래피법에서 검출기 3가지를 쓰시오.

정답

(1) 열전도형 검출기(TCD)
(2) 수소이온화 검출기(FID)
(3) 전자포획 이온화 검출기(ECD)

23 기기분석법에서 캐리어 가스의 특성을 5가지 쓰시오.

> **정답**
> (1) 시료와 반응하지 않는 불활성이어야 한다.
> (2) 기체 확산을 최소로 해야 한다.
> (3) 순도가 높고 구입이 용이해야 한다.
> (4) 가격이 저렴해야 한다.
> (5) 사용하는 검출기에 적합해야 한다.

24 분배크로마토그래피법에서 사용하는 전개제(운반가스)의 종류 4가지를 쓰시오.

> **정답**
> 헬륨, 수소, 아르곤, 질소

25 기기분석법에서 일반적으로 가장 많이 사용하는 검출기는 어느 것인가?

> **정답**
> 열전도형 검출기

26 검출기 중 탄화수소에서 감응이 최고이며, 수소, 산소, 이산화탄소, 아황산가스에서는 감응이 없는 검출기의 명칭을 쓰시오.

> **정답**
> 수소이온화 검출기

27 탄화수소에서는 감응이 나쁘고 대신 할로겐 및 산소화합물에서는 감응이 최고인 기기분석법에서 검출기의 명칭을 쓰시오.

> **정답**
> 전자포획 이온화 검출기

28 가스크로마토그래피 가스분석계의 3대 구성요소를 쓰시오.

> **정답**
> (1) 검출기   (2) 칼럼(분리관)
> (3) 기록계

29 가스분석법에서 기기분석법 5가지를 기술하시오.

> **정답**
> (1) 가스크로마토그래피법　(2) 질량분석법
> (3) 적외선 분광분석법　(4) 전기량에 의한 적정법
> (5) 저온정밀증류법

30 다음 ( ) 안에 독성 가스 누설 시험을 위한 시험지명을 써넣으시오.

가스명	시험지명	가스누설 시 시험지 변색 색깔
염소(Cl_2)	(①)	청색
암모니아(NH_3)	(②)	청색
시안화수소(HCN)	(③)	청색
황화수소(H_2S)	(④)	흑색
일산화탄소(CO)	(⑤)	흑색
포스겐($COCl_2$)	(⑥)	오렌지색
아세틸렌(C_2H_2)	(⑦)	적색

> **정답**
> ① 전분지　② 적색 리트머스 시험지
> ③ 초산벤젠지　④ 초산납 시험지
> ⑤ 염화파라듐지　⑥ 하리슨 시험지
> ⑦ 염화제1동 착염지

31 다음 가연성 가스 검출기의 특징을 각각 2가지만 기술하시오.

(1) 안전등형
(2) 간섭계형
(3) 열선형

> **정답**
> (1) ① 메탄 검출기이다.
> 　　② 청색의 불꽃 길이로 측정한다.
> (2) ① 가스의 굴절차를 이용하여 가스를 검출한다.
> 　　② 메탄 및 가연성 가스를 검출한다.
> (3) ① 열전도식과 연소식이 있다.
> 　　② 필라멘트(열선)로 검출한다.

SECTION 7 자동제어의 특성

01 자동제어의 장점을 5가지 기술하시오.

> **정답**
> (1) 작업능률이 향상된다.
> (2) 제품의 균일화 및 품질 향상을 기할 수 있다.
> (3) 원료나 연료의 경제적인 운영이 가능하다.
> (4) 작업에 따른 위험부담이 감소한다.
> (5) 사람이 할 수 없는 힘든 조작도 가능하다.
> (6) 작업 시 인건비가 절약된다.

02 제어계의 설계 또는 조절 시 주의사항을 4가지 쓰시오.

> **정답**
> (1) 제어동작이 발진(불규칙) 상태가 되지 않을 것
> (2) 신속하게 제어동작을 종료할 것
> (3) 제어량이나 조작량이 과도하지 않을 것
> (4) 잔류편차가 요구되는 제어 정도 사이에서 억제할 것

> **해설**
> 잔류편차
> 정상상태로 된 다음에 남는 제어편차

03 다음에 해당하는 제어의 종류를 쓰시오.

(1) 정성적 제어
(2) 정량적 제어

> **정답**
> (1) 시퀀스 제어(개회로)
> (2) 피드백 제어(폐회로)

04 피드백 제어에서 블록선도의 4대 구성요소를 쓰시오.

> **정답**
> (1) 설정부   (2) 조절부
> (3) 조작부   (4) 검출부

05 피드백 제어의 구성요소에 대하여 12가지로 나누어 기술하시오.

정답

(1) 목표치 : 제어계에서 제어량의 목표가 되는 값으로 설정값이다.
(2) 제어계 : 제어의 대상이 되는 기기, 장치 또는 계통 전체로서의 제어 대상을 말한다.
(3) 기준입력 : 목표치가 설정부에 의하여 변화된 입력신호를 말하며, 목표치는 주 피드백 신호와 같은 종류의 신호로 변환된다.
(4) 비교부 : 검출부에서 검출한 제어량과 목표치를 비교하는 부분으로 그 오차를 제어편차라고 한다.
(5) 피드백양 : 기준입력과 비교하기 위해 제어량과 일정한 관계가 있는 양을 피드백시켜 주는데, 이 양을 말한다.
(6) 제어량 : 제어되는 양으로 기준입력과 비교된다.
(7) 동작신호 : 기준입력과 피드백양을 비교한 제어 편차량의 신호를 말한다.
(8) 외란 : 상태에 영향을 주는 외적 작용을 말한다.
(9) 검출부 : 압력, 온도, 유량 등의 제어량을 검출하여 이 값을 공기압력, 전기 등의 신호로 변환시켜 비교부에 전송하는 부분이다.
(10) 조절부 : 기준입력과 검출부의 출력과의 차로 주어지는 동작신호에 따라 조작부에 신호를 보내는 부분이다.
(11) 조작부 : 조절부로부터 나오는 신호로서 어떤 조작을 가하기 위해 제어동작을 하는 부분이다.
(12) 외란의 조건 대상 : 가스 유출량 변화, 저장탱크 주위의 온도 변화, 가스 등 유체의 공급압력 변화, 가스 등 유체의 공급온도 변화, 목표치 변경 등 외부에서 제공하는 혼란이다.

06 시퀀스 제어를 활용한 예를 5가지 쓰시오.

정답

(1) 전기자판기
(2) 전기세탁기
(3) 교통신호기
(4) 네온사인
(5) 엘리베이터 승강기
(6) 보일러 등 연소점화
(7) 컨베이어
(8) 전용공작기계 및 자동조립기계
(9) 발전소나 화학플랜트의 자동, 기동 정지

07 자동제어의 일반적 조작순서를 4가지로 구별하여 쓰시오.

정답

검출 – 비교 – 판단 – 조작

08 자동제어계 분류에서 서보 기구, 프로세스 제어, 자동 조정에 관하여 간략하게 기술하시오.

(1) 서보 기구 (2) 프로세스 제어
(3) 자동 조정

> **정답**
> (1) 주로 물체의 위치, 방위, 상태 등의 기계적 변위를 제어량으로 하는 제어계로서 목표치의 임의 변화에 항상 추종시키는 것을 목표로 한다.
> (2) 온도, 유량, 압력, 액위 등 공정 프로세스의 상태를 제어량으로 하는 제어로서 프로세스에 가해지는 외적 작용 억제가 주목적이다.
> (3) 전압, 주파수, 전동기 회전수, 장력 등을 제어량으로 하고 이를 일정하게 유지하는 것을 목적으로 한다.

09 목표값에 따른 자동제어 분류에는 정치제어, 추치제어, 캐스케이드 제어 등이 있다. 각 제어의 특성을 설명하시오.

(1) 정치제어 (2) 추치제어
(3) 캐스케이드 제어

> **정답**
> (1) 목표값이 시간적으로 변화하지 않고 일정한 값을 유지하는 경우의 제어이다.
> (2) 목표값이 시간에 따라 임의 변화되는 값으로 주어진 방식의 추치를 말한다.
> (3) 일명 측정제어라고도 하며, 2개의 제어계를 조합하여 1차 제어장치가 제어명령을 발하고, 2차 제어장치가 이 명령을 바탕으로 제어량을 조절한다.

> **해설**
> **캐스케이드 제어**
> 단일 루프 제어에 비해 외란의 영향을 감소시키고, 시스템 전체의 지연을 적게 하여 제어 효과가 개선된다. 출력 측에 낭비시간이나 시간지연이 큰 프로세스 제어에 적합하다.

10 추치제어는 추종제어, 프로그램 제어, 비율제어가 있다. 각 제어의 특성을 간략하게 기술하시오.

(1) 추종제어 (2) 프로그램 제어
(3) 비율제어

> **정답**
> (1) 목표값이 시간에 따라 임의 변화되는 값으로 주어진 방식의 추치를 말한다.
> (2) 목표값이 미리 정해진 일정한 프로그램에 따라 점차적으로 수행되는 제어방식으로 배치 프로세스 등에 사용한다.
> (3) 목표값이 어떤 다른 양과 일정한 비율로 변화하는 제어방식으로 비율은 비교 설정부에 의해 수송 또는 신호를 주어 설정한다.

11 산업용 가스보일러 자동제어(ABC)에 관한 다음 물음에 답하시오.

(1) 연소제어(ACC)에서 제어량 및 증기압력, 노내압력 조작량의 대상을 쓰시오.
(2) 급수제어(FWC)에서 제어량 및 조작량의 대상을 쓰시오.
(3) 증기온도제어(STC)에서 제어량 및 조작량의 대상을 쓰시오.

> **정답**
> (1) ① 제어량 : 증기압력, 노내압력
>   ② 증기압력 조작량 : 연료량, 공기량
>   ③ 노내압력 조작량 : 연소가스량
> (2) ① 제어량 : 보일러 수위
>   ② 조작량 : 급수량
> (3) ① 제어량 : 증기온도
>   ② 조작량 : 전열량

12 제어동작에서 불연속 동작의 종류와 특징을 3가지씩 기술하시오.

(1) 불연속 동작
(2) 특징

> **정답**
> (1) ① 온-오프 동작(2위치 동작)
>   ② 다위치 동작
>   ③ 불연속 속도동작(부동제어)
> (2) ① 설정값 부근에서 제어량이 일정하지 않다.
>   ② 사이클링 현상을 일으킨다.
>   ③ 목표값을 중심으로 진동현상이 나타난다.

13 연속동작 중 비례동작(P)을 간략하게 설명하시오.

> **정답**
> 조작량이 동작신호의 현재값에 비례하는 동작이다.

| 해설 |
비례동작의 특징
- 부하가 변화하는 등 외란이 있으면 잔류편차(옵셋)가 생긴다.
- 프로세스의 반응속도가 느리거나 보통이다.
- 부하 변화가 작은 프로세스에 적합하다.

14 연속동작 중 적분동작(I동작)을 설명하고, 그 특징을 4가지 쓰시오.

> **정답**
> (1) 적분동작
> ① 조작단의 속도가 동작신호에 비례하는 동작이다.
> ② 편차의 크기와 지속시간에 비례하는 동작이다.
> (2) 특징
> ① 잔류편차가 제거된다.
> ② 일반적으로 진동하는 경향이 있다.
> ③ 제어의 안정성이 떨어진다.
> ④ 연속동작과 조합하면 효과가 크다.

> **해설**
> 적분동작이 필요한 경우
> • 전달지연과 감응불감시간이 작을 때
> • 제어동작의 속응도가 클 때
> • 제어대상이 자기평형성을 가질 때
> • 측정지연이 작을 때
> • 조절지연이 작을 때

15 연속동작 중 미분동작(D동작)을 설명하고, 그 특징을 2가지 쓰시오.

> **정답**
> (1) 미분동작 : 조작량이 동작신호의 변화속도에 비례하는 동작
> (2) 특징
> ① 단독으로 사용하지 않고 비례동작, 비례적분동작과 결합하여 사용한다.
> ② 진동이 제어되어 빨리 안정된다.

16 비례적분동작(PI동작)의 특징을 4가지 쓰시오.

> **정답**
> (1) 부하변화가 커도 잔류편차가 남지 않는다.
> (2) 전달이 느리거나 쓸모 없는 시간이 크면 사이클링 주기가 커진다.
> (3) 급변화 시 큰 진동이 생긴다.
> (4) 반응속도가 빠른 프로세스나 느린 프로세스에 사용된다.

17 비례미분동작(PD동작)의 특징을 3가지 기술하시오.

> **정답**
> (1) 속응성이 높아진다.
> (2) 잔류편차가 감소한다.
> (3) 비례감도를 증대할 수 있다.
> (4) 미분시간이 크면 클수록 미분동작이 강하다.

18 비례·적분·미분동작의 연속 복합동작인 PID의 특성을 간략하게 기술하시오.

> **정답**
> 과도특성이 개선되고 속응도가 커지며 정상특성이 개선되어 잔류편차를 제거할 수 있다.

19 공기압식 조절기의 조작장치 2가지와 특징 5가지를 쓰시오.

(1) 조작장치 2가지
(2) 특징 5가지

> **정답**
> (1) 플래퍼 노즐, 파일럿 밸브
> (2) ① 배관이 용이하고 위험성이 없다.
>   ② 보수가 비교적 쉽다.
>   ③ 내식성이 있으며, 방폭이 된다.
>   ④ 비례동작이 타 방법에 비하여 우수하다.
>   ⑤ 신호전달이 늦고 조작이 늦다.
>   ⑥ 희망특성을 주는 것과 같이 만들기 어렵다.
>   ⑦ 공기압을 너무 크게 할 수 없어서 강대한 조작력이 요구되는 곳에서는 사용이 어렵다.

> **해설**
> 공기압식 조절기
> • 공기압 범위가 통일되며 공기압력은 $0.2 \sim 1.0 kg/cm^2$ 정도이다.
> • 신호전송거리는 약 $100 \sim 150m$ 정도이다.
> • 공기압 신호를 증폭시키기 위해 계전기 밸브를 사용한다.

20 유압식 조절기의 조작장치 2가지를 쓰고, 장점과 단점을 각각 3가지씩 기술하시오.

(1) 조작장치 2가지
(2) 장점 3가지
(3) 단점 3가지

> **정답**
> (1) 파일럿 밸브, 분사식
> (2) ① 조작력, 조작속도가 매우 크다.
>   ② 희망특성을 주는 것을 만들기 쉽다.
>   ③ 기름은 비압축성이라서 전송지연시간이 비교적 적다.
> (3) ① 기름의 누설로 더러워지거나 인화의 위험이 있다.
>   ② 수기압 정도의 높은 유압원이 요구된다.
>   ③ 기름을 사용하므로 관로의 저항이 크다.

> **해설**
> 유압식 조절기의 신호전송거리는 $300m$ 정도이다.

21 전기식 조절기의 장단점을 쓰고, 전기식 신호 전송에 대하여 설명하시오.

(1) 장점
(2) 단점
(3) 전기식 전류신호 전송

> **정답**
> (1) ① 배선이 용이하다.
>   ② 신호 전달이 매우 빠르다.
>   ③ 복잡한 신호의 취급에 용이하다.
> (2) ① 조작속도가 빠른 비례 조작부를 만들기 곤란하다.
>   ② 보수 시 기술을 요한다.
> (3) ① 4~20mA 또는 직류 10~50mA의 전류를 통일 신호로 삼고 있다.
>   ② 전송거리를 수km 길게 해도 시간지연이 없다.
>   ③ 방폭이 요구되는 경우에는 그 대책이 필요하다.
>   ④ 고온다습한 곳에서 사용할 경우에는 주의가 필요하다.
>   ⑤ 배선공사가 용이하다.

22 자동제어 기기에서 조절기의 종류 3가지를 쓰시오.

> **정답**
> (1) 공기압식   (2) 유압식
> (3) 전기식

23 보일러 수위제어의 3요소식을 쓰시오.

> **정답**
> (1) 단요소식 : 수위제어
> (2) 2요소식 : 수위제어, 증기유량제어
> (3) 3요소식 : 수위제어, 증기유량제어, 급수량제어

24 보일러 수위검출기의 종류 3가지를 쓰시오.

> **정답**
> (1) 플로트식(부자식, 맥도널식)
> (2) 전극봉식
> (3) 코프식

CHAPTER 03 가스안전관리

SECTION 1 가스폭발범위, 독성 가스 허용농도

01 다음 도표의 ( ) 안에 가연성 가스의 폭발범위 하한치~상한치(%)를 써넣으시오.

가연성 가스명	공기 중 폭발범위(%)	산소 중 폭발범위(%)	가연성 가스명	공기 중 폭발범위(%)	산소 중 폭발범위(%)
수소	4~75	4~94	에틸알코올	4.3~19	
아세틸렌	(①)	2.5~93	아크릴로니트릴	3.0~17	
산화에틸렌	(②)		암모니아	(⑤)	15~79
일산화탄소	(③)	12.5~94	메탄	(⑥)	5.1~59
아세트알데히드	4.1~55		에탄	3~12.5	3~66
에테르	1.9~48		아세톤	3~11	
이황화탄소	12~44		프로필렌	2.4~10.3	2.1~53
황화수소	4.3~45		프로판	(⑦)	2.5~60
시안화수소	(④)		부탄	(⑧)	
에틸렌	2.7~36	2.7~80	펜탄	1.5~7.8	
메탄올	7.3~36		헥산	1.2~7.5	
염화비닐	4.0~22		벤젠	1.4~7.1	
염화메탄	10.7~17.4		톨루엔	1.4~6.7	

> **정답**
> ① 2.5~81   ② 3~80
> ③ 12.5~74   ④ 6~41
> ⑤ 15~28   ⑥ 5~15
> ⑦ 2.1~9.5   ⑧ 1.8~8.4

02
다음 독성 가스의 허용농도를 ( ) 안에 써넣으시오.(단, 허용농도 숫자가 작을수록 독성이 강한 가스이며, TLV – TWA 기준이다.)

독성 가스명	독성 허용농도(ppm)	독성 가스명	독성 허용농도(ppm)
암모니아	(①)	일산화질소	25
일산화탄소	(②)	오존	(⑦)
이산화탄소	(③)	포스겐	(⑧)
염소	(④)	인화수소	0.3
불소	0.1	이산화황	5
취소	0.1	아세트알데히드	200
산화에틸렌	(⑤)	프롬알데히드	5
염화수소	5	니켈카보닐	0.001
불화수소	3	니트로에탄	100
황화수소	10	아클로레인	0.1
시안화수소	(⑥)	메틸아민	10
브롬메틸	20	디메틸아민	25

정답
① 25 ② 50
③ 5,000 ④ 1
⑤ 50 ⑥ 10
⑦ 0.1 ⑧ 0.05

03
가스폭발의 유형 5가지를 쓰시오.

정답
(1) 분해폭발(아세틸렌) (2) 중합폭발(산화에틸렌)
(3) 촉매폭발 (4) 압력폭발(증기, 가스)
(5) 분진폭발(금속분진, 탄린) (6) 증기폭발(액화가스)

04
화염의 연소속도에 미치는 영향 3가지를 쓰시오.

정답
온도, 압력, 가스조성

05 가연성 가스 용기밸브를 천천히 여는 이유에 대해 쓰시오.

정답
정전기 발생에 의한 발화폭발 예방

06 자연발화를 일으키는 요인 4가지를 쓰시오.

정답
(1) 분해열   (2) 발화열
(3) 산화열   (4) 중합열

07 가연성 가스 취급 시 불꽃이 나지 않게 하는 안전공구(해머)를 6가지 쓰시오.

정답
(1) 고무   (2) 나무
(3) 플라스틱   (4) 베릴륨 합금
(5) 베아론 합금 (6) 가죽

08 가스발화를 일으키는 외부 점화원 8가지를 쓰시오.

정답
(1) 전기불꽃   (2) 마찰
(3) 충격파   (4) 자외선
(5) 열복사   (6) 정전기
(7) 화염   (8) 단열압축

09 가스의 발화를 일으키는 데 중요한 인자를 4가지 기술하시오.

정답
(1) 가스온도   (2) 가스압력
(3) 가스조성   (4) 가스저장용기 형태

SECTION 2 고압가스 안전관리법

01 가연성 가스의 정의를 2가지로 구별하여 설명하시오.

> **정답**
> (1) 폭발하한계 값이 10% 이하인 가스
> (2) 가스폭발범위 상한계와 하한계의 차가 20% 이상인 가스

02 LC_{50} 기준에 의하여 독성 가스의 정의를 2가지로 나누어 설명하시오.

> **정답**
> (1) 해당 가스를 성숙한 흰쥐 집단에게 대기 중에 1시간 동안 계속 노출시킨 경우 14일 이내에 그 흰쥐의 $\frac{1}{2}$ 이상이 죽게 되는 가스의 농도를 말한다.
> (2) 독성 허용농도가 100만분의 5,000 이하인 것을 말한다.

03 충전용기의 정의를 쓰시오.

> **정답**
> 고압가스 충전질량 또는 충전압력의 $\frac{1}{2}$ 이상이 충전되어 있는 상태의 용기를 말한다.

04 잔가스 용기의 정의를 쓰시오.

> **정답**
> 고압가스 충전질량 또는 충전압력의 $\frac{1}{2}$ 미만이 충전되어 있는 상태의 용기를 말한다.

05 초저온용기의 정의를 쓰시오.

> **정답**
> -50℃ 이하의 액화가스를 충전하기 위한 용기로서 단열재를 씌우거나 냉동설비로 냉각시키는 방법으로 용기 내의 가스가 사용 온도를 초과하지 않도록 하는 것을 말한다.

06 특수고압가스의 종류를 5가지 쓰시오.

정답
(1) 압축모노실란 (2) 압축디보레인
(3) 액화알진 (4) 포스핀
(5) 셀렌화수소 (6) 게르만, 디실란 등
(7) 그 밖에 반도체의 세정에 필요하다고 인정한 산업통상자원부장관이 인정하는 특수한 용도에 사용되는 고압가스

07 고압가스 관련 설비 10가지를 쓰시오.

정답
(1) 안전밸브 (2) 긴급차단장치
(3) 역화방지장치 (4) 기화장치, 압력용기
(5) 자동차용 가스 자동주입기 (6) 독성 가스 배관용 밸브
(7) 분리형 냉동기의 압축기, 응축기, 증발기, 팽창밸브
(8) 특정 고압가스용 실린더 캐비닛
(9) 자동차용 압축천연가스 완속충전설비
(10) 액화석유가스용 용기 잔류가스 회수장치

08 고압가스의 종류 4가지를 기술하시오.

정답
(1) 상용의 온도에서 게이지압력이 1MPa 이상이 되는 것이나 35℃에서 압력이 1MPa 이상이 되는 압축가스
(2) 15℃에서 압력이 0Pa을 초과하는 아세틸렌가스
(3) 상용의 온도에서 압력이 0.2MPa 이상이 되는 액화가스로서 실제로 그 압력이 0.2MPa 이상이 되는 것, 또는 압력이 0.2MPa 되는 경우의 온도가 35℃ 이하인 액화가스
(4) 35℃의 온도에서 압력이 0Pa을 초과하는 액화가스 중 액화시안화수소, 액화브롬화메탄, 액화산화에틸렌가스

09 특정설비 5가지를 기술하시오.

정답
(1) 고압가스 저장탱크
(2) 차량에 고정된 탱크 및 산업통상자원부령으로 정하는 고압가스 관련 설비를 제조하는 것
(3) 압력용기 (4) 독성 가스 배관용 밸브
(5) 냉동설비 (6) 긴급차단밸브 (7) 안전밸브

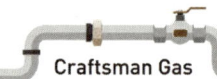

10 일정 규모 이상의 저장능력을 가진 자는 산업통상자원부령에 의하여 사용하기 전에 시장·군수 또는 구청장에게 신고하여야 한다. 사용신고가 필요한 특정고압가스의 종류 5가지를 쓰시오.

> **정답**
> (1) 수소   (2) 산소   (3) 액화암모니아
> (4) 액화염소 (5) 아세틸렌 (6) 천연가스
> (7) 압축모노실란 (8) 압축디보레인 (9) 액화알진
> (10) 그 밖에 대통령령으로 정하는 특정고압가스

11 대통령령으로 정하는 그 밖의 특정고압가스 종류를 5가지 쓰시오.

> **정답**
> (1) 포스핀   (2) 셀렌화수소 (3) 게르만
> (4) 디실란   (5) 오불화비소 (6) 오불화인
> (7) 삼불화인 (8) 삼불화질소 (9) 삼불화붕소
> (10) 사불화유황 (11) 사불화규소

12 제1종 보호시설을 5가지로 분류하여 설명하시오.

> **정답**
> (1) 학교, 유치원, 어린이집, 놀이방, 어린이놀이터, 학원, 병의원, 도서관, 청소년수련시설, 경로당, 식당, 공중목욕탕, 호텔, 여관, 극장, 교회 및 공회당
> (2) 사람을 수용하는 건축물로서 사실상 독립된 부분의 연면적이 1,000m² 이상인 곳
> (3) 예식장, 장례식장, 전시장, 기타 300명 이상 수용할 수 있는 건축물
> (4) 아동복지시설, 장애인복지시설로서 20명 이상 수용할 수 있는 건축물
> (5) 지정문화재 건축물

13 제2종 보호시설을 2가지로 분류하여 설명하시오.

> **정답**
> (1) 주택
> (2) 사람을 수용하는 건축물로서 독립된 부분의 연면적이 100m² 이상~1,000m² 미만인 것

14 다음 ( ) 안에 가스저장능력이나 가스설비의 이격거리(m)를 쓰시오.

(1) 가스설비 또는 저장설비는 그 외면으로부터 화기를 취급하는 장소까지 (①)m 이상 우회거리가 필요하며 가연성 가스 또는 산소의 가스설비 또는 저장설비와는 (②)m 이상 우회거리가 필요하다.
(2) 가연성 가스 제조시설의 고압가스설비는 그 외면으로부터 다른 가연성 가스 제조시설의 고압가스설비와 (①)m 이상, 산소제조시설의 고압가스설비와 (②)m 이상 거리를 유지한다.
(3) 가스 저장능력 (①)톤 이상, 가연성 가스나 독성의 경우가 아닌 경우에는 (②)톤 또는 (③)m³, 가연성 가스나 독성 가스가 아닌 경우에는 (④)m³ 이상인 저장탱크는 지진 발생 시를 대비하여 내진성능 확보가 필요하며 (⑤)m³ 이상이면 가스방출장치가 필요하다.
(4) 가연성 가스 저장탱크에서 저장능력이 (①)m³ 또는 (②)톤 이상이면 다른 가연성 가스 저장탱크나 산소저장탱크 사이에는 두 저장탱크 최대지름을 더한 길이의 $\frac{1}{4}$ 이상 거리가 유지되어야 한다.

> **정답**
> (1) ① 2, ② 8
> (2) ① 5, ② 10
> (3) ① 5, ② 10, ③ 500, ④ 1,000, ⑤ 5
> (4) ① 300, ② 3

15 다음 가스시설에서 필요한 조치를 쓰시오.

(1) 저장탱크에서 그 저장탱크를 보호하기 위하여 필요한 조치 2가지
(2) 고압가스 제조 시설에서 그 고압가스시설의 안전을 확보하기 위하여 필요한 설비 7가지

> **정답**
> (1) 부압파괴 방지조치, 과충전 방지조치
> (2) 충전용 교체 밸브, 원료공기 흡입구, 피트, 여과기, 에어졸 자동충전기, 에어졸 충전용기 누출시험시설, 과충전 방지장치

16 다음 ( ) 안에 필요한 숫자나 장치명을 써넣으시오.

가연성 가스 또는 독성 가스의 고압가스설비 중 내용적이 (①)L 이상인 액화가스저장탱크, 특수반응설비에는 긴급 시 가스의 효과적 차단이 가능한 (②) 및 (③) 등의 설비가 필요하다.

> **정답**
> ① 5,000   ② 역류방지밸브
> ③ 역화방지장치

17 폭발 등 위해가 발생할 가능성이 큰 특수반응설비에는 그 위해를 방지하기 위하여 내부반응 감시설비, 위험사태발생 방지설비가 필요하다. 특수반응설비를 5가지 쓰시오.

> **정답**
> (1) 암모니아 2차 개질로
> (2) 에틸렌 제조시설의 아세틸렌수첨탑
> (3) 산화에틸렌 제조시설의 에틸렌과 산소 또는 공기와의 반응기
> (4) 사이클로헥산 제조시설의 벤젠수첨반응기
> (5) 석유정제 시의 중유 직접수첨탈황반응기 및 수소화분해반응기
> (6) 저밀도 폴리에틸렌중합기
> (7) 메탄올 합성 반응탑

18 고압가스 제조시설에서 방호벽이 필요한 장소 4가지를 쓰시오.

> **정답**
> (1) 압축기와 그 충전장소 사이
> (2) 압축기와 그 가스충전용기 보관장소 사이
> (3) 충전장소와 그 가스충전용기 보관장소 사이 및 충전장소와 그 충전용 주관 밸브 조작밸브 사이
> (4) 지상에 설치된 저장탱크와 가스충전장소 사이(단, 서로 20m 이상 거리가 이격된 거리인 경우에는 설치하지 않아도 된다)

19 고압가스 제조시설에서 이상상태 발생 시 그 확대를 위하여 필요한 설비 3가지를 쓰시오.

> **정답**
> (1) 긴급이송설비   (2) 벤트스택
> (3) 플레어스택

20 고압가스 저장탱크나 배관을 보호하기 위해 필요한 설비조치를 쓰시오.

> **정답**
> 온도상승 방지조치

21 액화석유가스를 차량에 고정된 탱크나 용기에 충전할 경우 공기 중 혼합비율 용량이 1/1,000인 상태에서 냄새가 나는 물질을 섞어 충전할 수 있는 설비 명칭을 쓰시오.

> **정답**
> 부취제 혼합설비

22 액화석유가스가 과충전된 경우에 대비하여 필요한 처리를 위한 장치명을 쓰시오.

정답
가스회수장치

23 고압가스 충전설비에 필요한 장치 3가지를 쓰시오.

정답
(1) 충전기
(2) 잔량측정기
(3) 자동계량기

24 고압가스용기 충전시설에서 용기보수를 위해 필요한 설비장치 4가지를 쓰시오.

정답
(1) 잔가스제거장치
(2) 용기질량측정기
(3) 밸브탈착기
(4) 도색설비

25 다음 ( ) 안에 알맞은 내용을 써넣으시오.

용기보관장소 주위 (①)m 이내에는 화기나 인화성 물질, 발화성 물질을 두지 말고, 충전용기는 항상 (②)℃ 이하로 유지한다. 내용적 (③)L 초과 용기에는 넘어짐 등에 의한 충격 및 밸브의 손상을 방지하는 조치가 필요하다.

정답
① 2   ② 40   ③ 5

26 고압가스 차량에 고정된 탱크 내용적이 2,000L 이상에서는 충전하거나 가스 이입 시 그 차량이 고정되도록 무엇을 설치해야 하는가?

정답
차량정지목

27 다음 ( ) 안에 들어갈 용어나 숫자를 써넣으시오.

(1) 긴급차단장치는 원격조작으로 작동되고 차량에 고정된 탱크 또는 이에 접속하는 배관 외면의 온도가 ( )℃일 때에 자동적으로 작동이 가능해야 한다.
(2) 고압가스밸브 또는 충전용 지관을 가열하는 경우에는 열습포나 ( )℃ 이하의 물을 사용한다.
(3) 아세틸렌을 제외한 압축가스나 액화암모니아, 액화탄산가스, 액화염소를 이음매 없는 용기에 대하여 ( )검사를 실시한다.
(4) 아세틸렌, 수소, 에틸렌을 제외한 가연성 가스의 경우 산소 용량이 전체 용량의 ( )% 이상이면 압축하지 않는다.
(5) 산소 중 아세틸렌, 에틸렌, 수소의 용량이 ( )% 이상이면 압축하지 않는다.
(6) 산소 중의 가연성 가스 용량이 전체 용량의 ( )% 이상이면 압축하지 않는다.
(7) 가연성 가스나 산소 제조 시 발생장치, 정제장치, 저장탱크의 경우 그 출구에서 1일 1회 이상 가스를 채취하여 분석하고 공기액화분리기 안에 설치된 액화산소통 안의 액화산소는 ( )일 1회 이상 분석한다.
(8) 공기액화분리기에 설치된 액화산소통 안의 액화산소 (①)L 중 아세틸렌 질량이 5mg 또는 탄화수소의 탄소질량이 (②)mg을 넘는 경우 공기액화분리기의 운전을 정지하고 액화산소를 방출한다.
(9) 산소, 아세틸렌, 수소를 제조하는 경우에는 1일 1회 이상 품질을 검사하고, 그 순도가 산소는 99.5%, 아세틸렌의 경우 98%, 수소의 경우에는 ( )% 이상이어야 한다.

> **정답**
> (1) 110   (2) 40
> (3) 음향   (4) 4
> (5) 2   (6) 4
> (7) 1   (8) ① 5, ② 500
> (9) 98.5

28 아세틸렌, 에틸렌, 수소 중의 산소 용량이 전체 용량의 몇 % 이상이면 압축하지 않는가?

> **정답**
> 2%

29 가연성 가스의 가스설비 중 전기설비는 방폭성능을 가져야 하지만 방폭성능이 필요 없는 가연성 가스 2가지를 쓰시오.

> **정답**
> (1) 암모니아   (2) 브롬화메탄

30 고압가스 제조 시설에서 압력계 기능검사 시기에 대하여 쓰시오.

(1) 충전용 주관의 압력계
(2) 그 밖의 압력계

> **정답**
> (1) 매월 1회 이상
> (2) 1년에 1회 이상

31 다음 고압가스 제조 시설에서 안전밸브 조정 주기를 쓰시오.

(1) 압축기 최종단 안전밸브
(2) 그 밖의 안전밸브
(3) 고압가스 특정제조허가를 받은 시설

> **정답**
> (1) 1년에 1회 이상
> (2) 2년에 1회 이상
> (3) 4년마다

32 고압가스 중 액화가스 저장시설에서 액상 유출을 방지하기 위해 장치가 필요한 가스저장능력을 쓰시오.

(1) 가연성 가스 및 산소의 액화가스저장탱크
(2) 독성 가스

> **정답**
> (1) 1천톤 이상
> (2) 5톤 이상

33 고압가스 저장시설에서 표준압력계로 가스압력계 기능검사 시기를 쓰시오.

> **정답**
> 3개월에 1회 이상

34 특정고압가스 사용시설에서 다음 물음에 답하시오.

(1) 가연성 가스의 가스설비, 저장설비는 그 외면으로부터 우회거리는 몇 m인가?
(2) 산소저장설비 주위 몇 m 이내에는 화기를 취급하면 안 되는가?
(3) 저장능력이 500kg 이상인 액화염소 사용시설의 저장설비에서 제1종, 제2종 보호시설과의 이격거리(m)를 각각 쓰시오.

> **정답**
> (1) 8m
> (2) 5m
> (3) 제1종 보호시설 : 17m 이상, 제2종 보호시설 : 12m 이상

35 특정가스 중 가연성 가스 및 산소의 충전용기 보관실 벽의 재료와 보관실 지붕은 어떤 재료를 사용해야 하는가?

> **정답**
> (1) 벽 : 불연재료
> (2) 지붕 : 가벼운 불연재료 또는 난연재료

36 특정고압가스 저장량이 일정량 이상이면 용기보관실 벽은 어떠한 벽으로 해야 하는가?(단, 압축가스는 1m³를 5kg으로 한다.)

> **정답**
> 방호벽

37 고압가스 판매시설에서 가연성 가스, 독성 가스, 산소 등 액화가스 저장탱크에서 액상의 가스 누출 방지를 위한 장치가 필요한데, 그 저장량을 가스별로 쓰시오.

(1) 가연성 가스
(2) 산소
(3) 독성 가스

> **정답**
> (1) 5,000L 이상   (2) 5,000L 이상
> (3) 5톤 이상

38 고압가스 판매시설에 대하여 다음 ( ) 안에 들어갈 내용을 써넣으시오.

(1) 사업소 부지는 한 면이 폭 ( )m 이상이 되는 도로에 접해야 한다.
(2) 저장설비 중 그 외면으로부터 안전거리가 유지되어야 하는 저장량은 압축가스의 경우 (①)m³를 넘거나 액화가스의 경우 (②)톤을 넘는 경우이다.
(3) 흡수나 중화설비가 필요한 용기보관실은 ( ) 가스인 경우에 필요하다.
(4) 판매업소 용기보관실은 ( )m² 이상의 부지가 필요하다.
(5) 판매업소 면적은 ( )m² 이상으로 하여야 한다.
(6) 용기보관장소 주위 ( )m 이내에는 화기나 인화성, 발화성 물질을 두지 않는다.
(7) 내용적 ( )L 초과 충전용기는 넘어짐 등에 의한 충격 및 밸브 손상을 방지하기 위하여 난폭한 취급을 하지 않는다.

> **정답**
> (1) 4   (2) ① 300, ② 3   (3) 독성
> (4) 11.5   (5) 9   (6) 2   (7) 5

39 고압가스 판매업소에서 차량에 고정된 탱크에 부착되는 장치 중 내압시험, 기밀시험이 필요한 부착장치 4가지를 쓰시오.

> **정답**
> (1) 밸브   (2) 안전밸브
> (3) 부속배관   (4) 긴급차단장치

40 독성 가스 운반차량의 앞뒤에 붉은 글씨로 경계표지를 하고, 기재하여야 하는 사항 3가지를 쓰시오.

> **정답**
> (1) 위험 고압가스   (2) 독성 가스
> (3) 상호 및 사업자 전화번호

41 독성 가스 운반차량에 갖추어야 하는 보호장비 3가지를 쓰시오.

> **정답**
> (1) 소화설비   (2) 인명보호장비
> (3) 응급조치장비

42 고정된 가스 운반차량에 탱크 내용적은 가스 종류에 따라 몇 L를 초과하지 못하는지 기술하시오.

(1) 액화석유가스를 제외한 가연성 가스, 산소 탱크
(2) 액화암모니아 가스를 제외한 독성 가스 탱크

정답
(1) 18,000L   (2) 12,000L

43 차량에 고정된 탱크를 보호하고 가스 누출을 방지하기 위하여 온도계, 액면계 등을 설치하는데, 이 부품에 필요한 조치사항을 3가지 쓰시오.

정답
(1) 액면요동 방지조치   (2) 돌출부속품의 보호조치
(3) 밸브 및 콕 개폐표시

44 차량에 고정된 2개 이상 서로 연결한 이음매가 없는 용기 운반차량에 용기보호 및 가스 누출 시를 대비하여 필요한 설비 종류 5가지와 필요한 조치사항 2가지를 쓰시오.

(1) 설비 종류 5가지
(2) 조치사항 2가지

정답
(1) ① 검지봉   ② 주밸브
   ③ 안전밸브   ④ 압력계 및 긴급탈압밸브
   ⑤ 용기고정조치 ⑥ 부속품의 보호조치
   ⑦ 밸브 콕 개폐표시
(2) ① 붉은 글씨로 경계표지
   ② 위험 고압가스

해설
충전용기는 항상 40℃ 이하를 유지한다.

45 고압가스 차량의 운반 중 주행거리가 몇 km 이상이면 고압가스 운반차량의 운전자가 중간에 충분한 휴식이 필요한가?

정답
200km

46 독성 가스 용기 운반 시 누출 등의 위해 우려가 있을 때 어느 기관에 신속하게 신고해야 하는지 신고기관 2곳을 쓰시오.

> **정답**
> (1) 소방서
> (2) 경찰서

47 독성 가스 용기차량 운반 시 운반책임자 동승기준에 대하여 다음 ( ) 안에 필요한 가스용량 기준을 써넣으시오.

가스종류	독성 허용농도	운반책임자 동승 용량기준
압축가스	허용농도가 100만분의 200 초과~5,000 이하	(①)m³ 이상
	허용농도가 100만분의 200 이하	(②)m³ 이상
액화가스	허용농도가 100만분의 200 초과~5,000 이하	(③)kg 이상
	허용농도가 100만분의 200 이하	(④)kg 이상

> **정답**
> ① 100, ② 10, ③ 1,000, ④ 100

48 특정설비 5가지를 쓰시오.

> **정답**
> (1) 압력용기
> (2) 저장탱크
> (3) 차량에 고정된 탱크
> (4) 독성 가스 배관용 밸브
> (5) 자동차용 압축천연가스 완속충전설비
> (6) 안전밸브
> (7) 자동차용 가스자동주입기
> (8) 평저형 및 이중각 진공단열형 저온저장탱크
> (9) 역화방지장치
> (10) 냉동용 특정설비
> (11) 대기식 기화장치
> (12) 긴급차단밸브
> (13) 특정고압가스용 실린더 캐비닛
> (14) 액화석유가스용 용기잔류가스 회수장치

49 고압가스 제조 및 판매자의 용기 안전점검기준 및 관리기준을 5가지 기술하시오.

> **정답**
> (1) 용기는 도색 및 표시 여부를 확인
> (2) 유통 중 열 영향을 받았는지 여부를 점검할 것
> (3) 용기 캡이 씌워져 있는지, 프로텍터가 부착되어 있는지 여부 확인
> (4) 재검사기간의 도래 여부 확인
> (5) 밸브의 그랜드너트가 고정핀 등에 의하여 이탈 방지를 위한 조치가 되어 있는지 여부를 확인
> (6) 용기 아랫부분의 부식상태 확인

50 다음의 고압가스용기 사용 후에 재검사기준에 대하여 ( ) 안에 해당되는 재검사 주기년수를 써넣으시오.

용기 종류	용기 내용적 (L)	사용기간 15년 미만	사용기간 15년 이상~20년 미만	사용기간 20년 이상
용접용기	500 이상	(①)년마다	2년마다	1년마다
	500 미만	3년마다	2년마다	1년마다
액화석유가스용 용접용기	500 이상	(②)년마다	2년마다	1년마다
	500 미만	(③)년마다	5년마다	2년마다
이음매 없는 용기	500 이상	(④)년마다	(⑤)년마다	2년마다
	500 미만			
용기부속품	용기에 부착된 것			

> **정답**
> ① 5, ② 5, ③ 5, ④ 5, ⑤ 5

51 특정설비, 신규용기, 재검사용기 중 불합격 용기 및 특정설비에 대한 파기방법을 5가지 기술하시오.

> **정답**
> (1) 절단 등의 방법으로 파기하여 원형으로 가공할 수 없도록 할 것
> (2) 파기할 경우 검사장소에서 검사원 입회하에 용기 및 특정설비 제조자로 하여금 실시하게 할 것
> (3) 잔가스를 제거한 후 절단할 것
> (4) 검사신청인에게 파기 사유, 일시, 장소 및 인수시한을 통지하고 파기할 것
> (5) 파기한 물품은 검사신청인이 인수시한 내에 인수하지 아니하면 검사기관으로부터 임의 매각 처분하게 할 것

52 다음 용기표시를 보고 내용을 설명하시오.

(1) TW   (2) TP
(3) FP

> **정답**
> (1) TW : 아세틸렌가스 질량에 용기의 다공물질, 용제 및 밸브의 질량을 합한 질량
> (2) TP : 내압시험압력
> (3) FP : 최고충전압력

53 용기종류별 부속품의 기호를 보고 내용을 설명하시오.

(1) AG   (2) PG
(3) LG   (4) LPG
(5) LT

> **정답**
> (1) AG : 아세틸렌가스를 충전하는 용기의 부속품
> (2) PG : 압축가스를 충전하는 용기의 부속품
> (3) LG : 액화석유가스 외의 액화가스를 충전하는 용기 부속품
> (4) LPG : 액화석유가스를 충전하는 용기의 부속품
> (5) LT : 초저온용기 및 저온용기의 부속품

54 다음 (   ) 안에 들어갈 내용을 쓰시오.

충전용기는 이륜차에 적재하여 운반하지 않는다. 그러나 충전용기가 (①)kg 이하이고 적재하는 충전용기의 수가 (②)개 이하인 경우는 예외이다.

> **정답**
> ① 20, ② 2

55 다음 용기의 외면에 공업용 가스별 도색의 구분을 쓰시오.

가스 종류	도색의 구분	가스 종류	도색의 구분
액화석유가스	(①)	액화암모니아	(④)
수소	(②)	액화염소	(⑤)
아세틸렌	(③)	그 밖의 가스	(⑥)

> **정답**
> ① 회색, ② 주황색, ③ 황색, ④ 백색, ⑤ 갈색, ⑥ 회색

56 다음 의료용 용기의 도색 및 표시에 대하여 ( ) 안에 알맞은 색상을 써넣으시오.

가스 종류	도색의 구분	가스 종류	도색의 구분
산소	(①)	질소	(⑤)
액화탄산가스	(②)	아산화질소	(⑥)
헬륨	(③)	사이클로프로판	(⑦)
에틸렌	(④)	그 밖의 가스	(⑧)

정답
① 백색, ② 회색, ③ 갈색, ④ 자색, ⑤ 흑색, ⑥ 청색, ⑦ 주황색, ⑧ 회색

해설
- 의료용은 용기 상단부에 폭 2cm의 백색 띠를 두 줄로 표시한다(단, 산소는 녹색띠로 한다).
- 의료용은 용도 표시를 백색으로 가로, 세로 5cm로 띠와 가스명칭 사이에 표시하여야 한다(단, 산소는 녹색표시로 한다).

SECTION 3 액화석유가스의 안전관리 및 사업법

01 액화석유가스를 부피단위로 계량하여 판매하는 방법을 무슨 판매방법이라고 하는가?

> **정답**
> 체적판매방법

02 액화석유가스를 무게단위로 계량하여 판매하는 방법을 무슨 판매방법이라고 하는가?

> **정답**
> 중량판매방법

03 산업통상자원부령으로 정하는 저장탱크의 용량 기준을 쓰시오.

> **정답**
> 10톤 이하 탱크

04 산업통상자원부령으로 정하는 일정량을 설명하시오.

> **정답**
> 내용적 1L 미만의 용기에 충전하는 경우에는 500kg(단, 1L 미만의 용기 중 안전밸브 부착 이동식 연소기용 접합용기는 1톤)

05 액화석유가스 특정사용자가 사용량이 몇 kg 초과일 경우 사고 시에 한국가스안전공사에 통보하여야 하는가?

> **정답**
> 250kg 초과

06 안전관리자의 업무에 대하여 5가지를 쓰시오.

> **정답**
> (1) 가스사용시설의 안전유지 및 검사기록 작성의 보존
> (2) 가스용품의 제조공정 관리
> (3) 가스공급자의 의무이행 확인
> (4) 안전관리규정 실시기록의 작성 보존
> (5) 정기검사 및 수시검사 부적합 판정을 받은 시설의 개선
> (6) 가스사고 통보
> (7) 종업원에 대한 안전관리를 위하여 필요한 사항의 지휘, 감독
> (8) 그 밖의 위해방지 조치

07 액화석유가스 공급자의 안전점검 실시 주기에 대하여 다음 빈칸에 알맞은 내용을 써넣으시오.
(1) 체적판매 공급자의 경우 1년에 (　)회 이상
(2) 다기능계량기가 설치된 시설에 공급하는 경우 (　)년에 1회 이상
(3) 위 (1), (2)항에 속하지 않는 경우에는 (　)개월에 1회 이상

> **정답**
> (1) 1　　(2) 3　　(3) 6

08 다음 안전관리자의 직급에 따른 업무를 간단하게 기술하시오.
(1) 안전관리총괄자　　　　　　　(2) 안전관리부총괄자
(3) 안전관리책임자　　　　　　　(4) 안전관리원

> **정답**
> (1) 해당 사업소 또는 액화석유가스 특정사용시설의 안전에 관한 총괄관리
> (2) 안전관리총괄자를 보좌하여 그 가스시설의 안전을 직접 관리한다.
> (3) 안전관리부총괄자를 보좌하여 사업장의 안전에 관한 기술적 사항을 관리함과 동시에 안전관리원을 지휘·감독한다.
> (4) 안전관리책임자의 지시에 따라 안전관리자의 직무를 수행한다.

09 안전관리자 선임, 해임, 퇴직 시에는 지체 없이 그 사실을 허가관청, 등록관청, 시장, 군수, 구청장에게 신고하고 해임, 퇴직한 날로부터 며칠 이내에 다른 안전관리자를 선임하여야 하는가?

> **정답**
> 30일

10 액화석유가스 특정사용자에 대하여 다음 ( ) 안에 해당하는 내용을 쓰시오.
  (1) (   )kg 이상의 저장설비를 갖추고 액화석유가스를 사용하는 공동주택의 관리주체
  (2) 저장능력 250kg 이상 (   )톤 미만인 저장설비를 갖추고 이를 사용하는 자
  (3) 자동절체기를 사용하여 용기를 집합한 경우는 저장능력이 (   )kg 이상 5톤 미만인 저장설비를 갖추고 이를 사용하는 자

> **정답**
> (1) 250　　　　　(2) 5
> (3) 500

11 액화석유가스 충전기는 사업소 경계가 도로에 접한 경우 충전기 외면으로부터 가장 가까운 도로경계선까지 몇 m 이상을 유지해야 하는가?

> **정답**
> 4m

12 액화석유가스 충전소의 사업부지는 그 한 면이 폭 몇 m 이상의 도로에 접하여야 하는가?

> **정답**
> 8m

13 액화석유가스 저장설비에서 소형저장탱크는 시설의 안전을 위하여 6기 이하로 하고 충전질량의 합계가 몇 kg 미만이 되어야 하는가?

> **정답**
> 5,000kg

14 지상 저장탱크 가스설비 및 자동차에 고정된 탱크의 이입, 충전장소에 필요한 소화설비 장치를 2가지 쓰시오.

> **정답**
> (1) 살수장치　　　　　(2) 물분무장치

15 지상의 저장탱크가 몇 톤 이상인 경우 주위에 가스의 누출을 방지하기 위한 조치가 필요한가?

> **정답**
> 1천톤

16 다음 ( ) 안에 올바른 내용을 써넣으시오.
(1) 저장탱크 안전과 침하상태를 확인하기 위하여 1년에 ( )회 이상 적절한 안전조치를 한다.
(2) 저장설비와 가스설비의 외면으로부터 담뱃불을 포함하여 ( )m 이내에는 화기취급을 엄금한다.
(3) 소형저장탱크, 기화기 주위 ( )m 이내에서는 화기사용 금지 및 인화성, 발화성 물질을 쌓아두지 않는다.
(4) 용기보관장소 주위 우회거리 ( )m 이내에는 화기나 인화성, 발화성 물질을 두지 아니할 것
(5) 자동차에 고정된 탱크는 저장탱크 외면으로부터 ( )m 이상 떨어져 정지할 것

> **정답**
> (1) 1　　　(2) 8　　　(3) 5
> (4) 2　　　(5) 3

17 다음 물음에 답하시오.
(1) 저장탱크에 가스충전 시 정전기를 제거하고 저장탱크 내용적의 (①)%, 소형저장탱크는 (②)%를 넘지 않도록 충전할 것
(2) 물분무장치, 살수장치의 소화전은 매월 ( )회 이상 작동상황을 점검한다.

> **정답**
> (1) ① 90, ② 85　　　(2) 1

18 허가대상 가스용품의 제조허가가 필요한 용품의 종류를 5가지 쓰시오.

> **정답**
> (1) 압력조정기　　　　　　(2) 가스누출 자동차단장치
> (3) 정압기용 필터　　　　　(4) 매몰형 정압기
> (5) 호스　　　　　　　　　(6) 배관용의 볼밸브, 글로브밸브
> (7) 콕　　　　　　　　　　(8) 배관이음관
> (9) 강제혼합식 가스버너　　(10) 20만kcal/h 이하 연소기
> (11) 다기능 가스안전계량기　(12) 로딩암
> (13) 20만kcal/h 이하 연료전지　(14) 20만kcal/h 이하 다기능보일러

19 액화석유가스 집단공급 저장소에 대한 다음 물음에 답하시오.

(1) 저장탱크는 몇 톤 이상이면 지진에 견딜 수 있는 설계가 필요한가?
(2) 충전질량이 1,000kg 이상인 소형저장탱크에서 방호벽 설치 시 방호벽 높이는 소형저장탱크 정상부보다 몇 cm 더 높아야 하는가?

정답
(1) 3톤 이상   (2) 50cm

20 물분무장치, 살수장치와 소화전은 매월 몇 회 이상 점검이 필요한가?

정답
매월 1회 이상

21 액화석유가스 용기 저장소에서 저장설비와 가스설비는 그 외면으로부터 화기를 취급하는 장소까지 몇 m 이상의 우회거리가 필요한가?

정답
8m

22 용기보관실에 온도계를 설치하고 실내의 온도는 몇 ℃ 이하로 유지해야 하는가?

정답
40℃

23 용기보관실 주위 몇 m(우회거리) 이내에서는 화기취급이나 인화성, 가연성 물질을 두지 않아야 하는가?

정답
2m 이내

24 용기보관실에서 사용하는 휴대용 손전등은 어떤 형식이어야 하는가?

정답
방폭형

25 용기보관실 주위 사무실 등의 건축물 창에 사용하는 유리의 종류를 2가지 쓰시오.

> **정답**
> (1) 망입유리
> (2) 안전유리

26 액화석유가스 용기는 2단으로 쌓지 않는다. 단, 몇 L 미만 용기는 제외되는가?

> **정답**
> 30L 미만

27 액화석유가스 판매업소 시설기준에 대하여 물음에 답하시오.
(1) 용기보관실은 불연성 재료로 하고 그 지붕은 불연성 재료를 사용한 어떤 지붕을 필요로 하는가?
(2) 판매업소 용기보관실 벽은 어느 벽으로 하는가?
(3) 용기보관실 면적은 몇 m^2 이상이어야 하는가?(단, 사무실 면적은 $9m^2$ 이상으로 한다.)
(4) 용기보관실 가스누출경보기는 일체형인가, 분리형인가?

> **정답**
> (1) 가벼운 지붕   (2) 방호벽
> (3) $19m^2$ (4) 분리형

28 다기능 가스안전계량기에 대하여 설명하시오.

> **정답**
> 가스계량기에 가스누출차단장치 등 가스안전기능을 수행하는 가스안전장치가 부착된 가스용품이다.

29 다기능 보일러란 어떤 특성을 가진 보일러인지 자세히 설명하시오.

> **정답**
> 온수보일러에 전기를 생산하는 기능 등 여러 가지 복합기능을 수행하는 장치가 부착된 가스용품으로서 가스소비량이 20만kcal/h 이하인 가스보일러이다 (232.6kW 이하용 보일러).

30 다음 가스용품에 대한 물음에 답하시오.

(1) 압력조정기 2가지를 쓰시오.
(2) 가스누출차단장치 2가지를 쓰시오.
(3) 호스의 종류 중 고압호스 3가지와 저압호스 4가지를 쓰시오.
(4) 배관용 밸브 형식 3가지를 쓰시오.
(5) 콕의 종류 4가지를 쓰시오.
(6) 가스배관 이음관 종류 5가지를 쓰시오.

정답
(1) ① 액화석유가스 압력조정기
    ② 도시가스 압력조정기
(2) ① 가스누출경보차단장치
    ② 가스누출자동차단기
(3) ① 고압호스 : 일반용 고압고무호스(트윈호스, 측도관), 자동차용 고압고무호스, 자동차용 비금속호스
    ② 저압호스 : 염화비닐호스, 금속플렉시블호스, 고무호스, 수지호스
(4) ① 가스용 폴리에틸렌 밸브(볼밸브, 플러그밸브)
    ② 매몰용접형 가스용 밸브
    ③ 그 밖의 배관용 밸브
(5) ① 퓨즈콕
    ② 상자콕
    ③ 주물연소기용 노즐콕
    ④ 업무용 대형연소기용 노즐콕
(6) ① 전기절연 이음관
    ② 전기융착 폴리에틸렌 이음관
    ③ 이형질 이음관
    ④ 퀵 커플러
    ⑤ 세이프티 커플링

31 액화석유가스 공급방법에서 용기내장형이 아닌 경우 15L 이하인 용기에는 용기에 가로, 세로 2cm 이상 크기의 적색글자로 표시하여 공급하는데, 이 적색글자의 내용은 무엇인지 쓰시오.

정답
용기보관장소에 보관할 것

32 다음 연소기에서 전체 가스 소비량이 얼마 이하인 것을 말하는지 (   ) 안에 써넣으시오.(단, 사용압력은 3.3kPa 이하이다.)

연소기 종류	전 가스 소비량 (kcal/h) 이하	버너 1개의 가스소비량 (kcal/h) 이하
레인지	(①)	5,000
오븐	(②)	5,000
그릴	(③)	3,600
오븐레인지	(④)	3,600
밥솥	(⑤)	4,800
온수기, 온수보일러, 난방기, 냉난방기, 의류건조기	(⑥)	
주물연소기	(⑦)	
이동식 부탄연소기, 이동식 프로판연소기, 부탄연소기, 숯불구이 점화용 연소기	(⑧)	
그 밖의 연소기	(⑨)	

정답
① 4,400 ② 5,000 ③ 3,600 ④ 3,600 ⑤ 4,800
⑥ 20만 ⑦ 20만 ⑧ 20만 ⑨ 20만

33 저장탱크(톤)에 의해 사용하는 시설에서 저장능력(01~05)별 사업소와의 경계거리(m)를 (   ) 안에 써넣으시오.

No.	저장능력(톤)	사업소 경계와의 거리(m)
01	10 이하	(①)
02	10 초과~20 이하	(②)
03	20 초과~30 이하	(③)
04	30 초과~40 이하	(④)
05	40 초과	(⑤)

정답
① 17 ② 21 ③ 24 ④ 27 ⑤ 30

34 액화석유가스 사용시설의 시설기준에 대한 다음 물음에 답하시오.

(1) 입상관에 부착된 밸브나 가스사용량 300m³/h 이하 가스계량기의 설치높이는 바닥으로부터 몇 m 이하의 높이에 수직, 수평으로 설치하는가?
(2) 가스계량기와 전기계량기, 전기개폐기와의 거리는 몇 cm 이상 거리를 유지해야 하는가?
(3) 가스계량기와 전기점멸기, 전기접속기와는 몇 cm 이상의 거리가 필요한가?
(4) 가스계량기와 절연조치를 하지 않은 전선과는 몇 cm 이상의 거리를 유지하는가?
(5) 저장능력이 몇 kg 초과인 경우에 저장탱크나 소형저장탱크로 설치하고, 저장설비를 용기로 하는 경우 저장능력은 몇 kg 이하로 하여야 하는가?
(6) 용기집합설비를 설치하고, 그 저장능력이 몇 kg을 초과하면 용기를 옥외 용기보관실에 설치해야 하는가?
(7) 금속플렉시블호스 외의 호스는 길이를 몇 m 이내로 하고 호스는 T형으로 연결하지 않는가?
(8) 가스보일러를 설치·시공한 자는 정보가 기록된 가스보일러 설치시공확인서를 작성하여 몇 년간 보관하여야 하는가?

> **정답**
> (1) 1.6~2m (2) 60cm (3) 30cm (4) 15cm
> (5) 500kg (6) 100kg (7) 3m (8) 5년

35 액화석유가스 판매시설 검사기준에 대한 다음 물음에 답하시오.

(1) 가스보일러는 어디에 설치해야 하는가?
(2) 가스보일러를 설치·시공한 자는 시공내역 정보를 기록하여 부착해야 한다. 이 표지판의 명칭을 쓰시오.
(3) 저장능력 250kg 이상이면 용기에서 압력조정기 입구까지 배관에 필요한 조치는 무엇인가?
(4) 액화석유가스 배관 외부에서 안전 확보를 위하여 배관임을 명확하게 알 수 있는 조치는 무엇인가?
(5) 용기보관실에는 경계울타리를 설치해야 하나 저장능력이 몇 kg 이하 용기는 제외되는가?
(6) 용접 중인 장소로부터 몇 m 이내에서는 화기나 불꽃토치를 사용하면 안 되는가?

> **정답**
> (1) 전용 보일러실 (2) 시공표지판
> (3) 압력방출용 안전장치 (4) 도색 및 표시
> (5) 100kg (6) 5m

SECTION 4   도시가스사업법

01   도시가스에 대하여 그 기준을 설명하시오.

> **정답**
> 천연가스, 배관을 통하여 공급되는 석유가스, 나프타부생가스, 바이오가스 또는 합성천연가스로서 대통령령으로 정하는 것

02   도시가스 공급 배관을 3가지로 구분하여 쓰시오.

> **정답**
> (1) 본관   (2) 공급관
> (3) 내관 및 그 밖의 관

03   도시가스 공급 압력을 3가지로 구별하였다. 각각 설명하시오.
    (1) 고압
    (2) 중압
    (3) 저압

> **정답**
> (1) 게이지압력으로 1MPa 이상의 압력(단, 액체상태의 액화가스는 고압으로 본다.)
> (2) 0.1MPa 이상~1MPa 미만의 압력(단, 액화가스가 기화되고 다른 물질과 혼합되지 아니한 경우에는 0.01MPa 이상 0.2MPa 미만의 압력을 말한다.)
> (3) 0.1MPa 미만의 압력(단, 액화가스가 기화되고 다른 물질과 혼합되지 아니한 경우에는 0.01MPa 미만을 말한다.)

04   특정가스 사용시설에 대하여 간략하게 설명하시오.

> **정답**
> 월 사용예정량이 2,000m^3 이상인 가스사용시설(단, 제1종 보호시설 안에서는 1,000m^3 이상인 가스 사용시설)

05 특정가스 사용시설에서 안전관리책임자는 월 사용예정량이 몇 m^3를 초과하는 경우에만 선임하는가?

> **정답**
> 4,000m^3

06 가스도매사업에 대한 다음 물음에 답하시오.
(1) 액화석유가스의 저장설비와 처리설비는 그 외면으로부터 보호시설까지 몇 m 이상의 거리를 유지하여야 하는가?
(2) 제조소 및 공급소에서 설치하는 도시가스가 통하는 가스공급시설은 그 외면으로부터 화기를 취급하는 장소까지 몇 m 이상의 우회거리가 필요한가?
(3) 고압의 가스공급시설은 안전구획 안에 설치하고 그 안전구역의 면적은 몇 m^2 미만이어야 하는가?
(4) 안전구역 안의 고압인 가스공급시설에서 그 외면으로부터 다른 안전구역 안에 있는 고압인 가스공급시설의 외면까지 몇 m 이상의 거리를 유지하여야 하는가?
(5) 두 개 이상의 제조소가 인접해 있는 경우의 가스공급시설은 그 외면으로부터 다른 제조소의 경계까지 몇 m 이상의 거리를 유지해야 하는가?
(6) 액화천연가스의 저장탱크는 그 외면으로부터 처리능력이 20만m^3 이상인 압축기까지 몇 m 이상의 거리를 유지하여야 하는가?

> **정답**
> (1) 30m   (2) 8m   (3) 20,000m^2
> (4) 30m   (5) 20m   (6) 30m

07 설비에서 지지물의 구조물과 기초를 지진에도 견딜 수 있도록 설계가 필요한 설비를 5가지 쓰시오.

> **정답**
> (1) 저장탱크 (2) 가스홀더 (3) 압축기
> (4) 펌프   (5) 기화기   (6) 열교환기
> (7) 냉동설비

08 저장능력이 몇 톤 미만의 저장탱크나 가스홀더는 내진설계 대상에서 제외되는가?

> **정답**
> 저장능력 3톤 미만(압축가스는 300m^3 미만)

09 도시가스 저장탱크에 안전을 위한 장치 5가지를 기술하시오.

> **정답**
> (1) 폭발방지장치 (2) 액면계
> (3) 물분무장치   (4) 방류둑
> (5) 긴급차단장치

10 도시가스설비 중 안전 확보가 필요한 가스설비 3가지를 기술하시오.

> **정답**
> (1) 가스발생설비 (2) 가스기화설비
> (3) 가스정제설비

11 다음 (　) 안에 들어갈 내용을 써넣으시오.

가스발생설비, 가스정제설비, 가스홀더 및 부대설비로서 제조설비에 속하는 것으로, 최고사용압력이 고압이나 중압인 것에는 그 설비 안의 압력이 (　)을 초과하는 경우에 즉시 (　) 이하로 되돌릴 수 있는 적절한 조치를 강구하여야 한다.

> **정답**
> 허용압력

12 다음 (　) 안에 들어갈 내용을 써넣으시오.(단, 액화석유가스를 원료로 하는 것은 제외한다.)

제조소 및 공급소 등 가스공급시설의 도시가스가 통하는 부분에 직접 액체를 옮겨 놓는 가스발생설비와 (　)에는 액체의 역류를 방지하기 위한 장치를 설치해야 한다.

> **정답**
> 가스정제설비

13 도시가스 제조소 또는 그 제조소에 속한 계기를 장치한 회로가 정상적인 도시가스 제조 조건에서 벗어나는 것을 방지하기 위하여 제조설비 안에 설치하는 제어장치를 무엇이라고 하는가?

> **정답**
> 인터록 기구

14 도시가스 누출 시 냄새 나는 물질을 혼합하는데, 공기 중의 혼합비율이 얼마인 상태에서 감지가 가능하여야 하는가?

> 정답
> $\dfrac{1}{1,000}$ 상태

15 도시가스 도매사업에서 액화가스 저장탱크 저장능력이 몇 톤 이상인 것에는 그 주위에 도시가스가 누출될 경우 그 피해저감설비인 유출을 방지하기 위한 조치를 마련해야 하는가?

> 정답
> 500톤

16 도시가스 도매사업에서 제조소 및 공급소에서 이상사태가 발생할 때 이를 방지하기 위하여 필요한 설비를 설치해야 한다. 그 설비 9가지를 기술하시오.

> 정답
> (1) 액면계 (2) 비상전력
> (3) 통신시설 (4) 안전용 불활성 가스 설비
> (5) 계기실 (6) 열량조정장치
> (7) 플레어스택 (8) 벤트스택
> (9) 조명설비

17 다음 ( ) 안에 들어갈 내용을 써넣으시오.

도시가스 도매사업에서 가스공급시설이 손상되거나 재해 발생으로 인하여 비상공급시설을 설치하는 경우 비상공급시설은 그 외면으로부터 제1종 보호시설까지 거리가 (①)m 이상, 제2종 보호시설까지는 (②)m 이상이 되도록 하여야 한다.

> 정답
> ① 15, ② 10

18 도시가스 도매사업에 대하여 빈칸에 알맞은 내용을 쓰시오.

(1) 물분무장치는 (　　) 1회 이상 확실하게 작동되는지 확인하고 그 기록을 남긴다.
(2) 긴급차단장치는 1년에 (　　)회 이상 밸브 몸체의 누출검사, 작동검사를 실시하여 누출량이 안전 확보에 지장이 없는 양인지 확인하고, 개폐될 수 있는 작동기능을 확인하여야 한다.
(3) 제조소 및 공급소에 설치된 가스누출경보기는 (①)주일에 (②)회 이상 작동상황을 점검하고 작동이 불량하면 즉시 교체한다.

> **정답**
> (1) 매월　　　　　　　　(2) 1
> (3) ① 1, ② 1

19 도시가스 도매사업에서 정압기, 밸브기지 시설기준으로 빈칸에 알맞은 내용을 쓰시오.

(1) 지상에 설치하는 정압기실의 벽은 (　　)으로 하고, 지붕은 가벼운 난연 이상의 재료로 한다.
(2) 정압기 입구에서 압력이 이상 변동할 때 자동차단 및 (①)이 가능한 (②)를 설치하고 출구에는 (③)이 가능한 차단장치를 설치한다.
(3) 정압기지 및 밸브기지에는 (①), (②), (③), (④) 또는 압력기록장치 등 그 정압기와 밸브의 기능을 유지하는 데 필요한 설비를 설치하여야 한다.
(4) 정압기지, 밸브기지에서 필요한 사고예방 설비기준 중 위해발생 방지와 도시가스의 안정공급을 위한 설비, 조치사항 등을 5가지 이상 쓰시오.

> **정답**
> (1) 방호벽
> (2) ① 원격조작, ② 긴급차단장치, ③ 원격조작
> (3) ① 비상전력, ② 조명설비, ③ 전기설비, ④ 통신설비
> (4) ① 압력감시장치　　　② 지진감지장치
> 　　③ 누출가스 통보설비　④ 불순물 제거장치
> 　　⑤ 안전밸브　　　　　⑥ 전기설비의 방폭조치
> 　　⑦ 동결방지조치

20 정압기 기술기준에서 정압기의 설치 후 관리에 대하여 다음 물음에 답하시오.

(1) 설치 후 몇 년마다 몇 회 이상 분해점검을 실시하는가?
(2) 예비용도로 사용하는 정압기의 경우 월 1회 이상 작동점검을 실시하는 정압기는 설치 후 몇 년에 몇 회 이상 분해점검이 필요한가?

> **정답**
> (1) 2년에 1회 이상　　　(2) 3년에 1회 이상

21 도시가스 제조소 및 공급소 밖의 배관설비 기준에 대하여 ( ) 안에 알맞은 내용을 쓰시오.

(1) 지하매설 배관의 지표면에서 배관의 외면까지 매설 깊이는 산이나 들에서 ( )m 이상이어야 한다. (단, 그 밖의 지역에서는 1.2m 이상이어야 한다.)
(2) 배관의 외면으로부터 도로경계까지 수평거리는 (①)m 이상, 도로 밑의 다른 시설물과는 (②)m 이상이어야 한다.
(3) 배관을 시가지의 도로 노면 밑에 매설하는 경우 노면으로부터 배관의 외면까지는 ( )m 이상이어야 하며, 다만, 방호구조물 안에 설치하는 경우 노면으로부터 그 방호구조물의 외면까지 1.2m 이상이다.(단, 시가지 외의 도로 노면 밑에 매설하는 경우에는 1.2m 이상이다.)
(4) 배관을 포장된 차도에 매설하는 경우 그 포장 부분의 노반 밑에 매설하고 배관의 외면과 노반의 최하부와의 거리는 ( )m 이상 거리를 유지한다.

정답
(1) 1　　　　　　　　(2) ① 1, ② 0.3
(3) 1.5　　　　　　　(4) 0.5

22 배관을 인도나 보도 등 노면 외의 도로 밑에 매설하는 경우 물음에 답하시오.

(1) 지표면으로부터 배관의 외면까지는 몇 m 이상 거리가 필요한가?
(2) 방호구조물 안에 설치하는 경우는 그 방호물 구조의 외면까지 몇 m 이상인가?
(3) 시가지 노면 외의 도로 밑에 매설하는 경우는 몇 m 이상 거리를 유지해야 하는가?

정답
(1) 1.2m　　　　　　(2) 0.6m
(3) 0.9m

23 도시가스용 폴리에틸렌 배관(80mm 미만) 외에는 그 배관의 강도 유지와 수송하는 도시가스 누출 방지를 위하여 배관용접부에 어떤 시험을 해야 하는가?

정답
비파괴시험

24 다음 ( ) 안에 들어갈 내용을 써넣으시오.

하천구역을 횡단하여 매설하는 경우 배관의 외면과 계획하상높이와의 거리는 원칙적으로 (①)m 이상 거리가 필요하며, 소하천이나 수로를 횡단하여 배관을 매설하는 경우에는 배관의 외면과 계획하상높이와의 거리는 원칙적으로 (②)m 이상, 그 밖의 좁은 수로를 횡단하여 매설하는 경우에는 배관의 외면과 계획하상높이와의 거리는 원칙적으로 (③)m 이상이 필요하다.

> **정답**
> ① 4, ② 2.5, ③ 1.2

25 도시가스 도매사업 배관의 표시기준에 의하여 배관의 외부에 지상배관 표시사항 3가지와 지하매설배관 표시사항 1가지를 기술하시오.

(1) 지상배관 표시
(2) 지하매설배관 표시

> **정답**
> (1) 사용가스명, 최고사용압력, 도시가스 흐름방향
> (2) 흐름방향 표시

26 도시가스배관 표면의 색상에 대하여 지상배관, 지하매설배관을 분리하여 기술하시오.

(1) 지상배관 표면색상
(2) 매설배관용 표면색상
(3) 지상배관에서 건축물 내·외벽에 노출된 것으로 바닥에서 1m 높이에 폭 ( )cm의 황색띠를 2중으로 표시한 경우 표면색상은 황색으로 하지 아니할 수 있다.

> **정답**
> (1) 황색
> (2) 저압배관 : 황색, 중압배관 : 적색
> (3) 3

27 다음 ( ) 안에 들어갈 숫자를 써넣으시오.

가스용 폴리에틸렌관은 노출배관으로 사용하지 않는다. 다만, 지상배관 연결을 위하여 금속관을 사용하여 보호조치를 한 경우로서 지면에서 ( )cm 이하로 노출하여 시공하는 경우는 노출배관 사용이 가능하다.

> **정답**
> 30

28 배관장치의 운영상태를 감시하기 위한 사고예방설비 5가지를 기술하시오.

> **정답**
> (1) 운영상태 감시장치　　(2) 안전제어장치
> (3) 가스누출 검지장치　　(4) 안전용 접지장치
> (5) 피뢰설비 설치장치

29 배관장치에서 부대설비기준으로 물이 체류할 우려가 있는 배관에 설치해야 하는 부품명을 쓰시오.(단, 콘크리트 박스에 설치한다.)

> **정답**
> 수취기

30 다음 (　) 안에 공통으로 들어갈 숫자를 써넣으시오.

굴착으로 인하여 (　)m 이상 노출된 배관에 대해서 (　)m마다 누출된 도시가스가 체류하기 쉬운 장소에 가스누출경보기를 설치한다.

> **정답**
> 20

31 다음 (　) 안에 들어갈 내용을 쓰시오.

일반도시가스사업의 가스공급시설에서 도시가스사업자의 정압기로서 가스누출경보기와 연동하여 작동하는 기계환기설비를 갖추고 (　①　)일 (　②　)회 이상 안전점검을 실시한다.

> **정답**
> ① 1, ② 1

32 일반도시가스사업의 가스공급시설 중 정압기에서 안전밸브, 가스방출관을 설치한 후에 가스방출관의 방출구는 주위에 불 등이 없는 안전한 위치로 지면으로부터 몇 m 이상 높이에 설치하는가?(단, 전기시설물과의 접촉 등으로 사고 염려가 있는 장소는 3m 이상으로 할 수 있다.)

> **정답**
> 5m

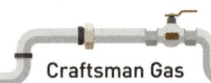

33 정압기는 설치 후 2년에 1회 이상 분해 · 점검하고, 1주일에 1회 이상 작동상황을 점검하며, 필터는 가스공급 개시 후 1개월 이내 및 가스공급 개시 후 매년 몇 회 이상 분해 · 점검이 필요한가?

> **정답**
> 1회 이상

34 일반도시가스사업의 가스공급시설에 대하여 다음 물음에 답하시오.
(1) 도시가스 압력이 비정상적으로 상승할 경우에 대비한 장치를 3가지 쓰시오.(단, 구역압력조정기 외 함에는 가스누출경보기를 설치한다.)
(2) 구역압력조정기는 설치 후 3년에 1회 이상 분해 · 점검, 3개월에 1회 이상 작동상황 점검을 한다. 그리고 필터는 가스공급 개시 후 1개월 이내에 점검하고, 이후로 매년 몇 회 이상 점검이 필요한가?
(3) 중압 이하 배관과 고압배관을 매설하는 경우 서로 간의 거리를 몇 m 이상으로 하는가?(단, 방호구조물에 설치하는 경우는 1m 이상으로 한다.)
(4) 본관과 공급관은 건축물의 어느 곳에 설치하면 안 되는가?
(5) 배관의 최고사용압력은 어느 압력 이하이어야 하는가?

> **정답**
> (1) 긴급차단장치, 안전밸브, 가스방출관
> (2) 1회 이상   (3) 2m
> (4) 기초 밑   (5) 중압

35 배관은 건축물에 고정 부착하는 조치를 하는데, 그 호칭지름에 따라 고정장치 거리를 쓰시오.
(1) 관의 호칭지름 13mm 미만
(2) 관의 호칭지름 13mm 이상~33mm 미만
(3) 관의 호칭지름 33mm 이상

> **정답**
> (1) 1m   (2) 2m
> (3) 3m

36 일반도시가스 공급시설의 제조소 및 공급소 밖의 배관에서 배관의 이음매와의 거리를 쓰시오.

(1) 전기계량기, 전기개폐기
(2) 전기점멸기 및 전기접속기
(3) 절연전선
(4) 전선, 배기통, 단열조치를 하지 않은 굴뚝

> **정답**
> (1) 60cm　　　(2) 30cm
> (3) 10cm　　　(4) 15cm

37 제조소 및 공급소 밖의 배관에서 배관을 매설하는 경우 매설깊이나 매설간격에 대하여 다음 물음에 답하시오.

(1) 공동주택 등의 부지 안의 매설깊이
(2) 폭 8m 이상의 도로에서 매설깊이
(3) 폭 4m 이상 8m 미만의 도로에서 매설깊이
(4) 철도부지 밑에 매설하는 경우 배관 외면으로부터 궤도 중심까지 거리는 (①)m 이상, 그 철도부지 경계까지는 (②)m 이상 거리를 유지하고, 지표면으로부터 배관의 외면까지 깊이는 1.2m 이상이다. ( ) 안에 들어갈 내용을 쓰시오.

> **정답**
> (1) 0.6m 이상　　　(2) 1.2m 이상
> (3) 1m 이상　　　(4) ① 4, ② 1

38 일반도시가스사업의 공급시설에서 배관설비 기준의 안전율은 얼마 이상이어야 하는가?

> **정답**
> 4

39 가스충전시설에서 충전설비 근처 및 충전설비로부터 몇 m 이상 떨어진 장소에서 긴급히 도시가스 누출의 효과적 차단이 가능한 조치를 해야 하는가?

> **정답**
> 5m

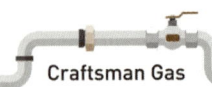

40 도시가스충전사업의 충전시설에서 고정식 압축도시가스 자동차 충전시설 기준에 대하여 물음에 답하시오.

(1) 저장설비, 처리설비, 압축가스설비 및 충전설비는 그 외면으로부터 사업소경계까지 (①)m 이상, 그리고 철도까지는 (②)m 이상 안전거리가 필요하다. ( ) 안에 들어갈 내용을 쓰시오.

(2) 충전설비는 도로법에 따라 도로경계까지 몇 m 이상 거리를 유지해야 하는가?

(3) 저장탱크나 가스홀더는 몇 톤 이상이면 지진 발생 시 내진성능 확보를 위한 조치가 필요한가?(단, 5m³ 이상이면 도시가스를 저장하는 것에는 가스방출장치가 필요하다.)

(4) 지상에 설치한 저장탱크가 3톤(300m³) 이상이면 다른 가연성 가스 저장탱크 사이에는 두 저장탱크 최대지름을 더한 길이의 얼마 이상 거리가 필요한가?

(5) 처리설비, 압축가스설비, 충전설비는 원칙적으로 어디에 설치하는가?

> **정답**
> (1) ① 10, ② 30   (2) 5m
> (3) 5톤(500m³)   (4) $\frac{1}{4}$ 이상
> (5) 지상 설치

41 이동식 압축도시가스 자동차 충전에 대하여 다음 물음에 답하시오.

(1) 이동충전차량 및 충전설비로부터 몇 m 이내에 있는 보호시설에는 이동충전차량 주위에 방호벽을 설치해야 하는가?

(2) 가스배관구와 가스배관구 사이 또는 이동충전차량과 충전설비 사이에는 몇 m 이상의 거리를 유지해야 하는가?

(3) 이동충전차량 및 충전설비는 그 설비로부터 사업소 경계까지 몇 m 이상 안전거리를 유지해야 하는가?

(4) 가스충전시설에는 충전설비 근처 및 충전설비로부터 몇 m 이상 떨어진 장소에서 긴급 도시가스의 누출을 효과적으로 차단할 수 있는 조치가 필요한가?

(5) 이동충전차량 및 충전설비는 철도에서 몇 m 이상의 거리를 유지해야 하는가?

> **정답**
> (1) 30m
> (2) 8m
> (3) 10m(단, 방호벽이 있으면 5m 이상의 안전거리 확보)
> (4) 5m
> (5) 15m

42 고정식 압축도시가스 이동충전차량 충전에서 이동충전차량 충전설비 사이에는 몇 m 이상의 거리를 유지해야 하는가?

> **정답**
> 8m

43 고정식 압축도시가스 이동충전차량 충전에서 이동충전차량의 원활한 충전 및 운행을 위하여 이동충전차량 충전설비는 그 외면으로부터 이동충전차량의 진입구 및 진출구까지 몇 m 이상의 거리가 필요한가?

> **정답**
> 12m

44 액화도시가스 자동차 충전에 대하여 다음 물음에 답하시오.
 (1) 처리설비 및 충전설비는 그 외면으로부터 사업소 경계까지 몇 m 이상의 안전거리를 유지하는가?
 (2) 차량에 고정된 탱크 내용적이 몇 L 이상이면 액화도시가스를 이입하는 경우 탱크가 고정된 차량 정지목 등으로 고정해야 하는가?
 (3) 탱크가 고정된 차량은 저장탱크 외면으로부터 몇 m 이상 떨어져서 정지해야 하는가?
 (4) 밸브 등을 조작하는 장소에는 그 밸브 등의 기능 및 사용빈도에 따라 그 밸브 등을 확실히 조작하는 데 필요한 장치를 확보해야 하는데, 필요한 2가지를 기술하시오.
 (5) 저장설비 및 가스설비 외면으로부터 몇 m 이내의 곳에서는 화기를 취급하지 않도록 해야 하는가?
 (6) 안전밸브, 방출밸브에 설치된 스톱밸브는 항상 어떠한 상태로 있어야 하는가?
 (7) 저장탱크에 도시가스를 충전할 때에는 도시가스 용량이 상용온도에서 저장탱크 내용적의 몇 %를 넘지 않아야 하는가?
 (8) 도시가스를 충전할 경우 충전설비에서 발생하는 (　)를 제거하는 조치를 취해야 한다. (　) 안에 들어갈 용어를 쓰시오.

> **정답**
> (1) 10m　　(2) 5,000L
> (3) 3m　　(4) 발판, 조명장치(조명도)
> (5) 8m　　(6) 항상 완전히 열려 있을 것
> (7) 90%　　(8) 정전기

45 가스사용시설에서 다음 물음에 답하시오.

(1) 가스계량기와 화기와의 거리는 몇 m 이상 유지해야 하는가?
(2) 가스계량기와 전기점멸기 및 전기접속기와의 거리는 몇 cm 이상 거리를 유지해야 하는가?
(3) 절연조치를 하지 않은 전선과는 몇 cm 이상 거리를 유지해야 하는가?
(4) 입상관과 화기 사이에 유지해야 하는 거리는 몇 m 이상으로 하여야 하는가?
(5) 입상관의 밸브는 바닥으로부터 몇 m 이상~몇 m 이내에 설치해야 하는가?

> **정답**
> (1) 2m   (2) 30cm
> (3) 15cm   (4) 2m
> (5) 1.6m~2m

46 다음 (   ) 안에 들어갈 내용을 써넣으시오.

배관의 이음부와 전기계량기, 전기개폐기, 전기점멸기, 전기접속기, 절연전선, 절연조치를 하지 않은 전선 및 (   )를 하지 않은 굴뚝이나 배기통 등과는 적절한 거리를 유지해야 한다.(단, 용접이음매는 제외한다.)

> **정답**
> 단열조치

47 다음 (   ) 안에 들어갈 기기명을 기술하시오.

매립 설치된 배관에서 가스가 누출될 경우 매립배관 내부의 가스 누출을 감지하여 가스공급을 자동으로 차단하는 안전장치나 (   )를 설치해야 한다.

> **정답**
> 다기능 가스안전계량기

48 도시가스 사용시설에서 특정가스 사용시설에 따른 식품접객업소로서 영업장의 면적이 몇 m² 이상인 경우에 가스누출경보차단장치나 가스누출자동차단장치를 설치해야 하는가?

> **정답**
> 100m²

49 도시가스 사용시설에서 특정가스의 경우 연소기에 연결된 각 배관에 퓨즈콕, 상자콕 또는 이와 같은 수준 이상의 성능을 가진 안전장치, 각 연소기에 소화안전장치가 부착된 경우에 한하여 월 사용예정량이 몇 m³ 미만의 경우 가스누출경보차단장치를 설치하지 않을 수 있는가?

정답
2,000m³

50 도시가스 사용시설에서 다음 ( ) 안에 올바른 내용을 기술하시오.

압력조정기는 매년 1회 이상 압력조정기의 유지관리에 적합한 방법으로 안전점검이 필요하지만 필터나 스트레이너의 청소는 (①)년에 1회 이상, 이후에는 (②)년에 1회 이상 청소가 필요하다.

정답
① 3, ② 4

51 다음 ( ) 안에 들어갈 용어를 쓰시오.

도시가스 사용시설에서 정압기는 원칙적으로 건축물 내부나 ( )에 설치하지 아니하도록 한다.

정답
기초 밑

52 도시가스 사용시설에서 정압기 입구나 출구에는 가스차단장치를 설치해야 한다. 다만, 정압기실의 외벽으로부터 몇 m 이내에 그 정압기실로 가스공급을 지상에서 쉽게 차단할 수 있는 경우에는 제외가 가능한가?

정답
50m

53 도시가스 사용시설에서 정압기와 필터의 경우에는 설치 후 3년까지는 1회 이상 분해·점검이 필요하지만, 이후에는 몇 년에 1회 이상 분해·점검이 필요한가?(단, 정압기 입구에는 수분이나 불순물 제거장치가 반드시 필요하다.)

정답
4년

54 도시가스 사용시설에서 연소기(가스보일러, 가스온수기) 시설기준을 4가지 쓰시오.

> **정답**
> (1) 목욕탕이나 환기가 잘되지 않는 곳에 설치하지 않는다.
> (2) 가스보일러나 가스온수기는 전용 보일러실에 설치한다.
> (3) 배기통의 재료는 스테인리스강판이나 배기가스 및 응축수에 내열성, 내식성이 있어야 한다.
> (4) 가스보일러, 가스온수기 설치 시공자는 설치시공 확인서를 작성하여 5년간 보존해야 한다.

55 도시가스 사용시설에서 월 사용예정량(Q) 계산식을 쓰시오.

> **정답**
> $Q(m^3)$ = 연소기 명판의 도시가스소비량의 합계(kcal/h)×240 + 산업용이 아닌 연소기 명판의 도시가스 소비량의 합계(kcal/h)× $\dfrac{90}{11,000}$

56 도시가스 사업자가 작성해야 하는 안전관리규정 포함 사항에 들어갈 내용 5가지를 기술하시오.

> **정답**
> (1) 가스공급시설에 관한 자율적인 검사
> (2) 가스사용시설의 점검기준, 점검요령, 점검결과, 기록유지에 관한 사항
> (3) 차량에 고정된 탱크의 운반에 관한 사항
> (4) 종업원의 교육과 훈련에 관한 사항
> (5) 검사장비와 점검요원의 관리에 관한 사항
> (6) 가스사용시설에 대한 공급자와 수요자 간의 안전책임에 관한 사항

57 도시가스배관 굴착공사자는 도시가스사업자 입회하에 필요한 사항을 확인해야 한다. 도시가스사업자의 확인사항 5가지를 쓰시오.

> **정답**
> (1) 시험굴착 및 본 굴착
> (2) 가스공급시설에 근접하여 파일, 토류판 설치
> (3) 도시가스배관의 수직, 수평 위치 측량 시
> (4) 노출배관 방호공사
> (5) 도시가스배관 되메우기 직전 및 되메우기 시 작업 완료
> (6) 고정조치 완료

PART 3

동영상 과년도 기출문제 (2010~2020년)

CHAPTER 01 도시가스, LPG 안전
CHAPTER 02 가스용 부속장치 및 설비용 기기
CHAPTER 03 안전장치, 안전관리

CHAPTER 01 도시가스, LPG 안전

SECTION 1 도시가스 안전 및 설비

01 화면에 보이는 방출관은 도시가스 등 가연성 가스 설비에서 이상 상태가 발생한 경우 설비 내의 가스를 외부로 안전하게 이송하는 설비인 방출구(방출관)이다. 이 방출관의 위치를 2가지 쓰시오.

정답
(1) 현장에서 작업인부가 정상 작업을 할 수 있는 장소
(2) 작업원이 항상 통행하는 장소로부터 10m 이상 떨어진 장소

해설 | 벤트스택
가연성 가스 또는 독성 가스의 설비에 이상 상태가 발생할 경우 당해 설비의 내용물을 밖으로 안전하게 방출하는 설비이다.

02 다음은 도시가스를 사용하는 가정용 온수보일러이다. 배기방식에 의한 보일러 형식을 쓰시오.

정답
밀폐식 보일러

03 화면을 보고 도시가스용 온수보일러에 대한 물음에 답하시오.

(1) 보일러 배기통 굴곡수는 몇 개 이내로 하는가?
(2) 배기통 가로길이는 몇 m 이내로 하여야 하는가?
(3) 배기통의 입상높이는 몇 m 이하로 제한하는가?

정답
(1) 4개소 이내
(2) 5m 이하
(3) 10m 이하

04 도시가스 부취제 주입에 필요한 정량펌프(메터링펌프)의 사용 목적을 간단하게 기술하시오.

정답
도시가스에 일정량의 부취제를 첨가한다.

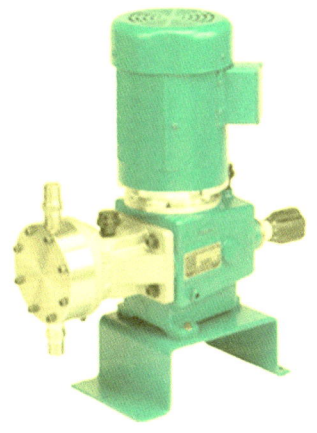

정답
(1) 가온감압방식, 감압가온방식
(2) 온수온도 : 80℃ 이하
증기온도 : 120℃ 이하

05 화면의 액화가스 기화장치를 보고 다음 물음에 답하시오.
(1) 작동원리에 따른 종류 2가지를 쓰시오.
(2) 가열방식에서 온수, 증기의 경우 각각의 온도를 쓰시오.

정답
① 가스검지부
② 가스누출차단부
③ 제어부

해설
• 가스누출차단부는 일반적으로 가스미터기 옆에 설치한다.
• 제어부는 일반적으로 가스검지부보다 하부에 설치한다.

06 화면은 도시가스 사용 시 가스누출차단장치 설비를 나타낸 것이다. ①~③에 해당하는 명칭을 각각 쓰시오.

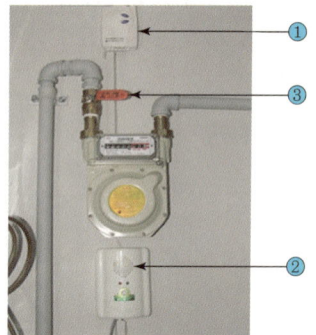

정답
(1) 공급한 연료가스를 완전히 연소시킬 것
(2) 발생된 열을 유효하게 이용할 수 있을 것
(3) 취급이 간편하고 사용상 안전성이 높을 것

07 화면에 보이는 것은 가스레인지 등 가스용 연소기구이다. 이 기기의 구비조건을 3가지 쓰시오.

08 다음 화면에 보이는 메탄가스가 주성분인 도시가스 시설에 설치된 기기의 명칭과 설치 위치를 쓰시오.(단, 도시가스는 공기보다 비중이 가볍다.)

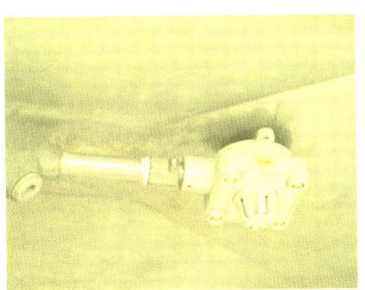

정답
(1) 명칭 : 가스누출검지기
(2) 위치 : 천장에서 30cm 이내

| 해설 |
공기보다 무거운 가스라면 바닥에서 30cm 높이에 센서를 부착시킨다.

09 화면에 보이는 액화천연가스(LNG) 저장탱크용 보냉재 종류 3가지를 쓰시오.

정답
(1) 폴리염화비닐 폼
(2) 펄라이트
(3) 경질폴리우레탄 폼

10 도시가스의 종류를 3가지 쓰시오.

정답
(1) 석유가스
(2) 나프타부생가스
(3) 바이오가스

| 해설 | **도시가스의 종류**
(1) 석유가스 : 액화석유가스 및 석유가스를 공기와 혼합하여 제조한 가스
(2) 나프타부생가스 : 나프타 분해공정을 통해 에틸렌, 프로필렌 등을 제조하는 과정에서 부산물로 생성되는 가스
(3) 바이오가스 : 유기성 폐기물 등 바이오매스로부터 생성된 기체를 정제한 가스

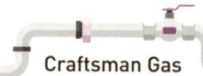

정답
(1) 저압관 : 황색
　　중압관 이상 : 적색
(2) 60cm 이상

11 도로에 도시가스배관 매설공사 시 매설배관 되메우기 작업에서 보호포 시공에 대하여 다음 물음에 답하시오.

(1) 도시가스압력에 따른 보호포 색상을 저압, 중압 이상 관에 대하여 구별하여 쓰시오.
(2) 배관 정상부에서 보호포까지의 거리는 얼마인지 쓰시오.

정답
1.2m 이상

해설
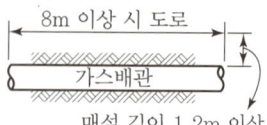

12 화면에서 도시가스배관을 도로에 매설하는 경우에 도로폭이 20m 이상인 경우 매설깊이는 몇 m 이상인가?

정답
피그(Pig)

해설 피그의 용도
도시가스 배관 공사 시 내압시험 및 기밀시험을 하기 전에 피그의 공기압을 통하여 배관 내 수분, 먼지, 이물질을 처리한다.

13 화면에서 도시가스 매설배관 내부의 이물질을 제거하는 기기 명칭을 쓰시오.

14 화면에 보이는 매설배관은 SDR 2호 배관의 경우 사용압력은 몇 MPa 이하인가?

정답
0.25MPa 이하

15 화면에서 보이는 도시가스배관은 차량이 통행하는 도로이다. 도로폭이 20m인 경우 매설깊이 1.5m로 지시한다면 적합한지, 부적합한지 판정하여 쓰시오.

정답
적합하다.

16 화면에 보이는 매설배관에서 ㉮, ㉯에서 보이는 각각의 배관 명칭을 쓰시오.

정답
㉮ 가스용 폴리에틸렌관
　 (일명 PE)
㉯ 폴리에틸렌 피복강관
　 (일명 PLP관)

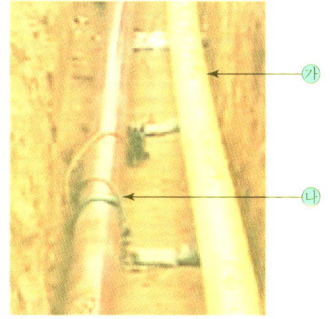

정답
16m

| 해설 | 교량 등의 배관 지지간격

관경(A)	지지간격(m)
100	8
150	10
200	12
300	16
400	19
500	22
600	25

정답
(1) 저압공급 250세대 미만
(2) 중압공급 150세대 미만

정답
12m

17 화면과 같이 교량에 도시가스배관을 설치하는 경우 배관호칭지름이 300A이면 고정지지간격은 몇 m인가?

18 화면에서 공동주택에 압력조정기를 설치하여 도시가스를 공급받을 때 저압공급 시, 중압공급 시로 구별하여 전체 몇 세대 수 미만인지를 쓰시오.

(1) 저압공급
(2) 중압공급

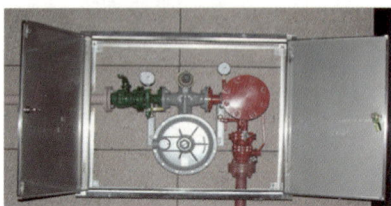

19 도시가스배관이 200A인 경우 고정장치 설치거리를 쓰시오.

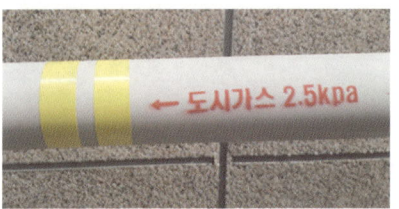

20 화면에서 도시가스배관 누설 유무를 검사하고 있다. 가스누설 검지기의 경보농도는 얼마인가?

정답

폭발범위 하한값의 $\frac{1}{4}$ 이하

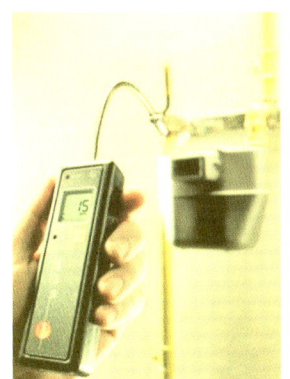

21 화면에서 도시가스배관은 안지름 호칭지름 20A이다. 고정장치의 설치간격은 몇 m인가?

정답

2m

22 화면에 보이는 도시가스배관의 매설배관 위치표시 마크의 정식 명칭을 쓰시오.

정답

라인마크

정답
(1) 보호판
(2) 보호포

23 화면에 보이는 매설배관(도시가스용)에 대하여 다음 물음에 답하시오.

(1) (가) 화면에서 보이는 부품의 명칭은?
(2) (나) 화면에서 보이는 부품의 명칭은?

(가)

(나)

정답
도시가스배관 매설공사 시 내압시험 및 기밀시험을 하기 전에 피그를 공기압으로 통하게 하여 배관 내의 수분이나 이물질, 먼지 등을 제거한다.

24 다음 화면에 보이는 장치는 피그(Pig)이다. 그 기능을 쓰시오.

정답
㉮ 온도변화에 의한 배관의 열팽창을 흡수하는 신축 흡수장치
㉯ 루프형(U자 굽힘)

| 해설 |
공동주택에서 각 세대별로 가스를 공급하는 분기관으로 열팽창을 흡수하기 위하여 2회의 굴곡부를 주고 있다.

25 화면에 보이는 배관의 ㉮ 용도와 ㉯ 장치의 종류를 쓰시오.

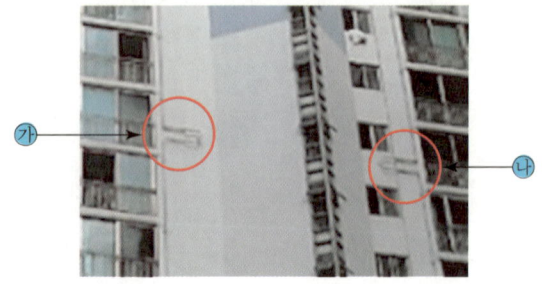

26 화면에 보이는 도시가스 입상배관에서 밸브의 설치높이(m)를 쓰시오.

정답
1.6m 이상~2m 이하

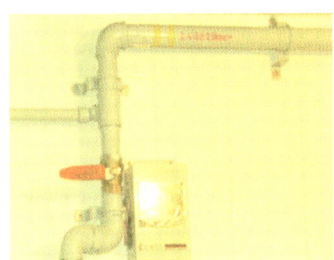

27 화면에 Ⓐ 표시된 도시가스 사용 보일러의 형식을 쓰시오.

정답
반밀폐식 보일러(FE, 강제배기방식 보일러)

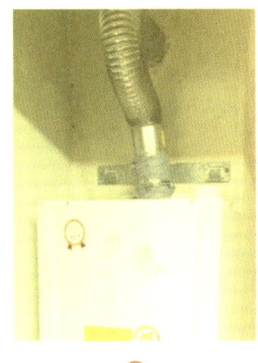 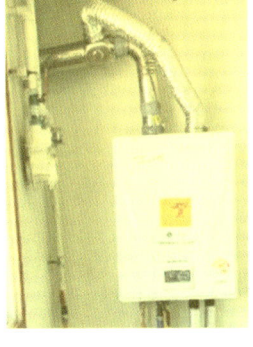

Ⓐ 　　　　FF(강제급배기 방식)
　　　　　　　(완전밀폐형)

28 도시가스 매설배관에서 보이는 부품의 명칭과 이 부품은 매설배관에서 얼마의 이격거리(cm)를 두어야 하는지 쓰시오.

정답
(1) 명칭 : 보호포
(2) 이격거리 : 보호포 상부로부터 30cm 이상

정답
바닥에서 1m 높이에 폭 3cm의 황색띠를 2중으로 표시한다.

29 화면에 보이는 아파트 입상용 도시가스배관이 아파트 외벽과 같다면 배관에 표시된 사항을 기술하시오.

정답
(가) 매설배관이 삼방향, 즉 분기관이 되는 곳에 사용
(나) 매설배관이 직선방향으로 매설된 곳에 사용

30 다음은 도시가스 지하매설배관 표시용 마크이다. 그 방향표시를 보고 각각 설명하시오.

(가)   (나)

정답
단면적 $6mm^2$ 이상

31 화면에 보이는 지하매설배관 도시가스 배관용 로케이팅 와이어는 그 규격이 몇 mm^2 이상이어야 하는가?

32 화면에 보이는 매설깊이 측정에서 일반도시가스 사업자가 차량이 통행하는 폭 15m에서 매설배관 깊이는 1.5m를 지시한다면 적합 또는 부적합 등으로 판정하고 그 이유를 쓰시오.

정답
(1) 적합
(2) 적합 이유 : 폭 8m 이상의 도로에서는 매설깊이가 1.2m 이상이기 때문이다.

33 화면에 보이는 도시가스 1호관 매설관인 PE(가스용 폴리에틸렌관)의 사용압력은 몇 MPa 이하인가?

정답
0.4MPa 이하

34 화면에서 지하에 매설하는 도시가스배관은 주위 상수도배관과의 이격거리를 몇 m 이상으로 하여야 하는가?

정답
0.3m 이상

정답
(1) 명칭 : 퓨즈콕
(2) 기능 : 가스호스가 파손되어 가스가 이상과다 누출 시 그 유량을 감지하여 가스누설을 차단한다.

35 다음은 도시가스배관과 호스 사이에 설치하는 것으로 그 명칭과 기능을 쓰시오.

정답
5m 이하

| 해설 |
가스보일러 배기통의 굴곡수는 4개소 이내이다.

36 화면에 보이는 도시가스 등 반밀폐식 보일러에서 단독배기통의 수평 가로길이는 얼마 이내로 하는가?

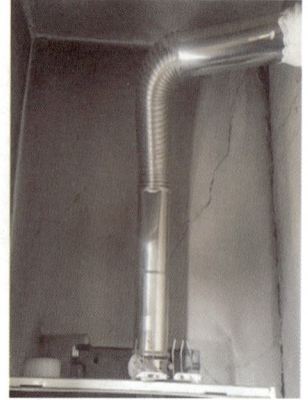

정답
신축흡수장치(신축이음장치) 또는 루프형 이음

37 화면에 보이는 공동주택 아파트 도시가스 수직입상관에 설치된 배관에서 지시하는 장치의 명칭을 쓰시오.

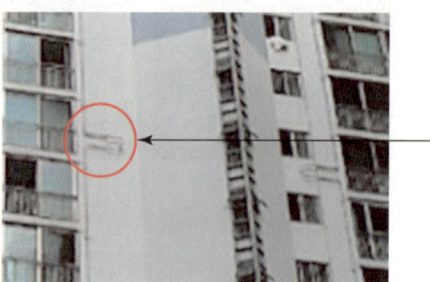

38 도시가스 배관설치에서 관지름에 따른 고정장치 설치간격에 대하여 물음에 답하시오.

(1) 관지름 13mm 미만일 때 고정장치 설치간격은?
(2) 관지름 13mm 이상~33mm 미만일 때 고정장치 설치간격은?
(3) 관지름 33mm 이상일 때 고정장치 설치간격은?

정답
(1) 1m마다
(2) 2m마다
(3) 3m마다

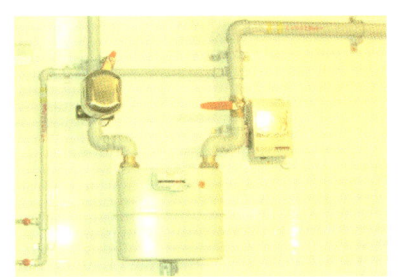

39 화면에서 지하에 매설하는 도시가스배관이며 저압공급시설 배관으로 사용하는 배관의 재질을 쓰시오.

정답
가스용 폴리에틸렌관(PE관)

40 화면에서 아파트 등 공동주택에 압력조정기를 설치하여 저압의 도시가스를 공급할 경우 전체 세대수는 몇 세대 미만으로 하는가?

정답
250세대 미만

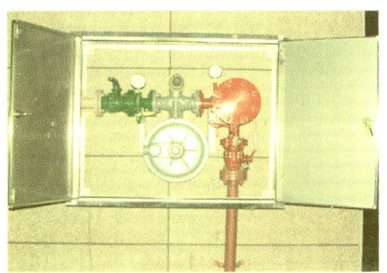

정답
(1) 30cm 이상
(2) 60cm 이상

41 화면에서 지하매설 도시가스배관 설치 시 다음 물음에 답하시오.
(1) 보호판은 배관 정상부로부터 얼마 이상에서 작업해야 하는가?
(2) 보호포 작업은 배관 정상부로부터 얼마 이상에서 작업해야 하는가?

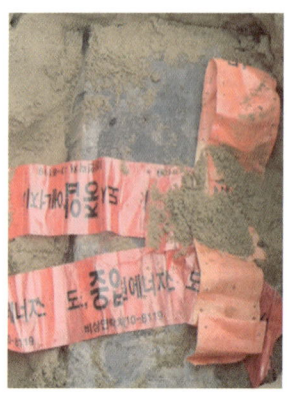

정답
(1) 소요공기 공급량 부족
(2) 연소기 주위에서 배기 및 환기가 불충분한 경우
(3) 도시가스 조성 불량
(4) 가스기구의 부적합
(5) 연소기 프레임 냉각
(6) 연소기 주위 공기투입구 밀폐

42 도시가스 사용 연소기에서 불완전연소가 발생하는 원인을 3가지 쓰시오.

정답
매설배관 전위측정용 터미널박스

43 화면에 보이는 부품의 용도를 쓰시오.

44 화면에서 도시가스배관 매설용 배관 ㉮, ㉯의 명칭을 쓰시오.

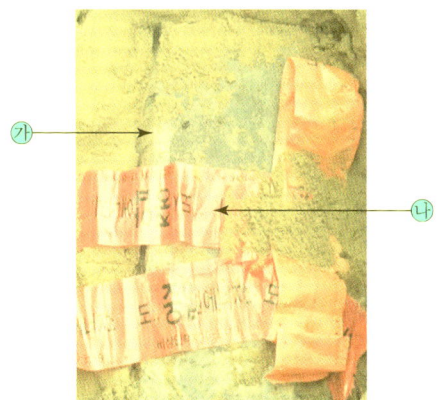

정답
㉮ 보호판
㉯ 보호포

45 화면의 도시가스 매설배관에서 설치하는 보호판에 구멍을 뚫는 이유와 간격을 쓰시오.

정답
(1) 구멍을 뚫는 이유 : 매설배관에서 도시가스 등이 누설되면 가스가 지면으로 확산되어 가스폭발을 방지하기 때문이다.
(2) 간격 : 3m 이하

46 화면의 도시가스 매립배관에서 도로폭이 20m일 경우 가스배관의 매설깊이는 몇 m 이상인가?

정답
1.2m 이상

정답
10m 이하

47 화면에 보이는 자연배기식 또는 반밀폐형 자연배기식 단독배기통 보일러의 배기통 입상높이는 몇 m 이하로 하는가?

정답
3m 이내

48 화면에서 가스배관과 가스연소기를 연결하는 부분에 사용하는 저압호스 사용 시 그 길이는 몇 m 이내이어야 하는가?

정답
반밀폐식 보일러(FE, 강제배기방식 보일러)

49 화면에 보이는 도시가스 사용 온수보일러 형식을 쓰시오.

50 화면에서 도시가스 공급용 PLP(폴리에틸렌피복강관) 사용 시 일반적인 최고사용압력(MPa)을 쓰시오.

정답: 1MPa

51 화면에서 보호판은 도시가스배관을 도로에 매설하는 데 사용한다. 설치 위치는 배관 정상부에서 몇 cm 이상이어야 하는가?

정답: 30cm 이상

52 화면에서 도시가스배관에 배관지지대, U볼트 등의 고정장치 사이에 고무판이나 플라스틱을 삽입하는 이유를 간단히 쓰시오.

정답: 배관과 배관의 고정장치 사이에 절연조치를 위함

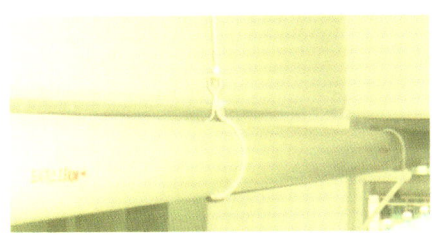

정답
도시가스 폭발범위 하한의 $\frac{1}{4}$ 이하

53 화면에서 간편한 휴대용 가스검지기를 이용하여 도시가스배관에서 가스누설 여부를 검사하는 검지기의 검지농도를 쓰시오.

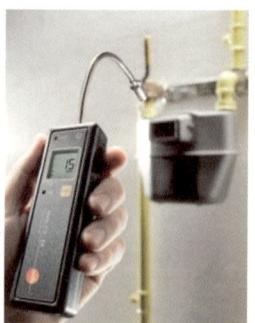

정답
200mm×150mm 이상

54 화면에서 도시가스배관을 시가지 외의 지역에 매설하는 경우 설치하는 안전표시판의 규격은 가로×세로 몇 mm 이상이어야 하는가?

정답
(1) 과열방지장치
(2) 동결, 동파 방지장치
(3) 소화안전장치
(4) 가스저압 차단장치
(5) 자동차단밸브
(6) 정전 및 재통전 시 안전장치
(7) 헛불방지장치
(8) 외출기능장치
(9) 온수온도 조절장치

55 화면에서 도시가스를 사용하는 온수보일러의 안전장치 종류를 5가지 기술하시오.

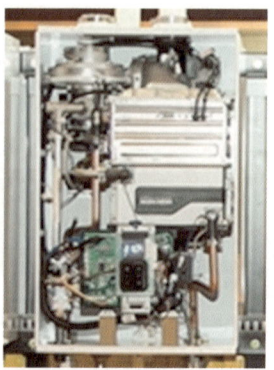

56 다음 화면에 보이는 열사용기자재는 도시가스용 온수보일러이다. (가), (나) 보일러의 형식을 쓰시오.

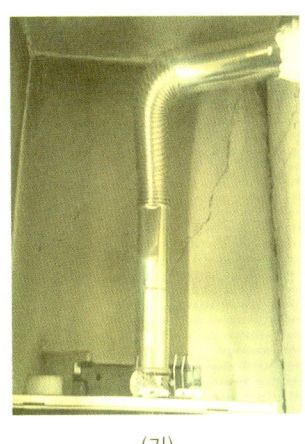 

(가)   (나)

정답
(가) 반밀폐식 온수보일러 (FE 방식)
(나) 밀폐식 온수보일러 (FF 방식)

57 화면에서 도시가스배관을 시가지 외의 지역에 매설한 경우 설치하는 표지판의 설치간격은 몇 m 이내인가?

정답
200m 이내

해설
도시가스배관을 시가지 외의 도로, 산지, 농지 또는 하천부지·철도부지 내에 매설할 경우 표지판은 배관에 따라 200m 간격으로 1개 이상 설치하되 교통에 지장이 없도록 한다.

58 도시가스배관에서 가스도매사업 및 고압가스배관을 지하에 설치하는 경우 표지판 설치간격은 몇 m 이내로 설치하는가?

정답
500m 이내

정답
온도 및 압력보정기(온압보정장치)

59 도시가스 사용시설에서 다음 화면의 가스미터기 앞에 설치된 부품의 명칭을 쓰시오.

정답
옐로팁 현상(황염 발생)

60 화면에서 공기조절장치를 사용하여 공기량을 조정하는 도시가스 사용 연소가스에서 1차 공기 부족 시 연소반응이 충분한 속도로 진행되지 않으면 불꽃이 적황색으로 나타난다. 이러한 현상을 무엇이라고 하는가?

정답
(1) 불꽃이 저온의 물체에 접촉한 경우
(2) 1차 공기량 부족
(3) 불완전연소

61 옐로팁의 발생원인을 3가지 쓰시오.

62 도시가스배관을 지하에 매설하는 경우 매설위치 파악용인 라인마크를 설치한다. 라인마크가 설치되어야 하는 곳 2가지를 기술하시오.

정답
(1) 매설배관의 도로(국토교통부령에 의한 도로법에 따른 도로, 시가지)
(2) 공동주택인 아파트, 연립주택, 다세대주택의 부지 안 도로

63 화면에 보이는 것은 일종의 라인마크이다. 도시가스배관 매설 시 설치하는 라인마크 모양을 4가지 쓰시오.

정답
(1) 직선방향
(2) 양방향
(3) 삼방향
(4) 일자방향
(5) 135° 방향
(6) 관말

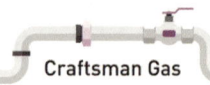

SECTION 2　LPG 안전

01 다음 화면에 보이는 LPG가스 공급시설에서 감압방식을 쓰시오.

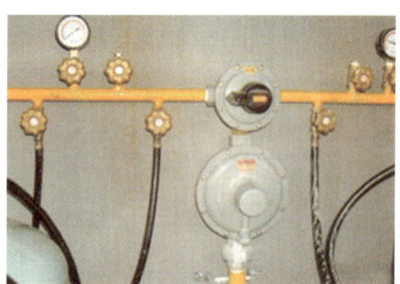

정답
2단 감압방식

02 화면에 보이는 LPG(액화석유가스) 저장탱크 용량이 만약 15톤(ton) 탱크라면 제1종 보호시설과는 이격거리가 몇 m 이상이 되어야 하는지 쓰시오.

정답
21m 이상

03 화면에서 로딩암은 라인이 두 개로 구성된다. 두 개의 관(굵은 관, 가는 관)에 흐르는 유체명을 각각 쓰시오.

정답
(1) 굵은 관 : 액체가스
(2) 가는 관 : 가스기체라인

04 각종 가스저장실에서 바닥면적 1m² 당 통풍환기구 면적은 몇 cm² 크기로 하여야 하는가?

정답
300cm² 크기

05 화면에 보이는 지상에 설치된 액화석유가스(LPG) 저장탱크에서 가스방출구 설치 위치 기준을 2가지 쓰시오.

정답
지면으로부터 5m 이상, 저장탱크 정상부에서 2m 중 높은 위치

06 화면에서 LPG 저장탱크에 설치된 안전밸브 방출구 높이를 쓰시오.

정답
지면으로부터 5m 이상, 저장탱크 정상부에서 2m 중 높은 위치

07 화면에서 LPG 저장탱크가 설치된 시설의 경계책 설치높이는 몇 m 이상인가?

정답

1.5m 이상

해설

경계책에는 주위 무단 출입금지 경계표시가 필요하다.

08 화면의 강제기화에서 LPG 기화장치 구성요소를 3가지 쓰시오.

정답

(1) 기화부
(2) 제어부
(3) 조압부

09 화면에 보이는 LPG의 이입·충전에서 압축기 이입·충전 시 그 장점을 3가지 쓰시오.

정답

(1) 충전시간이 짧다.
(2) 탱크 내 잔가스 회수가 용이하다.
(3) 베이퍼록 발생 우려가 없다.

10 화면에서 LPG 저장탱크에 사각형 내 설치된 기기의 기능을 쓰시오.

정답
저장탱크 내 액화석유가스 액면을 표시하고, 감시한다.

11 화면에서 액화석유가스 2단 감압방식의 장점을 3가지 쓰시오.

정답
(1) 입상배관에서 발생하는 압력손실을 보정할 수 있다.
(2) 가스공급배관이 길어도 공급압력이 안정된다.
(3) 배관지름이 작아도 된다.
(4) 각 필요한 연소기구에 알맞은 공급압력이 가능하다.

12 화면에서 액화석유가스(LPG) 저장탱크 등 안전밸브의 작동 점검주기는 얼마인가?

정답
2년에 1회 이상

13 화면에서 강관으로 설치된 자동차용(LPG) 충전기 보호대의 설치 높이는 지면에서 몇 cm인가?

정답
80cm 이상

14 화면에서 액화석유가스(LPG) 이입·충전 시 정전기를 제거하기 위하여 접지선을 연결하는 기기의 명칭을 쓰시오.

정답
접지탭(접지코드, 접속금구)

해설
LPG 차량에 고정된 탱크와 지상 저장탱크에 LPG 이입·충전을 하는 경우 접지선을 연결하는 이유는 정전기를 제거하기 위함이다.

15 화면의 지하설치 LPG 저장탱크에 설치된 사각형 내의 기기 명칭을 쓰시오.

정답
슬립튜브식 액면계

16 화면의 압축가스 충전장소에서 사각형 내 지시하는 밸브명칭을 쓰시오.

정답
충전용 주관밸브

17 액화석유가스(LPG) 저장시설에서 장마철에 설비의 침수를 대비한 배관 명칭을 쓰시오.

정답
배수관

18 화면에서 LPG 탱크로리에 가스명칭을 표시한다면 글자크기는 탱크지름의 얼마로 하여야 하는가?

정답
탱크지름의 $\frac{1}{10}$ 이상

19 화면에서 LPG 용기 보관장소의 보관실 온도가 10℃일 경우 적합, 부적합으로 구별하여 쓰시오.

정답
적합

|해설|
가스온도는 40℃ 이하로 저장한다.

20 화면에서 지상에 설치된 LPG 저장탱크의 방호벽 설치높이 (m)를 쓰시오.

정답
2m 이상

21 액화석유가스 저장설비나 가스설비, 용기보관실에서 바닥면적 1m²에 대한 통풍구 크기를 쓰시오.

정답
바닥면적 1m²당 300cm² 이상

22 화면에서 다음 LPG 저장탱크의 냉각살수장치 조작위치는 탱크 외면으로부터 몇 m 이상인가?

정답: 5m 이상

23 화면에서 LPG 저장탱크는 지하에 설치되었다. 이 저장탱크에서 사각형 내의 명칭을 쓰시오.

정답: 맨홀

24 화면에 보이는 자동차용 전용 탱크로리 부착용 경계표시인 적색삼각기의 가로×세로 길이는 몇 cm인가?

정답: 40cm×30cm

정답
액트랩(액분리기)

25 화면의 액화석유가스(LPG)를 이송하는 압축기에서 사각형 내의 표시 명칭을 쓰시오.

정답
1년에 1회 이상

26 다음 지상용 LPG 저장탱크에서 침하상태 점검주기는 1년에 얼마 이상 실시하여야 하는가?

정답
85% 이하

27 화면에서 LPG 자동차용 용기 내부에 설치되는 안전장치는 용기 내용적의 몇 %를 넘지 않게 하여야 하는가?

28 화면에 보이는 LPG 자동차용기 내에 설치하는 안전장치 명칭을 쓰시오.

정답
과충전방지장치

29 화면에서 LPG 자동차 디스펜서(충전기)용 충전호스 길이는 몇 m 이내인가?

정답
5m 이내

30 화면에서 LPG와 같은 저압용기는 어떤 용기를 사용하는가?

정답
계목용기(용접용기)

31 화면에서 다음의 저장탱크를 실내에 설치할 경우 천장부분의 콘크리트 두께는 몇 cm 이상으로 하는가?

정답
30cm 이상

32 화면에 보이는 보일러 배기가스 배기통을 보고 보일러 형식을 쓰시오.

정답
밀폐식 보일러(강제급배기식 보일러)

33 화면의 저장탱크는 LPG 탱크이다. 지하에 매설하는 경우라면 수밀성 콘크리트로 해야 하는데, 지하저장탱크실 레디믹스드 콘크리트 설계강도는 몇 MPa 이상인가?

정답
21MPa 이상

34 화면은 건물 옥상에 설치된 LPG 충전용기 집합장치이다. 사각형 안의 부품 명칭을 쓰시오.

정답
액자동절체기

35 화면에 보이는 액화석유가스(LPG) 충전소에 설치된 사각형 내의 부품 명칭을 쓰시오.

정답
정전기 제거용 접속금구(접지코드)

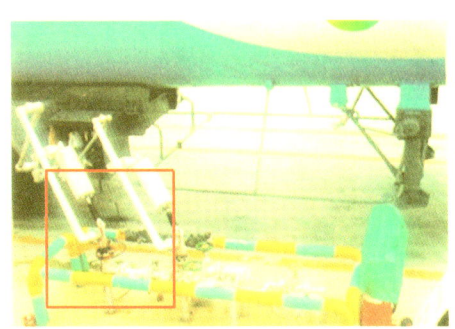

36 화면에서 보이는 밸브에 각인된 표시인 LG의 의미를 쓰시오.

정답
액화석유가스 외의 액화가스 충전용기 부속품

37 화면에서 LPG의 이입·충전작업 시 사용하는 로딩암에 대한 다음 물음에 답하시오.

(1) 사각형 내 ㉮의 용도를 쓰시오.
(2) 사각형 내 ㉯의 용도를 쓰시오.

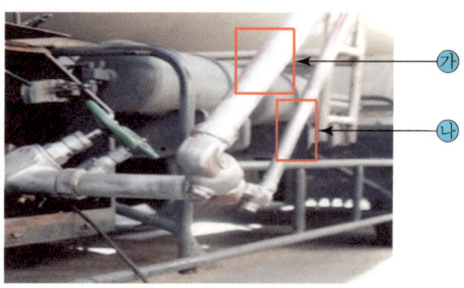

정답
(1) 탱크로리에서 저장탱크로 LPG액이 흐르는 관으로 사용(액관)
(2) 저장탱크에서 탱크로리로 LPG가 흐르는 관으로 사용(기체관)

38 화면의 액화석유가스(LPG) 용기 집합장치에서 사각형 내 지시하는 장치의 명칭을 쓰시오.

정답
가스스톱밸브

39 화면의 LPG 저장탱크에서 사각형 내의 지시하는 장치의 명칭을 쓰시오.

정답
안전밸브 및 가스방출구

40 화면의 액화석유가스(LPG) 사용시설에서 ㉮, ㉯의 기기 명칭을 쓰시오.

정답
- ㉮ 2단 감압식 1차 조정기
- ㉯ 2단 감압식 2차 조정기

41 화면에서 부품은 LPG 용기 충전장소를 나타내고 있다. 이 사용시설의 관리기준 3가지를 쓰시오.

정답
(1) 저장설비, 충전설비, 탱크로리 이입·충전장소는 보호시설까지 안전거리를 유지한다.
(2) 충전설비는 사업소 경계와 이격거리를 24m 이상으로 유지한다.
(3) 저장설비는 그 외면으로부터 사업소 경계까지 저장능력에 따른 거리를 유지한다.

42 화면에서 보이는 부품은 LPG 누설검지기이다. 설치높이의 기준을 쓰시오.

정답
바닥면에서 30cm 이내에 설치한다.

43 다음 화면에서 LPG 사용 시 2단 감압 조정기를 사용하는 경우 그 장점을 3가지 쓰시오.

정답
(1) 입상배관에 의한 압력손실을 보정할 수 있다.
(2) 가스배관이 길어도 공급압력이 안정적이다.
(3) 배관지름이 작아도 된다.
(4) 각 연소기구에 알맞은 압력으로 공급이 가능하다.

44 화면에 나타난 LPG 자동차용 충전기에서 과도한 인장력이 작용한 경우 충전기와 주입기를 분리시키는 안전장치 명칭을 쓰시오.

정답
세이프티 커플링

45 충전용기 검사에서 음향검사, 압궤시험 외 검사항목 2가지를 쓰시오.

정답
내압시험, 내부 육안검사

| 해설 |
내부 육안검사는 용기 내에 전등불 등을 비춰가면서 검사하고, 내압시험은 설비바닥 시험기 밑에 넣고 검사한다.

46 화면에서 액화석유가스(LPG) 저장탱크에 설치된 액면계의 상하부에 설치된 밸브의 용도를 쓰시오.

정답
액면계 검사 및 파손 시에 LPG의 누설을 차단한다.

47 화면에 보이는 LPG 지상 저장탱크에서 사각형 내 지시하는 명칭과 지상에서 높이는 몇 m 이상으로 하여야 하는지 쓰시오.

정답
(1) 명칭 : 안전밸브 방출구
(2) 높이 : 지면에서 5m 이상

|해설| LPG용 안전밸브 종류
스프링식, 파열판식, 릴리프식, 자동압력 제어장치

48 다음 화면에 보이는 고압가스설비에서 안전장치, 안전밸브를 설치하려고 한다. 안전장치 3가지를 쓰시오.

정답
(1) 스프링식 안전밸브
(2) 파열판
(3) 릴리프밸브
(4) 자동압력제어장치

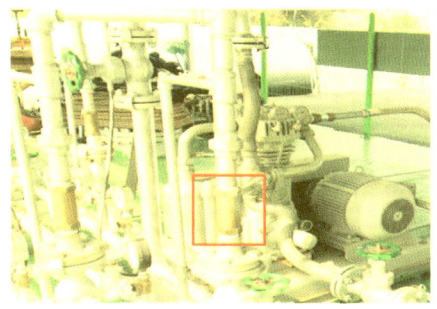

CHAPTER 01 도시가스, LPG 안전 **223**

49 다음 화면에서 저장능력이 3ton인 저장탱크의 경우 제1종 보호시설인 종합병원과의 유지거리는 몇 m 이상으로 해야 하는가?

정답: 17m 이상

50 용기를 프레스 설비에 올려놓고 누르는 시험은 무슨 시험인가?

정답: 압궤시험

51 화면에서 액화석유가스(LPG) 저장능력이 1톤(1,000kg)인 소형저장탱크일 경우 가스충전구로부터 건축물 개구부까지 유지해야 할 거리는 몇 m 이상인가?

정답: 3.0m 이상

52 다음 화면에서 가스탱크는 만약을 대비하여 몇 분(min) 이상의 방사가 가능한 수원에 접속되어 있어야 하는가?

정답
30분 이상

해설
유사시를 대비하여 가스탱크에 냉각살수장치 수원을 연결한다.

53 액화석유가스(LPG) 충전용기 보관실 바닥면적이 100m² 일 경우 통풍에 필요한 환기구 면적은 몇 cm² 이상이어야 하는가?

정답
30,000cm² 이상

해설
바닥면적 1m² 당 환기구는 300cm² 이상으로 계산한다.

54 화면에서 LPG용 저장탱크의 안전밸브 형식을 쓰시오.

정답
스프링식 안전밸브

해설
- 안전밸브 종류 : 스프링식, 파열판식, 가용전식
- 안전밸브 작동점검주기 : 2년에 1회 이상 실시

55 화면에서 액화석유가스(LPG) 저장시설의 배관에 설치된 사각형 내 표시 부분의 안전장치 명칭을 쓰시오.

정답
안전밸브(방출밸브)

56 화면은 부탄가스용 가스라이터이다. 상단부분에 빈 공간(안전공간)을 확보하는 이유를 쓰시오.

정답
온도상승 시 부탄액화가스가 액팽창에 의한 파열이나 폭발을 일으키는 것을 방지하기 위함이다.

57 액화석유가스(LPG) 판매사업소의 용기보관실은 누설된 가스가 사무실로 유입이 불가하도록 설계되어야 하는 구조로 한다. 용기보관실 면적은 몇 m² 이상으로 하여야 하는가?

정답
19m² 이상

58 소형저장탱크에서 LPG 저장능력이 2.9톤(2,900kg)일 경우 가스충전구로부터 개구부까지 유지해야 할 거리는 몇 m 이상이 필요한가?

정답
3.5m 이상

59 부탄가스 가스라이터 내부 부탄가스의 폭발범위를 쓰시오.

정답
1.8~8.4%

해설
가스라이터 내부 가스는 부탄가스이다.

60 지하 LPG 저장탱크에서 사각형 내 표시한 맨홀의 용도를 쓰시오.

정답
정기검사, 수리, 점검 시 저장탱크 내부로 점검작업자가 들어가기 위한 것이다.

정답
(1) 조정압력
 : 2.3~3.3kPa
(2) 폐쇄압력 : 3.5kPa

61 다음 화면에서 LPG 용기에 설치된 단단 감압식 저압조정기의 조정압력 및 최대 폐쇄압력을 쓰시오.

정답
(1) 통풍구 크기
 : 300cm² 이상
(2) 통풍구 1개의 최대 크기 : 2,400cm² 이하

62 LPG가스 용기보관실에서 바닥면적 1m²마다 통풍을 위한 환기통 통풍구 크기와 1개의 통풍구 최대 면적은 몇 cm² 이하로 하여야 하는지 쓰시오.

정답
검지관

| 해설 |
검지관은 40mm 이상으로 4개소 이상 설치해야 하고, 집수구에도 설치해야 한다.

63 LPG 저장탱크를 지하에 설치하는 경우 지상에 설치하는 부속품 중 사각형으로 표시한 부분의 명칭을 쓰시오.

64 LPG 저장탱크에서 이입·송출하는 배관에 설치하는 기기가 밸브 옆에 부착되어 있다. 이 기기의 명칭을 쓰시오.

정답

긴급차단밸브(장치)

해설
- 긴급차단장치는 동력원에 따라 4가지 방법(액압, 기압, 전기식, 스프링식) 등 원격으로 조정한다.
- 긴급차단밸브는 LPG를 이입·충전 및 송출하는 경우 이상상태 발생 시 원격으로 밸브를 차단하여 사고를 방지하는 기기이다.

65 화면에서 지시하는 부분은 LPG 저장시설에서 배관에 설치되어 있다. ㉮, ㉯ 기기의 명칭을 쓰시오.

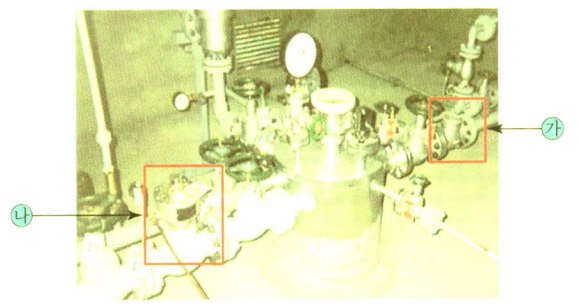

정답

㉮ 스윙식 체크밸브(역류방지밸브)
㉯ 긴급차단장치

66 LPG 저장소 건축물 지붕의 재질 구비조건을 2가지 쓰시오.

정답

(1) 가벼운 물질일 것
(2) 불연성, 난연성 재질일 것

정답
(1) 안전밸브
(2) 긴급차단장치
(3) 폭발방지장치
(4) 액면계 및 높이 측정장치

67 LPG 전용차량에 고정된 탱크의 안전장치를 3가지 쓰시오.

정답
24m 이상

68 LPG 용기 충전소에서 충전설비는 사업소 경계까지 몇 m 이상의 안전거리가 필요한가?

정답
부르동관식 압력계

69 화면의 LPG 저장탱크에 설치한 사각형 내 압력계는 어떤 종류의 압력계인지 그 명칭을 쓰시오.

70 화면에서 LPG 저장시설에 설치되는 스프링식 안전밸브의 설치 위치를 쓰시오.

정답
저장시설 기상부에 설치한다.

71 화면에서 LPG 용기 보관실의 관리방법 5가지를 쓰시오.

정답
(1) 실내온도는 항상 40℃ 이하를 유지하고 직사광선을 받지 않도록 한다.
(2) 용기보관실에서 사용하는 휴대용 손전등은 방폭형 구조로 한다.
(3) 충전용기와 잔가스 용기를 구분하여 보관한다.
(4) 용기보관실 주위 2m 이내에는 화기취급을 하지 않고 인화성 물질이나 가연성 물질을 두지 않는다.
(5) 용기보관실 내에는 계량기 등 작업에 필요한 물건 외는 일체 두지 않는다.
(6) 용기의 넘어짐을 방지한다.

72 화면에 보이는 LPG 자동차 용기 충전시설에서 관리기준상 유의사항 3가지를 쓰시오.

정답
(1) 충전호스에 부착하는 가스주입기는 원터치형으로 한다.
(2) 충전기의 충전호스는 길이 5m 이내로 하고 그 끝에는 축적되는 정전기 제거장치를 설치한다.
(3) 충전기 상부에는 캐노피를 설치하고 그 면적은 공지 면적의 $\frac{1}{2}$ 이하로 한다.
(4) 자동차에 직접 충전할 수 있는 충전기를 설치하고 그 주위에 공지를 확보한다.
(5) 공지의 바닥은 주위 지면보다 높게 하고 충전기는 자동차 진입으로부터 보호가 가능하도록 보호대를 갖춘다.

73 LPG 용기보관실 통풍구 1개의 최대 크기는 몇 cm^2 이하로 하는가?

정답
2,400cm^2 이하

74 화면에서 상용압력이 4MPa(4,000kPa)인 가스시설에 부착된 압력계의 최고 눈금은 몇 MPa인가?

정답
6~8MPa 이하

|해설|
- 압력계의 최고 눈금은 사용압력의 1.5배 이상~2배 이하로 한다.
- 사용압력이 2MPa의 경우라면 3~4MPa이 최고눈금이다.

75 화면에 보이는 LPG 사용시설에서 가스누출경보 차단장치 중 사각형 내 지시하는 부품의 명칭을 쓰시오.

정답
제어부

76 화면에서 고압가스 운반차량 부착용 경계표시 중 적색 삼각기의 가로×세로 길이는 각각 몇 cm인가?

정답
가로 40cm×세로 30cm

77 화면에서 LPG 이송방법 중 압축기로 이송하는 방법 이외의 두 가지 방법을 쓰시오.

정답
(1) 차압에 의한 방법(탱크 자체 압력에 의한 이송법)
(2) 액펌프에 의한 방법

78 화면에서 LPG 강제기화장치를 사용하는 경우 그 장점을 3가지 쓰시오.

정답
(1) 한랭 시에도 연속적으로 가스공급이 가능하다.
(2) 공급가스의 조성이 일정하다.
(3) 기화량을 가감할 수 있다.
(4) 설비비 및 인건비가 절감된다.

79 다음 화면에서 LPG 저장탱크 주위에 설치된 콘크리트벽체의 명칭을 쓰시오.

정답
방류둑

80. 화면에 보이는 C_4H_{10}(부탄가스) 실내 연소기구에서 가스를 노즐로부터 분출시켜 그 흐름 제트에 따라 주위의 공기를 1차 공기로 흡입하고, 부족한 공기는 불꽃 기저부에서 2차 공기를 취하는 연소방식을 쓰시오.

정답

분젠식 버너

|해설| **분젠식 버너의 종류**
분젠식, 세미분젠식, 전일차공기식, 전이차공기식, 적화식

81. 충전소에서 차량에 고정된 용기에 가스충전 시 작업자가 주의해야 할 사항 3가지 쓰시오.

정답

(1) 가스충전 시 자동차 엔진을 정지시키라고 차량 운전자에게 권유한다.
(2) 가스충전구에서 가스누출 유무를 살핀다.
(3) 자동차에 완전히 충전시킨 후 충전기 접속 부분을 완전히 분리시킨 다음 자동차를 발차시킨다.

82. 화면에서 가스저장소에 설치된 방호벽의 용도를 쓰시오.

정답

저장소에서 가스폭발 시 파편의 비산을 방지하고 외부로의 충격파를 방지한다.

83 화면에서 자동차에 고정된 탱크로리로부터 LPG 저장탱크로 이송하는 경우 자동차 차량 앞뒤(전, 후)에 설치하는 경계표지의 내용을 쓰시오.

정답
위험고압가스

84 화면에서 LPG가스 저장탱크로 이입·충전 시 사용하는 로딩암이 탱크로리에 연결된다. 정전기 제거용으로 사용되는 접지접속선의 단면적 규격은 몇 mm^2 이상으로 하는가?

정답
$5.5mm^2$ 이상

| 해설 | 접지선 연결 이유
정전기 발생 시 정전기를 제거한다.

85 고압가스 충전용기 충전장소 방호벽이 강판재질 앵글보강 격자 모양이다. 물음에 답하시오.

(1) 강판의 두께는 몇 mm 이상으로 하는가?
(2) 설치높이는 몇 mm 이상인가?

정답
(1) 3.2mm 이상
(2) 2,000mm 이상(2m 이상)

| 해설 |
박강판은 3.2mm 두께로서 1.8m 이하로 지주를 세우면서 앵글강 용접으로 보강한 것, 후강판은 6mm 이상이며 1.8m 이하의 간격으로 지주만 세운 것 등으로 박강판, 후강판을 구별한다.

86 화면에 보이는 장치는 지상 LPG 저장탱크 기상부 또는 상부에 설치된 안전장치이다. 이 장치의 명칭을 쓰시오.

정답
안전밸브

해설
스프링식 안전밸브가 많이 설치된다.

87 다음 지하 LPG 저장탱크에 설치된 액면계의 형식을 쓰시오.

정답
슬립튜브식 액면계

88 화면에서 LPG 저장탱크가 지하설치에서 지상으로 입상된 장치의 명칭을 쓰시오.

정답
가스누설검지기

정답 6mm 이상

89 화면에 보이는 LPG 가스충전용기 저장소에서 후강판 방호벽(1.8m 이하 간격의 지주모양)의 두께는 몇 mm 이상으로 하는가?

정답 10m 이하

90 화면에서 도시가스, LPG용 반밀폐식 자연배기식 보일러 단독 배기통 입상높이는 몇 m 이하인가?

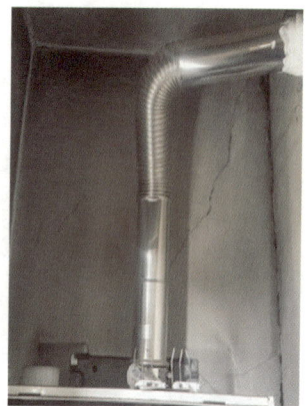

정답 액자동절체기

91 화면에 보이는 LPG 용기 집합장소에서 사각형 내 지시하는 장치의 명칭을 쓰시오.

92 화면에 보이는 LPG 탱크로리 자동차 위에 길게 수평으로 설치된 장치의 명칭을 쓰시오.

정답

냉각살수장치

해설

조작위치는 고정된 탱크 외면으로부터 5m 이상 떨어진 위치에 설치한다.

93 화면에서 2단 감압방식 자동조정기를 사용하고 있다. 이 기기 사용 시 장점을 3가지 쓰시오.

정답

(1) 입상배관에 의한 압력손실을 줄일 수 있다.
(2) 가스배관 공급관이 길어도 공급압력이 안정된다.
(3) 각 연소기구에 알맞은 압력으로 공급이 가능하다.
(4) 배관의 지름이 작은 것을 사용해도 된다.

94 화면은 가스저장설비, 가스설비 설치장소에 외부인의 출입을 통제할 수 있도록 설치하는 경계책이다. 이 경계책의 설치기준을 3가지 쓰시오.

정답

(1) 경계책 높이는 1.5m 이상으로 하여야 한다.
(2) 일반인의 출입 통제가 가능하도록 시건장치(잠금장치)로 출입문을 잠근다.
(3) 경계책 주위에는 보기 쉬운 장소에 외부사람의 무단출입금지 경계표시를 한다.
(4) 경계책 안에서는 일체 화기, 발화 또는 인화성 물질을 휴대하고 들어가는 것을 삼간다.

95 고압가스 충전용기를 차량에 적재할 경우 적재함에 어떤 방식으로 적재하는가?

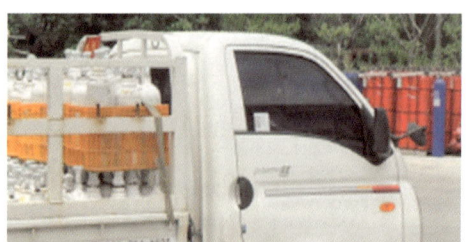

정답
세워서 적재한다.

96 고압가스 충전용기를 차량에 적재할 경우 그 용기의 이탈을 막을 수 있도록 무엇을 사용해야 하는가?

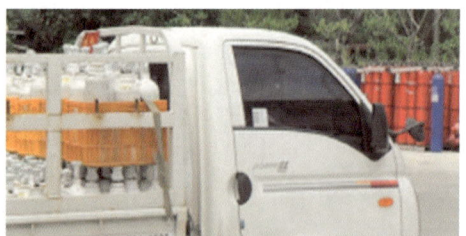

정답
보호망을 씌운다.

97 화면에서 LPG 저장탱크에 부착된 기화기 설치 시 이를 사용함으로써 얻을 수 있는 장점을 3가지 쓰시오.

정답
(1) 한랭 시 연속적 공급이 가능하다.
(2) 공급가스 조성이 일정하다.
(3) 설치면적이 좁아진다.
(4) 가스 기화량의 가감이 가능하다.
(5) 설비비나 인건비가 절약된다.

98 화면에서 LPG 저장시설에 설치된 스프링식 안전밸브의 작동 점검 주기는 얼마인가?

정답: 2년에 1회 이상

99 화면에서 LPG 배관 중 설치된 사각형 내 밸브의 명칭(형식)을 쓰시오.

정답: 글로브밸브(스톱밸브)

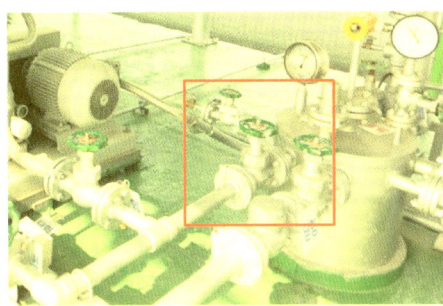

100 화면의 LPG 충전소에 설치된 고정식 충전설비 디스펜서에서 사각형 내 지시하는 부분의 명칭을 쓰시오.

정답: LPG가스 주입기

정답

(1) 장점
　① 장치가 간단하다.
　② 조작이 간단하다.
(2) 단점
　① 관의 지름이 커진다.
　② 최종 출구압력이 부정확하다.

101 화면에서 LPG 용기에 설치된 단단 감압식 저압조정기의 장점, 단점을 2가지씩 쓰시오.

정답

㉮ 차단밸브(개폐밸브)
㉯ 긴급차단장치

102 화면에서 액화석유가스 저장탱크에 설치된 ㉮, ㉯의 부속품명을 쓰시오.

정답

세이프티 커플링

|해설|
가스주입기는 충전기에서 원터치 형식을 사용한다.

103 화면에서 LPG 자동차용 충전기에 과도한 인장력이 작용하면 안전장치로 충전기와 주입기가 분리되도록 하는 장치의 명칭을 쓰시오.

104 화면의 LPG 충전용기에서 충전밸브에 대한 물음에 답하시오.

(1) 충전구 형식을 쓰시오.
(2) 충전구 나사형식을 쓰시오.

정답
(1) B형
(2) 왼나사

105 화면에서 가스긴급 차단장치의 동력원 4가지를 쓰시오.

정답
(1) 액압
(2) 기압
(3) 전기식
(4) 스프링식

106 화면에서 LPG 저장탱크에 부착된 장치의 명칭을 쓰시오.

정답
기화기

정답
저장탱크 저장능력 상당용적 이상 크기

107 화면에서 지상에 설치된 LPG 저장탱크 주위에 설치된 방류둑 용량을 쓰시오. 다만, 저장탱크가 집합용은 아니고, 단기용 저장탱크 설치의 경우로 답하시오.

정답
(1) 설비가 복잡하다.
(2) 조정기 수가 많아서 점검이 불편하고 점검개소가 많다.
(3) 부탄 사용 시 재액화의 우려가 있다.
(4) 검사방법이 복잡하고 설비의 사용압력이 높고 관의 이음 방식에 주의해야 한다.

108 화면의 LPG 사용시설에서 2단 감압방식 조정기를 사용할 경우 그 단점을 3가지 쓰시오.

정답
(1) 병원(제1종 시설) 21m 이상
(2) 가정집(제2종 시설) 14m 이상(지하시설이라면 이격 안전거리를 1/2로 할 수 있다.)

|해설|
15톤의 경우에는 10톤 초과 20톤 사이이므로 법규상 규정에 따른다.

109 화면에서 지상에 설치된 LPG 저장탱크 저장능력이 15톤 (15,000kg)일 때 병원과 가정주택의 경우 유지해야 할 안전 이격거리를 쓰시오.

110 화면에 보이는 고압가스 충전장소에서 사각형 내 지시하는 밸브의 명칭을 쓰시오.

정답

충전용 주관밸브

SECTION 3 일반가스 및 초저온가스

01 저온장치에서 공기액화분리장치 중 팽창기의 역할과 종류 2가지를 쓰시오.

정답
(1) 역할 : 저온 발생을 위하여 압축가스를 외부로 일을 하게 하여 가스의 온도를 낮추는 기기이다.
(2) 종류 : 왕복동식, 터보식

02 화면의 액화아르곤가스(Ar) 저장탱크에 부착이 가능한 밸브종류 4가지를 쓰시오.

정답
(1) 안전밸브
(2) 방출밸브(릴리프밸브)
(3) 드레인밸브
(4) 긴급차단밸브

03 불활성 가스인 아르곤가스 저장탱크에 설치된 액화가스 액면계의 명칭을 쓰시오.

정답
차압식 액면계

04 다음 화면에 보이는 초저온용기의 원형 내 B부분의 안전밸브 형식을 쓰시오.

정답
케이싱형 파열판식

05 화면에 보이는 초저온장치 공기액화분리장치의 정류탑에서 산소, 질소, 아르곤을 분리한다면 비점이 높은 가스부터 분리된다. 각 가스별 비점온도에 따른 분리순서를 쓰시오.

정답
산소, 아르곤, 질소

해설
- 산소 : 비점 −183℃
- 아르곤 : 비점 −186℃
- 질소 : 비점 −196℃

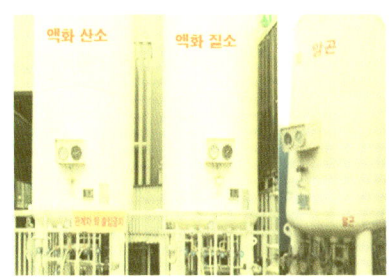

06 화면의 에어졸 시험에 대한 다음 물음에 답하시오.

(1) 에어졸 누출시험에 사용하는 온수의 온도는 몇 ℃ 정도인가?
(2) 에어졸 내용적이 몇 cm^3 이상인 용기는 에어졸 제조에 재사용이 불가한가?

정답
(1) 46℃~50℃ 미만
(2) 30cm^3 이상

정답
역화방지기

07 화면의 산소-아세틸렌가스 용접에서 원형 내 지시하는 장치의 명칭을 쓰시오.

정답
(1) −183℃
(2) 50.1atm

08 화면에 보이는 용기 내의 가스는 액화산소이다. 다음 물음에 답하시오.(단, 기준은 표준상태이다.)
(1) 비등점온도를 쓰시오.
(2) 임계압력을 쓰시오.

정답
저온장치에서 CO_2가 존재하면 드라이아이스가 생성되어 밸브 및 배관을 폐쇄하므로 가성소다 수용액을 이용하여 이산화탄소를 제거하여 장치에서 드라이아이스 발생을 방지한다.

09 화면의 초저온장치 공기액화분리장치에서 이산화탄소(CO_2)를 제거하는 이유를 쓰시오.

10 화면에 보이는 것은 초저온용기에서 행하는 용기시험 조작과정이다. 이 조작과정에서 하고자 하는 목적을 쓰시오.

정답
초저온용기 단열성능시험

11 화면에 보이는 용기는 액화산소, 액화질소 등을 충전하는 용기이다. 이 용기의 명칭과 정의를 쓰시오.

정답
(1) 명칭 : 초저온용기
(2) 정의 : -50℃ 이하의 액화가스를 충전하는 용기로서 단열재로 씌우거나 냉동설비로 냉각하는 등의 방법으로 용기 내의 가스온도가 상용의 온도를 초과하지 아니하도록 한 용기이다.

12 화면은 초저온용기 중 질소를 충전한 용기이다. 질소 외에 초저온용기에 충전이 가능한 가스 종류 2가지를 쓰시오.

정답
액화산소, 액화아르곤

13 산소가스는 가스의 연소성 성질로 분류할 경우 어느 가스에 속하는가?

정답

조연성 가스

| 해설 | 조연성 가스
- 스스로 연소성은 없고 가연성 가스의 연소를 도와준다.
- 조연성 가스 : 공기, 산소, 염소, 불소, 오존 등

14 화면의 초저온용기 단열성능시험에서 시험용으로 사용이 가능한 가스 종류 3가지를 쓰시오.

정답

(1) 액화산소
(2) 액화질소
(3) 액화아르곤

15 화면에서 초저온용기 내통과 외통 사이에는 진공상태를 유지하고 있다. 그 이유를 설명하시오.

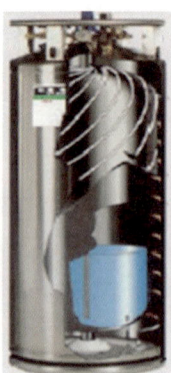

정답

진공에 의하여 외부로부터 열 침입을 방지하여 초저온 가스 상태를 유지하기 위함이다.

16 화면에 보이는 용기에서 용기 도색이 갈색인 용기에 충전하는 액화가스 명칭을 쓰시오.

정답
액화염소

17 화면에서 저온장치용 보냉제의 구비조건을 3가지 쓰시오.

정답
(1) 열전도율이 작을 것
(2) 부피비중이 작을 것
(3) 흡수성 및 흡습성이 적을 것
(4) 작업 시 시공성이 좋을 것

18 초저온 액화산소 용기에서 사각형 내의 지시하는 부분의 명칭을 쓰시오.

정답
케이싱 파열판

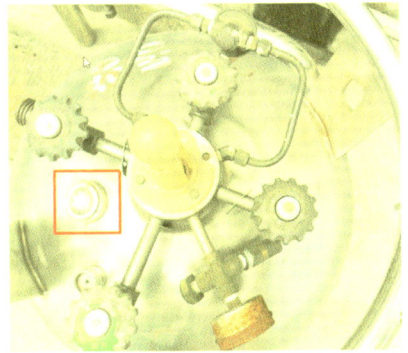

정답
① 스프링식(안전밸브)
② 파열판식

해설
초저온용기에서 안전장치로 스프링식과 파열판식을 각각 설치한다.

19 초저온용기에 부착되는 부속장치 중 ①, ②에서 지시하는 안전장치를 각각 쓰시오.

정답
3년

20 내용적 500L 이하 초저온용기가 제조한 지 16년 경과하였다. 용기 재검사 주기는 몇 년인가?(단, 무계목용기이다.)

CHAPTER 02 가스용 부속장치 및 설비용 기기

SECTION 1 압축기의 종류 및 특성

01 화면에 보이는 압축기에서 LPG가스 압축작업 중 점검사항 3가지를 쓰시오.

정답
(1) 작동 중 이상음 확인
(2) 압축 중 압축압력 규정 확인
(3) 압축 중 가스누설 확인
(4) 압축 중 온도상승 확인

02 화면에 공기압축기의 유면계가 보인다. 내부 사용이 가능한 윤활유의 종류를 쓰시오.

정답
양질의 광유

|해설| 압축기 윤활유
- 공기압축기 : 양질의 광유
- 산소압축기 : 물 또는 10% 이하의 묽은 글리세린유
- 염소압축기 : 진한 황산
- 아세틸렌압축기 : 양질의 광유
- 수소압축기 : 양질의 광유
- 염화메탄압축기 : 화이트유, 정제된 터빈유
- 아황산가스압축기 : 화이트유, 정제된 터빈유
- LP가스압축기 : 식물성유

정답
수취기(드레인 세퍼레이터)

03 화면에 보이는 장치는 산소가스 충전 시 산소도관과 압축기 사이에 설치하는 장치이다. 이 장치명을 쓰시오.

정답
사방밸브(4Way 밸브)

04 화면에서 압축기에 부착된 원형 내 지시하는 밸브의 명칭을 쓰시오.

정답
(1) 실린더와 피스톤이 서로 닿는 경우
(2) 피스톤 링의 마모
(3) 실린더 내의 액해머 발생 (리퀴드해머 발생)
(4) 실린더 내의 이물질 혼입
(5) 가스의 분출 발생

05 화면에 보이는 압축기에서 실린더에 이상음이 발생하는 경우 그 원인을 3가지 쓰시오.

06 화면에서 압축기로 LPG를 이송하는 경우 사각형 내 지시하는 장치의 명칭을 쓰시오.

정답
액분리기(액트랩)

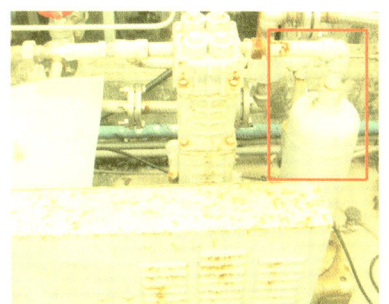

07 화면은 압축기의 단면이다. 이 압축기의 형식 명칭을 쓰시오.

정답
스크루 압축기(나사압축기)

08 화면에 보이는 LPG 이송 압축기의 명칭을 쓰고, 그 장점을 2가지 이상 기술하시오.

정답
(1) 명칭 : 왕복동식 압축기
(2) 장점
① 펌프이송방식에 비하여 이송시간이 짧다.
② 잔가스 회수가 가능하다.
③ 베이퍼록 현상이 없다.
④ 고압력을 쉽게 얻을 수 있다.

|해설|
왕복동식은 용량조절이 용이하고, 압축효율이 높고, 용량변화가 적다. 행정거리가 줄어들면 비례하여 가스압출량이 줄어든다.

09 화면의 공기액화분리장치(저온장치)에서 사용하는 원심식 압축기(터보형 압축기)의 구성요소 3가지를 쓰시오.

정답
(1) 임펠러
(2) 디퓨저
(3) 가이드베인

10 화면에 나타난 압축기는 원심식 압축기(터보형)이다. 다음 보기에서 작동정지 순서를 기호로 쓰시오.

> 보기
> 1. 전동기 모터의 스위치 차단(닫는다)
> 2. 토출밸브 차단(닫는다)
> 3. 드레인밸브 개방(연다)
> 4. 흡입밸브 차단(닫는다)

정답
2-1-4-3

SECTION 2 가스용 펌프

01 화면에 보이는 펌프에서 사용하는 밸런스실의 특징을 3가지 쓰시오.

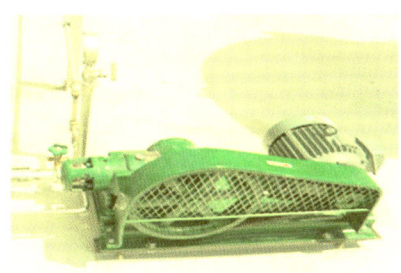

정답
(1) 액화석유가스 등 저비점 액체가스에 사용이 편리하다.
(2) 내압력이 0.4MPa~0.5MPa 이상에서 사용이 가능하다.
(3) 하이드로 카본일 경우에 사용한다.

해설 펌프에서 실을 사용하는 이유
화학액을 취급하는 펌프에서는 가연성, 유독성 등의 액체를 이송하는 경우가 많고 누설이 허용되지 않으므로 대단히 엄격한 축봉성이 요구되어 거의 메커니컬실로 분류되는 밸런스실이 채택된다.

02 화면에서 원심식 볼류트펌프 작동 중 캐비테이션(공동현상)이 발생하였다. 이 현상에 대하여 설명하시오.

정답
펌프 운전 중 유수가 그 수온의 증기압력보다 낮으면 물이 증발하고 기포가 다수 발생하여 펌프 작동이 원활하지 못한 이상상태를 말한다.

03 화면에서 도시가스에 냄새가 나는 부취제를 주입하는 장치 중 메터링 펌프를 사용하는 이유를 쓰시오.

정답
가스량 비율에 알맞게 부취제를 일정량으로 공급하기 위함이다.

04 화면에 보이는 원심펌프 및 기타 펌프에서 전동기 과부하 원인을 4가지 쓰시오.

정답
(1) 양정이나 유체의 유량이 증가되어 정상운전이 어려운 경우
(2) 액의 비중이 큰 경우
(3) 액의 점도가 높은 경우
(4) 펌프 임펠러에 이물질 혼입 시

05 진흙탕이나 모래가 많은 물 또는 특수약액을 이송하는 펌프로서 고무막을 이용하여 액체를 이송하는 펌프의 명칭을 쓰시오.

정답
다이어프램 펌프

06 화면에 보이는 펌프는 용적형 펌프로서 일종의 회전식 펌프이다. 사용 목적은 내부의 가스를 제거하여 진공펌프로 사용하는데, 이 펌프의 명칭을 쓰시오.

정답
베인펌프(깃펌프)

07 화면에 보이는 원심식 터보형 펌프의 작동정지 순서를 보기에서 골라 그 번호를 기입하시오.

정답
4-2-1-3

> 보기
> 1. 흡입밸브를 차단한다.
> 2. 전동기 모터를 정지시킨다.
> 3. 펌프 내 액을 드레인시킨다.
> 4. 토출밸브를 서서히 차단한다.

08 화면에 보이는 펌프의 명칭을 쓰시오.

정답
제트펌프

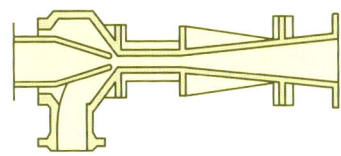

SECTION 3 정압기 및 압력조정기

01 정압기실 RTU 박스 내부의 부속품 종류 3가지를 쓰시오.

정답
(1) 가스누출검지 경보장치
(2) 신호변환장치(모뎀)
(3) 무정전전환장치(UPS)

02 다음 화면에 보이는 원형 내 지시하는 장치의 명칭을 쓰시오.

정답
정압기 안전밸브

03 화면의 정압기실에서 화살표가 가리키는 부품의 명칭을 쓰시오.

정답
가스용 필터

04 다음 화면에서 정압기 입구 측 압력이 0.5MPa(5kg/cm²) 미만이고, 정압기 설계용량이 1,000Nm³/h 미만인 경우 정압기용 안전밸브 방출관 크기는 몇 A인가?

정답

25A 이상

해설 정압기에 설치되는 안전밸브 분출구
- 정압기 입구 측 압력이 0.5MPa(5kg/cm²) 이상인 것은 50A 이상으로 한다.
- 정압기 입구 측 압력이 0.5MPa(5kg/cm²) 미만이고 정압기의 설계용량이 1,000Nm³/h 이상이면 50A 이상으로 한다.
- 정압기 입구 측 압력이 0.5MPa(5kg/cm²) 미만이고 정압기의 설계용량이 1,000Nm³/h 미만이면 25A 이상으로 한다.

05 다음 화면의 도시가스 정압기실에서 원형 내 지시하는 부품 명칭을 쓰시오.

정답

긴급차단장치(긴급차단밸브)

06 화면은 도시가스 정압기실의 외부, 내부 모습이다. (1), (2) 장치의 명칭을 쓰시오.

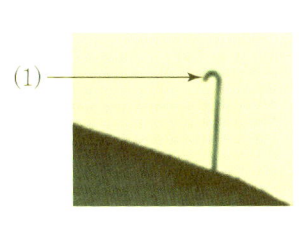
정압기실 외부

정압기실 내부

정답

(1) 정압기 안전밸브 지상 방출관
(2) 정압기 안전밸브

07 화면에서 보이는 장치는 도시가스 정압기실 내부이다. 원형 내 지시하는 장치의 명칭과 설치 위치를 쓰시오.

정답
(1) 명칭 : 자기압력기록계
(2) 설치 위치 : 정압기 2차 측

08 화면에 보이는 부품은 도시가스 정압기실 내부이다. 도시가스 정압기에서 2차 압력을 감지하여 2차 압력의 변동을 메인밸브에 전달하는 부품의 명칭을 쓰시오.

정답
정압기 다이어프램

09 도시가스 정압기실에서 안전밸브 방출구 높이는 몇 m 이상인가?(단, 전기시설물과 접촉 등의 사고가 날 우려가 있는 장소에서는 3m 이상)

정답
지면에서 5m 이상

10 화면에 보이는 사용시설은 도시가스 압력조정기이다. 이 장치의 점검주기는 얼마인지 쓰시오.

정답
1년에 1회 이상

|해설|
- 작동 점검주기는 6개월에 1회 이상
- 압력조정기 필터의 경우에는 3년에 1회 이상 점검한다.

11 화면에 보이는 녹색배관은 정압기실 강제통풍 흡입구 및 배기구이다. 관지름은 몇 mm 이상인가?

정답
100mm 이상

12 화면은 도시가스 공급시설용 정압기(거버너)이다. 이 기기의 기능을 3가지만 쓰시오.

정답
(1) 도시가스 공급압력을 사용처에 알맞게 공급한다.
(2) 부하 측, 즉 2차 측의 압력을 허용범위 내로 유지하는 정압 기능을 한다.
(3) 가스공급 흐름이 없을 때는 밸브를 폐쇄하여 압력 상승을 방지한다.

13 화면의 정압기에서 도시가스를 최초로 공급한 경우 불순물을 제거하기 위한 정압기 점검 시기를 쓰시오.

정답
가스공급 최초 개시 후 1개월 이내 점검

14 도시가스 정압기실에서 정압기 1차 측에 설치하는 안전장치 명칭을 쓰시오.

정답
긴급차단장치

15 정압기가 지하에 설치된 경우 강제통풍장치 통풍능력은 바닥면적 $1m^2$에서 몇 m^3/min 이상이어야 하는가?

정답
$0.5m^3$/min 이상

16 화면에 나타난 도시가스 정압기실에서 사각형 내 지시하는 부품의 명칭을 쓰시오.

정답
정압기 이상압력 통보설비

17 화면에서 정압기실에 설치된 것으로 내·외부로 보여주는 이 장치의 명칭을 영문 약자로 쓰고, 그 기능을 서술하시오.

정답
(1) 명칭 : RTU box
(2) 기능 : 정압기기의 압력, 온도, 가스누설 여부, 정압실 출입문 개폐감지 기능 등 현재 나타나는 현상을 도시가스 상황실로 전송하여 무인감시를 한다.

| 해설 |
통신시설 및 비상전력공급시설이 갖추어져 있다.

18 화면에서 보이는 사각형 내의 것은 정압기 부근에 설치된 것이다. 이 기기의 명칭과 그 설치 이유를 쓰시오.

정답
(1) 명칭 : 가스긴급차단밸브
(2) 설치 이유 : 정압기 출구 측 공급압력의 이상 상승 시 가스공급을 긴급 차단하여 사고를 방지한다.

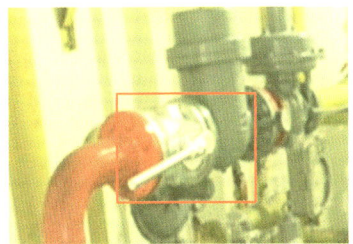

19 화면에 보이는 정압기에서 자기압력 기록계의 기능을 2가지 쓰시오.

정답
(1) 1주일 간의 정압기 압력 상태를 기록한다.
(2) 기밀시험 시 시험압력상태를 기록한다.
(3) 가스누출시험이 가능하다.

20 화면에 보이는 장치의 명칭을 쓰시오.

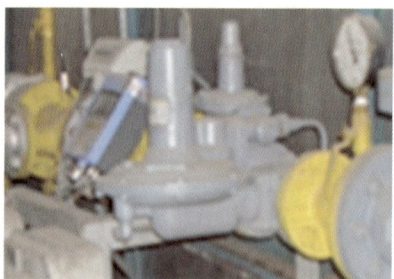

정답
정압기(거버너)

21 화면에 보이는 장치는 도시가스 정압기실에 설치된 것으로 이 장치의 명칭과 설치 위치를 쓰시오.

정답
(1) 기기명칭 : 자기압력기록계
(2) 설치 위치 : 정압기 2차 측(정압기 출구 측)

22 화면에 보이는 정압기는 내부 구조가 다이어프램, 고무제 슬리브 1개 등의 매우 콤팩트한(오밀조밀한) 구조로 이루어진 정압기이다. 이 정압기 형식의 명칭을 쓰시오.

정답

액시얼 – 플로식 정압기

| 해설 | 액시얼–플로(AFV : Axial Flow Valve) 정압기
액시얼–플로 정압기는 메인 다이어프램과 메인밸브를 고무슬리브(Rubber Sleeve) 1개로 해결한 매우 간단하고, 소형이며, 경량인 정압기이다. 가스 수요가 전혀 없을 때는 출구 측 압력(2차 압력)이 상승하여 파일럿 다이어프램이 위쪽으로 밀려 올라가 파일럿 밸브가 닫힌다. 그러면 1차 압력이 고무슬리브와 몸체(Body) 사이에 도입되고, 이 때문에 고무슬리브 상류 측(구동압력)과 차압이 없어져, 고무슬리브는 수축하여 케이지(Cage)에 밀착되어 가스를 완전히 차단한다.

23 화면에 보이는 기기는 정압기실이다. 사각형 내 장치의 명칭을 쓰시오.

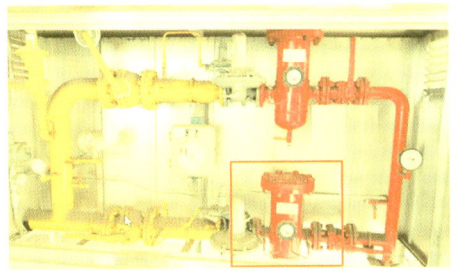

정답

정압기 필터

| 해설 |
정압기 설치 시 필터를 장착하는 경우에는 필터 최초 분해점검 시기를 가스공급 개시 후 1개월 이내로 한다.

24 화면에 보이는 도시가스 공급시설에 설치된 정압기 및 정압기 필터의 분해 점검주기는 몇 년에 몇 회 이상인지 쓰시오.

정답

2년에 1회 이상

정답
1.5m 이상

25 화면에서 도시가스 정압기실에 설치된 경계책 높이는 몇 m 이상인가?

정답
출입문 개폐통보설비

26 화면은 도시가스 정압기실에 설치된 기기이다. 사각형 내 장치의 명칭을 쓰시오.

정답
150룩스(lux) 이상

27 도시가스 공급시설에서 정압기실 내부 조명도는 몇 룩스 이상인가?

28 정압기실 자기압력 측정기의 사용 용도를 2가지 쓰시오.

정답
(1) 이상압력 상승과 저하
(2) 가스공급압력 헌팅

| 해설 | **정압기실 자기압력계 용도**
- 이상압력 상승
- 이상압력 저하
- 공급압력 헌팅(Hunting) : 자기압력기록계 기록지상에 가스의 압력이 불규칙적으로(높고, 낮게) 표시되는 현상

29 화면에 보이는 도시가스용 정압기에서 내부 구조인 스프링의 기능을 쓰시오.

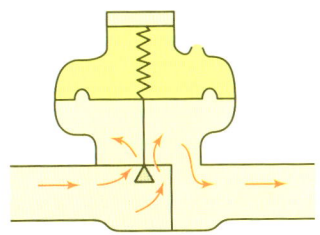

정답
정압기에서 압력 조정 시 2차측 압력을 설정하는 역할

SECTION 4 가스미터기

01 화면에 보이는 가스미터기가 격납상자에 설치되어 있는 경우 설치 높이는 어떻게 되는지를 설명하시오. (단, 가스미터기 용량은 30m³/h이다.)

정답
격납상자 내의 가스미터기는 설치 높이에 제한을 받지 않는다.

02 화면에 보이는 가스계량기 설치 시 유의사항 4가지를 쓰시오.

정답
(1) 화기로부터 2m 이상의 거리를 유지할 것
(2) 부식성 유체나 부식성 용액이 비산하지 않는 장소에 설치할 것
(3) 계량기 주위에서 진동이 적은 장소에 설치할 것
(4) 설비 등에 의한 접촉으로 가스미터기가 파손되지 않는 장소에 설치할 것

03 화면에 나오는 가스계량기의 형식을 쓰시오.

정답
다기능 가스안전 계량기

04 화면의 (가)~(다)에 해당하는 가스계량기의 명칭을 쓰시오.

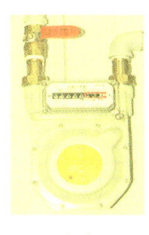  

(가)　　　　　(나)　　　　　(다)

정답
(1) 막식 가스미터(다이어프램식 가스미터)
(2) 로터리식 가스미터
(3) 터빈식 가스미터

05 화면에서 도시가스용 터빈식 가스미터 옆 사각형 내 기기의 명칭을 쓰시오.

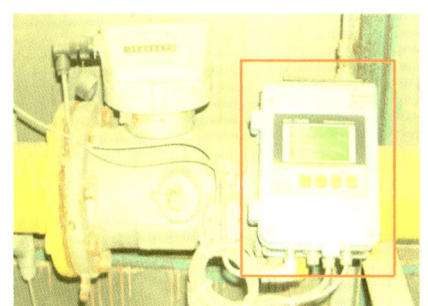

정답
가스온도 압력 보정장치(온압보정기)

06 화면에 보이는 막식 가스계량기는 전기계량기와는 몇 cm 이상 이격거리를 유지해야 하는가?

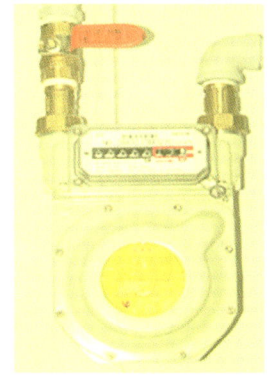

정답
60cm 이상

07 화면에 보이는 (가), (나)의 가스미터기 형식 명칭을 쓰시오.

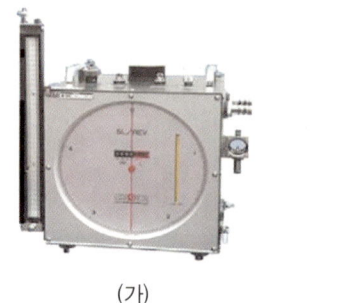 

(가)   (나)

정답
(가) 습식 가스미터기
(나) 터빈식 가스미터기

08 다음 화면에 보이는 가스미터기의 형식 명칭을 쓰시오.

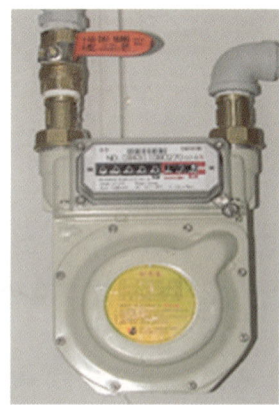

정답
막식 가스미터기

09 화면은 도시가스 막식 가스미터기이다. 이 가스계량기 설치 높이는 바닥으로부터 몇 m 이내인가?

정답
1.6m 이상~2m 이내

10 다음 화면에 보이는 가스계량기의 명칭을 쓰시오.

정답
터빈식 가스계량기

11 화면에 보이는 기기는 차압식 유량계이다. 사각형 내 지시하는 부분의 명칭을 쓰시오.

정답
오리피스 조리개 기구

12 화면에 보이는 4개의 가스미터기 (가)~(라)의 명칭을 각각 쓰시오.

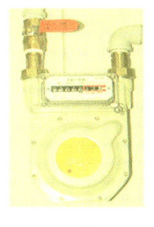 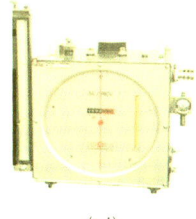  

(가)　　　　　(나)　　　　　(다)　　　　　(라)

정답
(가) 막식 가스미터기
(나) 습식 가스미터기
(다) 로터리 피스톤식 가스미터기
(라) 터빈식 가스미터기

13 화면에서 그림으로 보여주는 차압식 유량계의 명칭을 쓰시오. (단, 압력손실은 거의 없다.)

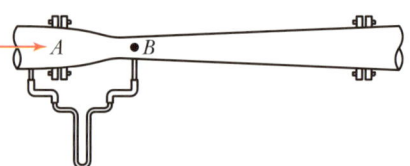

정답
벤투리미터

14 화면의 막식 가스미터기 명판에 표시된 m^3/h 표기에 대하여 설명하시오.

정답
가스미터기 시간당 용량범위

15 화면은 도시가스 사용시설인 가스용품이다. 이 기기의 기능 또는 성능은 다음과 같다. 이 기기의 명칭을 쓰시오.

기능 및 성능
- 한계유량 차단
- 증가유량 차단
- 연속사용시간 차단

정답
다기능 가스안전 계량기

16 다음 화면에 보이는 가스계량기의 명칭을 쓰시오.

정답
로터리 가스미터기(로터리 피스톤식 가스미터기)

17 화면에 보이는 도시가스 가스계량기가 보호상자 내에 설치된 경우 설치 높이는 몇 m 이내인가?

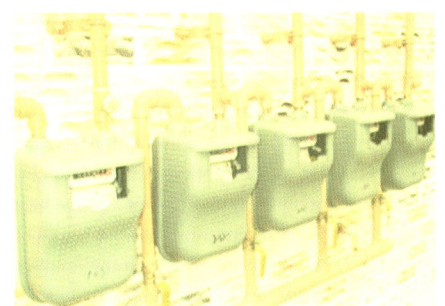

정답
바닥으로부터 2.0m 이내

18 유체가 흐르는 배관에서 인위적인 소용돌이를 방출시켜 유량을 측정하는 유량계의 명칭을 쓰시오.

정답
와류식 유량계

19 화면에 막식 가스미터기 표시용량이 rev로 표시되어 있다. 이 표시의 내용과 단위에 대하여 설명하시오.

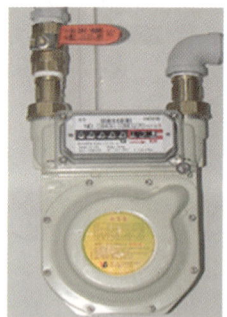

정답
(1) 내용 설명 : 가스미터기 계량실 1주기 체적
(2) 1주기 체적단위 : L

20 다음 화면에 보이는 유량계의 명칭을 쓰시오.

정답
오리피스 차압식 유량계(오리피스미터)

SECTION 5 가스배관의 재질 및 관 이음장치

01 도시가스 입상배관에서 보이는 원형 내 배관에서 U자형으로 한 것을 무엇이라고 하는가?

정답
루프이음

해설
가스배관의 온도변화에 대한 신축 흡수장치로 U자형 루프이음을 말한다.

02 가스설비에서 지상배관 중 배관도색이 건물 외벽과 같은 색상인 경우 가스배관에 표시할 내용을 쓰시오.

정답
1m 높이에 3cm의 황색띠를 2줄로 표시한다.

03 다음 화면은 불활성 가스를 사용하는 특수아크 용접이다. 그 종류를 쓰시오.

정답
티그용접(Tig 용접)

정답
플랜지이음

04 화면에서 배관의 접합방법을 쓰시오.

정답
(1) 1m마다
(2) 2m마다
(3) 3m마다

05 다음과 같이 배관의 관경(mm)을 3가지로 구분하는 경우 배관 고정에 필요한 지지 간격(m)를 쓰시오.

(1) 배관 관경 : 13mm 미만
(2) 배관 관경 : 13mm 이상~33mm 미만
(3) 배관 관경 : 33mm 이상

06 화면에서는 매몰용접용 볼 밸브의 기밀성능시험을 하고 있다. 기밀시험의 순서를 4가지로 나누어 설명하시오.

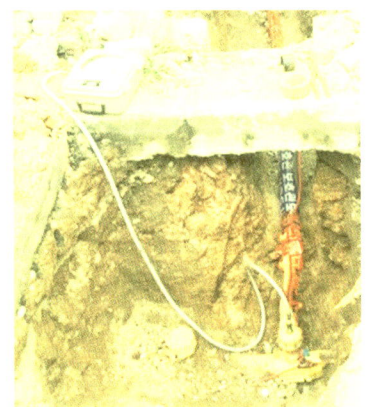

정답
(1) 밸브를 개방한다.
(2) 공기를 주입시킨다.
(3) 밸브를 차단시킨 후 주위를 살핀다.
(4) 마지막으로 밸브 주위 등에서 공기의 누설을 철저하게 점검한다.

07 다음 화면에 그림으로 보여주는 용접검사에서 (가), (나)에 나타나는 용접결함을 쓰시오.

 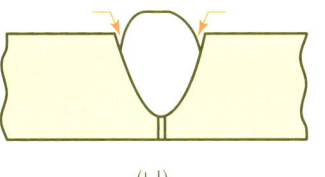

(가)   (나)

정답
(가) 용입불량
(나) 언더컷

08 화면은 폴리에틸렌관(PE)의 전기융착이음 작업이다. 이 이음 방식을 쓰시오.

정답
소켓융착이음

09 화면에서 원형 내 지시하는 장치의 명칭을 쓰시오.

정답
여과기

10 다음 화면은 도시가스 배관 매설작업이다. PLP, PE 두 가지 배관 중 ㉮, ㉯에 해당하는 배관 명칭을 각각 쓰시오.

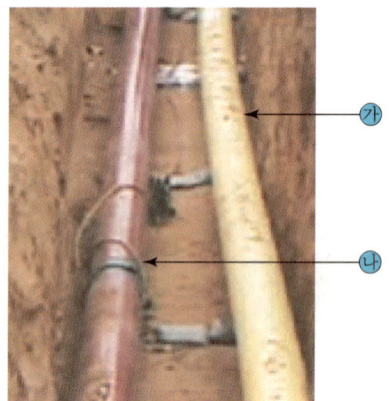

정답
㉮ PE : 가스용 폴리에틸렌관
㉯ PLP : 폴리에틸렌 피복 강관

11 화면에서 PE관 열융착 이음작업에서 융착작업 시 중요한 요소를 3가지 쓰시오.

정답
(1) 온도
(2) 압력
(3) 시간

12 가스배관이 아연도금 강관제인데, 이음장치로 황동제 볼밸브를 사용하는 경우 볼밸브와 아연도금 강관 중에서 부식이 빠른 것은 어느 쪽인가?

정답
아연도금 가스관

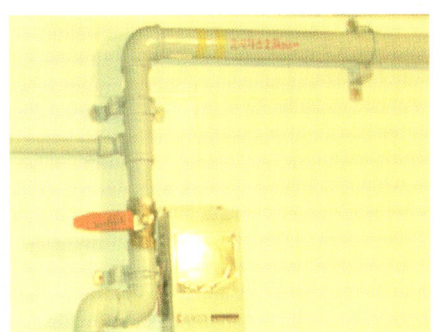

13 다음 화면에 보이는 것은 4가지 배관이음용 부속이다. 각각의 명칭을 쓰시오.

정답
(가) 90° 엘보
(나) 정티(동경티)
(다) 리듀서(줄임쇠)
(라) 이경티

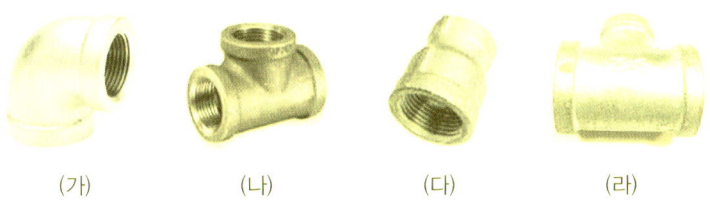

(가)   (나)   (다)   (라)

14 가스용 폴리에틸렌관을 맞대기 융착이음하는 경우에 그 합격기준을 3가지 쓰시오.

정답
(1) PE관 지름이 90mm 이상의 직관에 접합 시 사용할 것
(2) 비드는 좌우대칭으로 둥글고 균일하게 형성할 것
(3) 비드의 표면은 매끄럽고 청결할 것
(4) 이음부의 연결 오차는 배관 두께의 10% 이하일 것

정답

(가) 맞대기 융착이음
　　 (전기 맞대기 융착이음)
(나) 소켓융착이음
(다) 새들융착이음

15 화면에 나타난 폴리에틸렌관(PE) 융착이음에서 다음 3가지 이음방식의 명칭을 쓰시오.

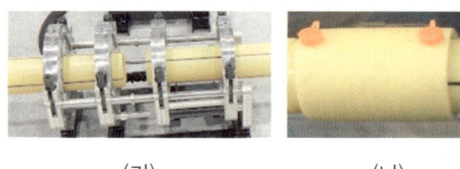

(가)　　　　(나)　　　　(다)

정답

(가) 유니언이음
(나) 플랜지이음
(다) 소켓이음

16 화면은 배관에서의 이음을 나타낸 것이다. 강관용 부속을 이용한 이음방식 (가)~(다)의 명칭을 각각 쓰시오.

(가)　　　　(나)　　　　(다)

정답

체크밸브

17 다음 화면에 나타난 원형 내 부분의 명칭을 쓰시오.

18 다음 배관이음쇠의 명칭을 쓰시오.

정답: 크로스(십자이음)

19 화면에 보이는 부속품의 명칭을 쓰시오.

정답: 소켓

20 화면은 지하매설 도시가스배관 이음이다. 저압 공급시설에 사용되는 배관 재질을 쓰시오.

정답: 가스용 폴리에틸렌관

정답
(가) 90° 엘보
(나) 동경티(정티)
(다) 캡
(라) 리듀서

21 다음은 가스용 폴리에틸렌관 이음용 부속이다. (가)~(라)의 명칭을 각각 쓰시오.

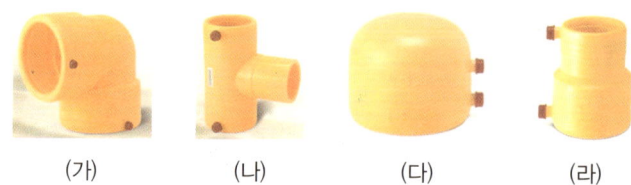

(가)　　(나)　　(다)　　(라)

정답
① 0.4MPa
② 0.25MPa
③ 0.2MPa

22 도시가스용 폴리에틸렌관 배관 시공에서 SDR 값에 따른 허용 압력 범위에 대하여 ①~③에 알맞은 압력(MPa)을 쓰시오.

SDR 값	허용압력(MPa)
11 이하	(①) 이하
17 이하	(②) 이하
21 이하	(③) 이하

정답
0.4MPa 이하

23 도시가스 매설배관으로 폴리에틸렌관을 사용하는 경우 그 사용압력(MPa)을 쓰시오.

24 다음 화면에서 나타내는 (가), (나), (다) 모양은 용접부 결함상태이다. 결함의 종류 명칭을 쓰시오.

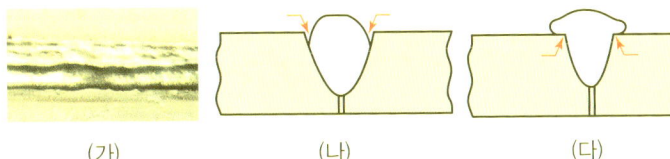

(가)　　　　　(나)　　　　　(다)

정답
(가) 용입불량
(나) 언더컷
(다) 오버랩

25 다음 (가)~(라) 밸브의 명칭을 쓰시오.

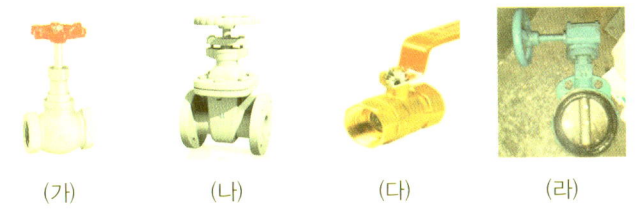

(가)　　(나)　　(다)　　(라)

정답
(가) 글로브밸브
(나) 게이트밸브
(다) 볼밸브
(라) 버터플라이밸브

26 다음 화면의 폴리에틸렌 배관작업 시공은 어떤 융착이음 방식인가?

정답
전기식 소켓융착이음

27 가연성 가스 취급장소에서 베릴륨 합금제 공구를 사용하는 이유를 간단하게 쓰시오.

정답
작업 시 충격이나 마찰에 의한 불꽃이 발생하지 않기 때문에 합금제 공구를 사용한다(충격 또는 마찰에 의한 불꽃이나 스파크 발생을 방지한다).

정답
융착이음의 비드 상태

28 화면에서 도시가스용 폴리에틸렌관(PE)을 맞대기 전기융착 이음을 한 후 관의 시공 여부는 무엇을 보고 판단하는가?

정답
(가) 소켓
(나) 캡

29 다음 화면에서 (가), (나) 부속의 명칭을 쓰시오.

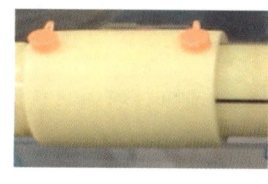

(가) (나)

정답
PLP관(폴리에틸렌 피복강관)

|해설|
최고사용압력은 1MPa이다.

30 화면에 보이는 2가지 도시가스배관에 사용 가능한 고압관의 명칭을 쓰시오.

31 SDR 값이 17 이하인 경우에 PE관의 허용압력은 몇 MPa 이하인가?

정답
0.25MPa 이하

| 해설 |
SDR이 11 이하라면 0.4MPa이다.

32 화면에서 가스용 폴리에틸렌관 열융착이음을 하고 있다. 이음방법의 명칭을 쓰시오.

정답
맞대기 융착이음

33 화면에서 보이는 이음은 일반적으로 50A 관에 많이 사용하는 이음이다. 이 부속의 명칭을 쓰시오.

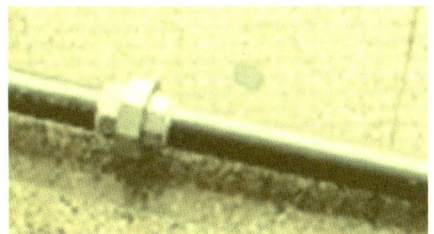

정답
유니언

정답
새들 융착이음

34 화면에서 가스용 폴리에틸렌관의 융착이음 명칭을 쓰시오.

정답
절연플랜지

35 화면에서 배관 연결 시 서로 다른 이종금속 간의 접촉 등에 의해 부식이 발생하는 것을 방지하는 장치의 명칭을 쓰시오.

정답
전기융착

36 화면에 보이는 폴리에틸렌관 이음관에 사용되는 90° 엘보는 어떤 방식으로 융착되는가?

37 화면은 50A 이하에 사용하는 강관이음 부속에서 유니언이음을 나타내고 있다. 이 유니언이음 결합에 사용되는 구성요소 3가지를 쓰시오.

정답
(1) 유니언 나사
(2) 유니언 시트
(3) 유니언 너트

38 화면에 보이는 이음재료는 일반적으로 50A 이상에 많이 사용하는 이음방식용이다. 이 이음의 명칭을 쓰시오.

정답
플랜지이음

해설
플랜지 이음 시 양쪽 면의 플랜지 사이에 개스킷을 넣어 배관 내의 유체 및 가스 등의 누설을 방지한다.

39 화면에 보이는 가스배관용 기기의 명칭을 쓰시오.

정답
퓨즈콕

정답
(1) 이형질 이음관
(2) 새들 융착이음

40 화면의 2가지 배관 중 물음에 답하시오.
(1) 금속관과 폴리에틸렌관 연결용 부속품 명칭은?
(2) 폴리에틸렌관의 주관에서 분기관 융착이음 명칭은?

정답
(1) 표면 가공(면취)
(2) 가열판 가열
(3) 가열판 압착 가열
(4) 가열판 제거 과정
(5) 냉각 과정

41 화면에 보이는 가스용 폴리에틸렌관을 맞대기이음 열융착이음하는 경우 그 공정을 쓰시오.

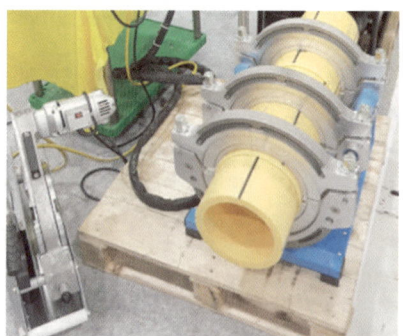

정답
(1) 열용융공정
(2) 압착공정
(3) 냉각공정

42 가스용 맞대기 폴리에틸렌관 열융착이음의 주요 공정을 3가지 쓰시오.

SECTION 6 가스용 충전 및 저장용기

01 용기에 산소충전 작업 시 주의사항 3가지와 용기의 충전구 나사형식을 쓰시오.

정답
(1) 주의사항
　① 산소 누설을 피한다.
　② 급격한 충전을 피한다.
　③ 용기와 밸브 사이에 가연성 재질의 패킹 사용을 금한다.
(2) 충전구 나사형식 : 오른나사

02 용기 보관장소에 주황색의 수소용기와 녹색의 산소용기를 같이 보관하는 경우 잘못된 점을 지적하시오.

정답
가연성 가스인 수소와 조연성 가스인 산소를 같은 장소에 보관하면 가스누출 시 폭발의 위험이 따른다.

03 액화석유가스 용기 저장실에서 앵글로 보강하지 않은 강판재의 방호벽 두께는 몇 mm 이상으로 하는가?

정답
6mm 이상

정답
온도 상승으로 인한 용기 내 액화가스 팽창으로 용기가 파열되는 것을 사전에 방지하기 위해서이다.

04 화면에 보이는 부탄가스용 가스라이터 및 액화가스 용기에서 액체 상단에서 안전공간을 두는 이유를 쓰시오.

정답
5년

05 산소용기는 녹색이며, 무계목용기이다. 내용적이 500L 미만인 경우 재검사 주기는 몇 년인가?

정답
아세틸렌가스

06 화면에 보이는 충전용기는 어느 가스를 충전하기 위한 용기인가?

07 화면에서 보이는 가스용 밸브가 청색, 주황색을 나타낸다. 각각 어떤 가스의 용기밸브인지 쓰시오.

정답
(1) 청색 : 이산화탄소
(2) 주황색 : 수소

08 화면의 주황색 용기에는 수소가스가 충전된다. 다음 ( ) 안에 올바른 답을 써넣으시오.

구분	기준
품질검사 시 순도(%)	(①)
최고충전압력(MPa)	(②)
품질검사 시 압력(MPa)	(③)

정답
① 98.5
② 15
③ 12

09 LPG 충전용기에서 가장 많이 사용하는 안전밸브 명칭을 쓰시오.

정답
스프링식 안전밸브

정답
105±5℃

10 화면에 보이는 아세틸렌 충전용기의 안전장치인 가용전(가용마개)의 용융온도는 몇 ℃인가?

정답
(1) 동 및 동합금봉
(2) 탄소강 단강품
(3) 기계구조용 탄소강재

| 해설 |
동은 동함유량이 62%를 초과하면 사용이 불가하다.

11 화면에 보이는 아세틸렌가스 충전용기 밸브의 재질 3가지를 쓰시오.

정답
46~50℃ 이하

12 화면에서 에어졸 용기 누출시험의 경우 사용하는 온수의 온도는 몇 ℃ 미만으로 하는가?

13 화면의 아세틸렌 충전용기에서 원형 내에 지시하는 부분의 명칭을 쓰시오.

정답
가용전(가용전 안전밸브)

14 화면에 보이는 원형 내의 지시하는 부분의 명칭을 쓰시오.

정답
충전용기밸브 보호캡

15 화면에서 충전용기 밸브에 각인된 LG 표시의 내용을 설명하시오.

정답
액화석유가스 외의 액화가스를 충전하는 용기 부속품 밸브

16
화면의 아세틸렌가스 충전용기에 각인된 사항 5가지를 각각 설명하시오.

(1) TP :   (2) FP :
(3) TW :   (4) V :
(5) W :

정답
(1) TP : 내압시험압력
(2) FP : 최고충전압력
(3) TW : 용기질량+다공물질, 용제, 밸브의 질량을 합한 총질량
(4) V : 용기의 내용적
(5) W : 밸브 및 부속품을 포함하지 않은 용기질량

해설
질량단위는 kg이다.

17
다음 3가지 고압가스 충전용기에서 충전구 밸브 나사형식을 오른나사, 왼나사로 구분하여 쓰시오.

정답
(1) 산소용기 : 오른나사
(2) 이산화탄소용기 : 오른나사
(3) 수소용기 : 왼나사

해설
주황색 용기인 수소가스 용기 등은 가연성 가스의 경우 충전용기 나사는 왼나사이다.

18 화면의 산소용기에서 신규검사 합격 후 사용 경과년수가 10년 이하의 경우라면 재검사 주기는 몇 년인가?

정답

5년

19 다음 화면에 보이는 용기에 충전하는 가스명을 쓰시오.

정답

액화염소

20 아세틸렌 용기 제조 시 재질이 동합금이라면 동합금 유량이 얼마의 경우일 경우 사용이 가능한가?

정답

62% 미만

| 해설 |
동은 동함유량이 62%를 초과하면 사용이 불가하다.

21 가스 사용시설에서 기밀시험 가스인 질소가스 대용으로 가능한 것은?

정답
공기

22 LPG 충전용기 제조방법에 의한 분류로 해당하는 용기의 종류를 쓰시오.

정답
계목용기(용접용기)

23 다공물질 종류 4가지를 쓰시오.

정답
(1) 규조토
(2) 목탄
(3) 석회
(4) 산화철
(5) 탄산마그네슘
(6) 다공성 플라스틱

24 화면에 보이는 아세틸렌가스 충전용기(계목용기)의 재질명을 쓰시오.

정답
탄소강

해설
탄소 함유량은 0.33% 이하를 유지하여야 한다.

25 화면에서 충전용기 밸브의 PG 표시를 설명하시오.

정답
압축가스 충전용기 부속품 표시

26 화면에 보이는 가스 충전용기의 명칭을 쓰시오.

정답
사이펀 용기

정답
65~68℃

27 화면에 보이는 염소 충전용기 하부에 부착된 안전장치 작동온도를 쓰시오.

정답
(1) 산소
(2) 이산화탄소
(3) 아세틸렌
(4) 수소

| 해설 |
(1) 산소용기(녹색) – 오른나사
(2) 이산화탄소용기(청색) – 오른나사
(3) 아세틸렌용기(황색) – 왼나사
(4) 수소용기(주황색) – 왼나사

28 화면에 보이는 고압가스 충전용기로 충전이 가능한 가스명 4가지를 쓰시오.

정답
무계목용기(이음매 없는 용기)

29 화면에서 가스충전용기가 산소, 질소, 헬륨 등 압축가스 충전용기라면 제조 시 이용되는 용기의 종류는?

30 화면에 보이는 충전용기 밸브에서 각인된 내용이 AG 표시라면 그 의미를 설명하시오.

정답
아세틸렌을 충전하는 용기 부속품

31 화면에 보이는 충전용기에서 일반적으로 실시하는 충전용기 검사방법 5가지를 쓰시오.

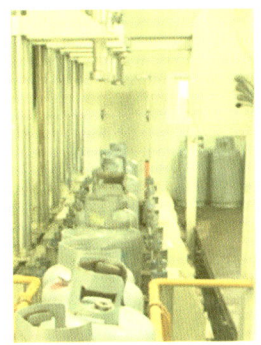

정답
(1) 음향검사
(2) 기밀시험
(3) 내압시험
(4) 육안검사
(5) 압궤시험

32 충전용기 안전장치인 가용전의 사용재질을 3가지 쓰시오.

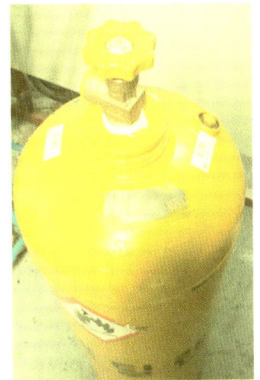

정답
(1) 납
(2) 주석
(3) 안티몬
(4) 비스무트

정답
(1) 스프링식 안전밸브
(2) 파열판식 안전밸브
(3) 가용전식 안전밸브

33 고압가스 아세틸렌용기 등 충전용기용 안전밸브 종류 3가지를 쓰시오.

정답
불활성 가스 아크용접(티그 용접)

34 화면에서 아르곤가스 충전용기가 설치된 경우 이 아르곤가스를 이용하여 용접하는 방법을 쓰시오.

정답
(1) 아세톤
(2) 디메틸포름아미드

35 화면에서 아세틸렌(C_2H_2)가스 충전용기 내부에 충전하는 용제의 종류 2가지를 쓰시오.

36 압축가스인 헬륨가스 용기의 제조방법에 사용되는 용기의 종류를 쓰시오.

정답
무계목용기

37 액화산소인 초저온용기에 부착되는 안전장치인 안전밸브 2가지를 쓰시오.

정답
(1) 파열판식
(2) 스프링식

38 초저온용기 내부, 외부에 진공상태를 유지하는 이유를 쓰시오.

정답
외부로부터 열침입을 차단하기 위함

정답
(1) 색깔 : 주황색
(2) 나사형식 : 왼나사

|해설|
가연성 가스이므로 왼나사를 사용한다.

39 화면에서 수소용기의 색깔 및 충전구 나사형식을 쓰시오.

정답
액화염소

40 화면에서 갈색용기에 충전이 가능한 가스명을 쓰시오.

정답
0.33% 이하

41 화면에 보이는 아세틸렌가스 충전용기 탄소강의 탄소 함유량은 몇 % 이하인가?

42 화면에 보이는 충전용기에 충전하는 가스명을 쓰시오.

정답

이산화탄소

| 해설 |
이산화탄소 충전용기의 색깔은 청색이다.

43 화면에 보이는 충전용기 밸브 (가)~(다)의 충전구 형식을 쓰시오.

(가)   (나)   (다)

정답

(가) 가스충전구가 수나사 : A형
(나) 가스충전구가 암나사 : B형
(다) 가스충전구 나사가 없는 것 : C형

| 해설 |
산소는 오른나사, 수소는 왼나사, 이산화탄소는 오른나사이다.

44 내용적 500L 이하의 산소 무계목용기를 제조한 지 16년 이상이면 재검사 주기는 몇 년인가?

정답

3년

정답
(1) TW : 용기 질량에 다공성 물질 및 용제, 밸브 포함 총질량(kg)
(2) V : 용기 내용적(L)
(3) W : 용기 질량(kg)

45 화면에 보이는 아세틸렌가스 충전용기의 각인 사항에 대하여 설명하시오.
(1) TW :
(2) V :
(3) W :

정답
(1) 액화질소
(2) 액화염소
(3) 액화아르곤

46 초저온용기 단열성능시험 대상에 해당하는 가스를 3가지 쓰시오.

정답
(1) 충전구형식 : B형
(2) 나사형식 : 왼나사

| 해설 |
가연성 가스이므로 왼나사이다.

47 화면에서 LPG 충전용기 충전밸브의 충전구형식, 나사형식을 쓰시오.

48 충전용기로 수소, 이산화탄소, 산소용기 3가지가 있다. 가연성 가스 충전이 가능한 용기는?

정답
수소가스(주황색 용기)

49 다음 용기는 액화산소 용기이다. 비등점과 임계압력(atm)을 쓰시오.

정답
(1) 비등점 : −183℃
(2) 임계압력 : 50.1atm

50 화면의 에어졸 용기 누출시험에서 시험상 온수탱크 온수온도는 약 몇 ℃인가?

정답
46~50℃ 미만

정답
(1) 액화암모니아
(2) 액화브롬화메탄

51 가연성 가스 중 충전구 나사가 오른나사인 경우에 해당하는 가스명을 2가지 쓰시오.

정답
스프링식 안전밸브

52 LPG 충전용기 안전밸브 형식은?

SECTION 7 가스분석, 계측장치

01 화면에 보이는 기기분석법인 가스크로마토그래피법에서 사용되는 캐리어가스(운반용 가스)의 종류를 4가지 쓰시오.

정답
(1) 수소
(2) 헬륨
(3) 아르곤
(4) 질소

02 화면에 보이는 계측장치는 기기분석법인 가스크로마토그래피 가스용 분석기이다. 기기의 3대 구성 요소를 쓰시오.

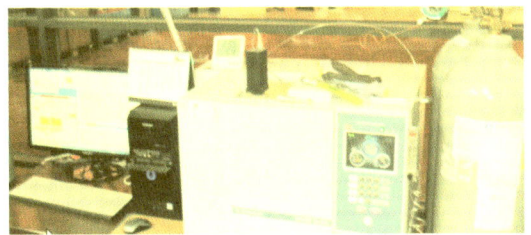

정답
(1) 칼럼
(2) 검출기
(3) 기록계

03 화면에 나타난 저장탱크에서 사용하는 2가지 액면계의 명칭을 쓰시오.

정답
(1) 슬립튜브식 액면계
(2) 클링커식 액면계

정답
(1) 오차가 적고 유량 측정이 정확하다.
(2) 계측기기 고유의 기차 변동이 적다.

04 화면에 보이는 가스미터기는 정도가 높은 습식 가스미터기이다. 이 기기의 장점을 두 가지 쓰시오.

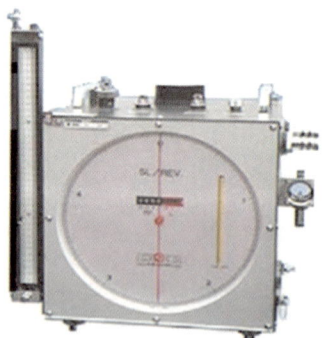

정답
자기압력 기록계

05 화면의 도시가스 정압기실에서 보이는 장치명을 쓰시오.

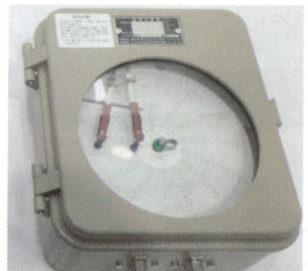

정답
(1) 3~4MPa
(2) 3개월에 1회 이상

해설
압력계 최고눈금범위
=2×(1.5~2배)
=3~4MPa

06 다음 LP가스 설비용 압력계의 최고사용압력이 2MPa일 경우 물음에 답하시오.

(1) 압력계의 최고눈금범위는?
(2) 압력계 검사주기는?

07 다음 화면에 나타난 액면계의 명칭을 쓰시오.

정답
클링커식 액면계

해설
액면계 유리가 파손될 경우를 대비하여 금속제 프로텍터 설치 및 액면계 상하 배관에 자동식 및 수동식 스톱밸브를 설치한다.

08 다음 가스저장탱크에 설치하는 클링커식 액면계는 어떤 원리를 이용한 액면계인지 쓰시오.

정답
가스액체의 난반사 원리를 이용한 액면계이다.

해설
액면계 유리 내부에 굴곡을 주어서 가스액이 닿는 곳은 액체의 난반사 작용이 일어나므로 검게 보이는 특성을 이용한다.

09 화면에 나타난 장치는 가스분석기이다. 흡수분석기의 종류 3가지를 쓰시오.

정답
(1) 오르사트법
(2) 헴펠법
(3) 게겔법

10 화면에 그림으로 보이는 부품은 차압식 유량계이다. 종류 3가지를 쓰시오.

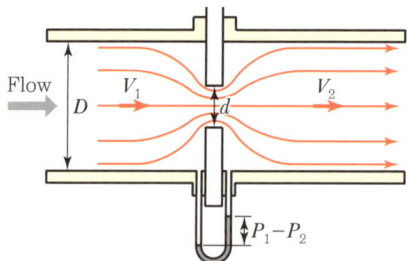

정답
(1) 오리피스미터
(2) 플로노즐
(3) 벤투리미터

해설
오리피스미터기의 조리개 부분을 알아야 한다.

11 화면에 보이는 유량계는 인위적인 소용돌이를 일으켜 유량을 측정한다. 이 유량계의 명칭을 쓰시오.

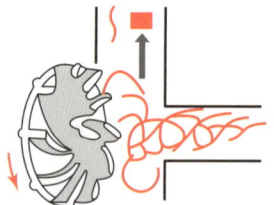

정답
와류식 유량계

12 다음 화면에서 보이는 압력계의 명칭을 쓰시오.

정답
부르동관 압력계

13 다음 그림에 보이는 차압식 유량계의 명칭을 쓰시오.

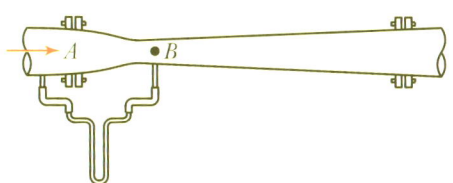

정답

벤투리미터

14 화면에 보이는 압력계는 정밀도가 높고 압력 측정 범위가 넓고 부르동관 압력계 등 2차 압력계인 탄성식 압력계의 교정용으로 사용한다. 이 압력계의 명칭을 쓰시오.

정답

기준분동식 압력계(표준분동식 압력계)

|해설|
사용 용도는 탄성식 압력계 등 2차 압력계의 교정용이며, 기준분동식, 자유피스톤식, 부유피스톤식 등이 있다.

15 화면에 보이는 지하 LPG 저장탱크에 설치된 액면계의 명칭을 쓰시오.

정답

슬립튜브식 액면계

SECTION 8 용기, 배관의 비파괴검사

01 화면에서 보이는 비파괴검사법은 침투탐상검사법(PT)이다. 이외 다른 비파괴검사법 3가지를 더 쓰시오.

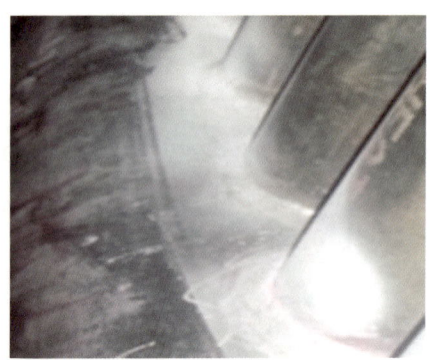

정답
(1) 초음파검사(UT)
(2) 방사선검사(RT)
(3) 자분탐상검사(MT)

02 다음 화면에서 보이는 비파괴검사 방법의 명칭을 쓰시오.

정답
방사선투과검사(RT검사법)

03 화면에 보이는 비파괴검사 방법의 명칭을 쓰시오.

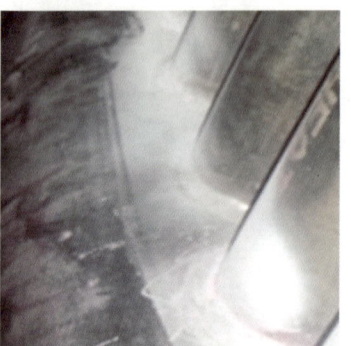

정답
침투탐상검사(PT검사)

04 다음 화면에 보이는 비파괴검사 방법의 명칭을 쓰시오.

정답
초음파검사

05 다음 화면에 나오는 비파괴검사 방법의 명칭을 쓰시오.

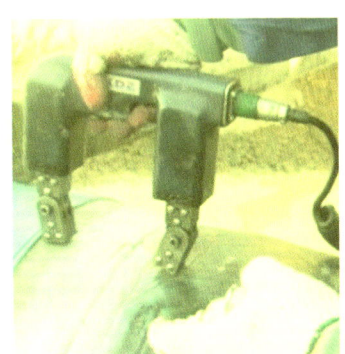

정답
자기검사

06 방사선투과 검사방법의 장점을 3가지 쓰시오.

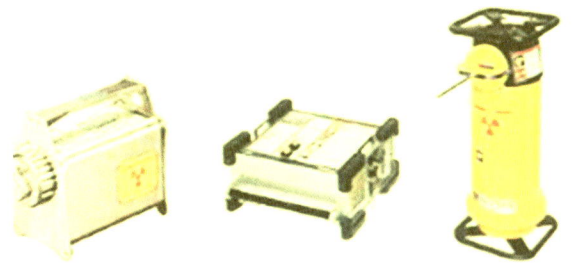

정답
(1) 내부결함 검출이 용이하다.
(2) 결함의 크기나 생긴 모양을 알 수 있다.
(3) 검사 후에 검사기록이 유지된다.

정답
(1) 방사선투과검사
(2) 자기검사
(3) 침투검사

07 화면은 초음파검사 과정이다. 초음파검사 외에 용접부 비파괴 검사 종류를 3가지 쓰시오.

정답
(가) 침투검사(PT검사)
(나) 음향검사

08 화면은 용접부 비파괴검사 방법이다. (가), (나)의 검사방법을 쓰시오.

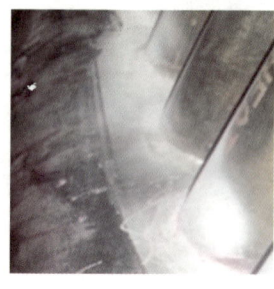 

(가)　　　　　　　　　(나)

SECTION 9 용기의 충전질량 및 침입열량

01 프로판 용기에 각인 사항이 V = 47, TP = 30, 충전상수(C) = 2.35 등으로 표시되었다. 가스 충전질량은 몇 kg인가?

정답

20kg

해설 각인사항
- V : 용기 내용적(L)
- TP : 내압시험압력(MPa)
- C : 충전상수

V = 47L, TP = 30, C = 2.35

∴ 충전질량(kg)
$= \dfrac{용기\ 내용적(L)}{충전상수}$
$= \dfrac{47}{2.35} = 20kg$

02 초저온 액화산소용기 내용적이 500L이다. 다음의 조건을 보고 단열성능시험 합격, 불합격 여부를 판단하시오.(단, 내용적 1,000L 이하 용기는 침입열량이 0.0005kcal/L·h·℃ 이하이면 합격이다.)

사용 전	사용 후
• 가스 충전량 200kg 충전 • 액화산소 비점온도 −183℃ • 액화산소 증발잠열 55kcal/kg • 외기온도 15℃	• 15시간 사용 후 충전량 150kg로 감소함 • 비점온도 변동 없음 • 증발잠열 변동 없음 • 외기온도 변동 없음

정답

불합격

해설

Q(침입열량)
$= \dfrac{W \cdot q}{h \cdot t \cdot v}$
$= \dfrac{(200-150) \times 55}{15 \times (15-(-183)) \times 500}$
$= 0.001806239 kcal/L \cdot h \cdot ℃$

∴ 0.0005 이상이므로 불합격이다.

03 프로판(C_3H_8) $1Nm^3$ 연소 시 소요되는 이론공기량은 몇 Nm^3/Nm^3인가?

정답

$23.81Nm^3/Nm^3$

| 해설 |
연소반응식
$C_3H_8 + 5O_2 \rightarrow 3CO_2 + 4H_2O$

이론공기량(A_o)
$= \dfrac{O_o}{0.21} = \dfrac{5}{0.21}$
$= 23.81 Nm^3/Nm^3$

04 질량 1kg의 액화질소가 어떤 조건에서 기화를 한다면 그 체적은 액체상태보다 몇 배로 증가하겠는가?(단, 질소의 분자량은 28로 하고 1몰의 물질량은 22.4L이다.)

정답

800배

| 해설 |
$\dfrac{1}{28} \times 22.4 = 0.8 m^3 = 800 L$

CHAPTER 03 안전장치, 안전관리

SECTION 1 방폭구조 및 위험장소 안전장치

01 다음 내용에서 (1)~(3)의 위험장소는 제 몇 종에 해당하는지 쓰시오.

(1) 밀폐된 용기 또는 설비 내에 밀봉된 가연성 가스가 그 용기 또는 설비의 사고로 인해 파손되거나 오조작의 경우에만 누출할 위험이 있는 장소
(2) 상용상태에서 가연성 가스가 체류하여 위험하게 될 우려가 있는 장소
(3) 가연성 가스 농도가 연속해서 폭발하한계 이상이 되는 장소

정답
(1) 제2종 장소
(2) 제1종 장소
(3) 제0종 장소

02 산소-아세틸렌가스 설비에서 다음 장치의 명칭을 쓰시오.

정답
역화방지장치

03 다음 가스설비 긴급차단장치에서 동력원을 4가지 쓰시오.

정답
액압, 기압, 스프링, 전기

04 화면에 보이는 충전질량이 1톤 이하 소형 저장탱크에서 가스 충전구로부터 건축물 개구부까지 이격거리는 몇 m로 하는가?

정답
3m

05 화면에 보이는 장치는 방폭등이다. 방폭구조의 종류를 5가지 쓰시오.

정답
(1) 압력방폭구조
(2) 내압방폭구조
(3) 본질안전방폭구조
(4) 유입방폭구조
(5) 특수방폭구조
(6) 안전증방폭구조

06 화면에 보이는 것은 가스저장실 방폭등이다. 방폭등의 조명도는 몇 룩스인가?

정답
150룩스(lux)

07 화면은 가연성 가스를 취급하는 장소에 설치하는 방폭등이다. 이 방폭구조의 종류를 쓰시오.

정답
안전증방폭구조

해설 | 안전증방폭구조
정상운전 중에 가연성 가스의 점화원이 될 전기불꽃, 아크 또는 고온부분 등의 발생을 방지하여 기계적, 전기적 구조상 또는 온도상승에 대하여 특히 안전도를 증가시킨 구조(Increased, e)

08 방폭등 명판에 각인 표시 사항이 Exd(d)로 표기된 경우 어떤 방폭구조인가?

정답
내압방폭구조

해설 | 방폭구조 표시기호

방폭구조	표시약호
내압방폭구조	d
유입방폭구조	o
압력방폭구조	p
안전증방폭구조	e
본질안전방폭구조	ia or ib
특수방폭구조	s

정답

특수방폭구조

09 방폭구조에서 전기기기가 s로 표시된 경우 방폭구조 명칭을 쓰시오.

정답

방폭전기기의 온도등급이다. 가연성 가스 발화온도가 135℃ 초과 200℃ 이하를 나타낸다.

10 화면에 방폭구조가 보인다. 방폭등 명판에 T4 표시가 기재되어 있다면 그 내용을 설명하시오.

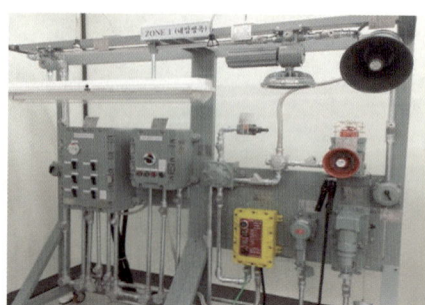

해설

공기보다 무거운 가스라면 바닥에서 30cm 높이에 센서를 부착시킨다.

가연성 가스 발화온도	방폭기기의 등급
450℃	T1
300℃ 초과 450℃ 이하	T2
200℃ 초과 300℃ 이하	T3
135℃ 초과 200℃ 이하	T4
100℃ 초과 135℃ 이하	T5
85℃ 초과 100℃ 이하	T6

정답

(1) 유입방폭구조(o)
(2) 내압방폭구조(d)
(3) 압력방폭구조(p)
(4) 안전증방폭구조(e)
(5) 본질안전방폭구조(ia,ib)
(6) 특수방폭구조(s)

11 방폭구조의 종류 5가지와 각각의 기호를 쓰시오.

12 화면의 방폭구조 명판에 p로 표시된 방폭전기기기의 의미를 쓰시오.

정답
압력방폭구조

13 다음에 해당하는 내용을 보고 위험장소 제 몇 종에 해당하는지 쓰시오.

정답
제1종 장소

| 해설 |
- 상용상태에서 가연성 가스가 체류하여 위험하게 될 우려가 있는 장소
- 정비보수 등으로 또는 누출 등으로 인하여 가끔 가연성 가스가 체류하게 되는 곳

14 가연성 가스 제조시설에서 방폭전기기기 명판 표기가 ia(ib)로 표기되어 있다면 이 방폭구조의 명칭은?

정답
본질안전방폭구조

15 다음 내용에 해당하는 방폭구조의 명칭을 쓰시오.

- 탄광에서 처음 사용한 방폭구조이다.
- 용기 내부에 절연유를 주입한다.
- 불꽃이나 아크 발생 부분이 오일 속에 잠기게 하므로 기름면 위에 존재하는 가연성 가스에 인화되지 않게 하는 구조이다.

정답
유입방폭구조

16 위험성 분류 제2종 장소에 대하여 설명하시오.

정답
밀폐된 용기나 설비 내에 밀봉된 가연성 가스가 그 용기 또는 설비의 사고로 인하여 파괴되거나 오조작된 경우에 누출할 위험이 있는 장소이다.

SECTION 2 벤트스택 및 플레어스택

01 다음 화면의 내용에 해당하는 설비 장치명을 쓰시오.

> 가연성 가스, 독성 가스 고압설비에서 이상상태가 발생하면 안전관리 차원에서 설비 내의 유체 내용물을 설비 밖의 대기 중으로 신속하게 방출하는 장치이다.

정답
벤트스택

02 벤트스택 설치 시 가연성 가스, 독성 가스로 구별하여 설치 높이를 쓰시오.

정답
(1) 가연성 가스 : 방출된 가연성 가스가 폭발범위 한계의 하한값 미만이 될 수 있는 높이
(2) 독성 가스 : 방출된 독성 가스 착지농도가 독성 가스 허용농도 미만이 될 수 있는 높이

SECTION 3 가스누설시험 및 기밀시험

01 화면에 보이는 장치는 기밀시험 장치이다. 설비 내용적이 50L를 초과하는 경우에 기밀시험 유지시간을 쓰시오.

정답
24분

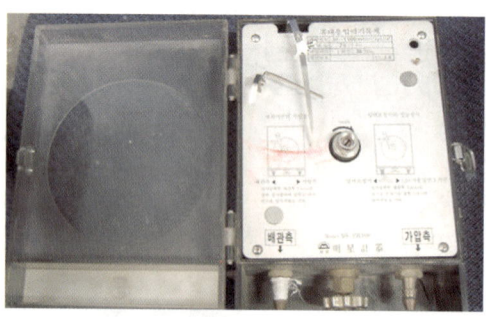

|해설| 자기압력 기록계의 도시가스 기밀시험 유지시간

최고사용압력	내용적	기밀 유지 시간
저압 또는 중압	$1m^3$ 미만	24분
	$1m^3 \sim 10m^3$ 미만	240분
	$10m^3 \sim 100m^3$ 미만	24×용적(m^3) 분
고압	$1m^3$ 미만	48분
	$1m^3 \sim 10m^3$ 미만	480분
	$10m^3 \sim 300m^3$ 미만	48×용적(m^3) 분

02 다음 화면에서 작업하는 장치명을 쓰시오.

정답
가스누설검지기

03 가연성 가스 검지기의 경보농도는 얼마인가?

정답
가연성 가스 폭발범위 하한의 $\frac{1}{4}$ 이하

04 화면의 자동차는 도시가스 매설배관의 가스누설 탐지용 차량이다. 이 가스누출검지기의 명칭을 쓰시오.

정답
FID(수소불꽃이온화 검출기), 수소염이온화검출기

05 화면에서 가연성 가스 가스누출 검지 경보장치의 지시계 눈금 범위를 쓰시오.

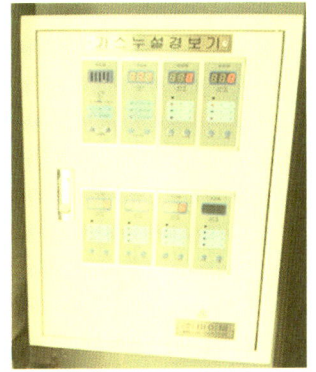

정답
0~폭발범위 하한값

06 지하도로에 매설된 도시가스배관 누출 여부를 확인하는 장비이다. 작동원리는 적외선 흡광특성을 이용하는 방식으로 자동차에 탑재하여 메탄가스 누출 여부를 확인하는 이 기기의 명칭을 쓰시오.

정답
OMD(광학메탄검지기)

07 가스누출검지기 FID에 대하여 설명하시오.

정답
도시가스 매설배관에서 누설을 탐지하는 기기를 차량에 설치하여 가스누출을 탐지하는 검지기이다.

SECTION 4 전기방식

01 화면에 보이는 장치는 전기방식 기기이다. 어떤 종류의 전기방식인지 쓰시오.

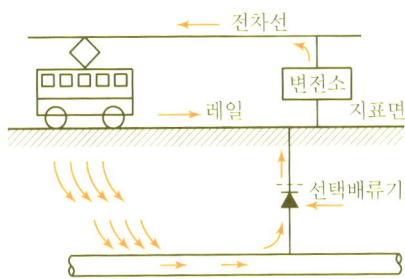

정답
강제배류법

02 전위가 낮은 저전위금속을 가스배관과 접촉함으로써 피방식체를 방식시키는 금속체의 명칭을 쓰시오.

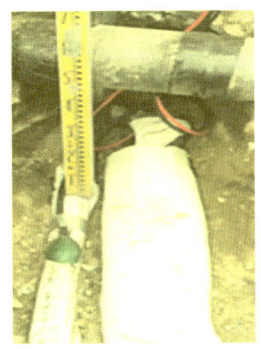

정답
마그네슘

03 화면에 보이는 장치는 지하에 매설된 저장설비에 설치된 것이다. 이 장치의 명칭을 쓰시오.

정답
전기방식 전위측정용 터미널

04 저전위금속체인 마그네슘을 배관 또는 매설배관과 접촉하여 애노드로 하고 피방식체를 캐노드로 하는 전기방식 부식방지법을 쓰시오.

정답: 희생양극법(유전양극법)

05 희생양극법, 배류법 등 전기방식에서 전위측정용 터미널 설치 간격은 몇 m 이내인지 쓰시오.

정답: 300m 이내

06 화면에 보이는 도시가스 매설배관 전기방식의 명칭을 쓰시오.

정답: 희생양극법

SECTION 5 고압가스 자동차 운반차량

01 화면의 가스운반 자동차 차량에서 용기이송 시 주의사항 4가지를 쓰시오.

정답
(1) 가능하면 동일 가스용기만 이송한다.
(2) 용기의 넘어짐 방지조치를 한다.
(3) 밸브가 돌출된 용기의 경우라면 캡을 씌우거나 프로텍터를 사용한 후 운반한다.
(4) 용기와 용기 사이에 충격을 완화하기 위해 고무판이나 가마니 등을 이용한다.

APPENDIX

필답형 · 동영상 최신 기출문제

CHAPTER 01 2021년 1회 기출문제

SECTION 1 필답형

01 일정한 온도(27℃)에서 압력이 100kPa일 때 부피가 2L라면, 압력이 200kPa일 때의 부피를 구하고, 어떤 법칙이 적용되었는지 쓰시오.

정답
(1) 부피 : 1L
(2) 적용된 법칙 : 보일의 법칙

해설
보일의 법칙
$P_1V_1 = P_2V_2$
$V_2 = \dfrac{P_1V_1}{P_2} = \dfrac{100 \times 2}{200} = 1L$

02 다음 보기에서 특정고압가스 중 신고가 필요한 가스(액화가스 250kg 이상, 압축가스 50m³ 이상)를 네 가지 고르시오.

보기
① 수소　　② 산소　　③ 액화암모니아　　④ 액화염소
⑤ 압축디보레인　　⑥ 액화알진　　⑦ 포스핀　　⑧ 셀렌화수소
⑨ 아세틸렌　　⑩ 게르만디실란　　⑪ 삼불화인　　⑫ 삼불화질소
⑬ 삼불화붕소　　⑭ 사불화유황　　⑮ 사불화규소　　⑯ 오불화비소
⑰ 오불화인　　⑱ 천연가스

정답
① 수소, ② 산소, ⑨ 아세틸렌, ⑱ 천연가스

03 자동제어 중 시퀀셜 제어(Sequential Control)에 대해 설명하시오.

정답
미리 정해진 순서에 따라 제어단계를 순차적으로 진행하는 제어

해설
자동제어
- 시퀀스 제어 : 미리 정해진 순서에 따라 제어단계를 순차적으로 진행하는 제어
- 피드백 제어 : 제어결과에 따라 현재 진행 중인 제어동작을 다음 단계로 옮겨가지 못하도록 하고 입력과 출력과의 편차를 계속 수정시키는 자동제어로서 출력 측의 신호를 입력 측으로 돌려보내는 조작으로 폐회로를 구성
- 인터록 제어 : 구비조건에 맞지 않을 때 작동정지를 시키는 제어

04 발화점(Ignition Point)에 대해 설명하시오.

정답
점화원 없이 스스로 연소할 수 있는 최저 온도로, 가연성 가스가 발화하는 데 필요한 최저 온도

해설
인화점
점화원에 의해 불이 붙는 최저 온도로, 가연성 증기가 연소범위 하한에 도달하는 최저 온도

05 습도계의 종류를 두 가지 쓰시오.

정답
건습구 습도계, 모발 습도계, 전기저항식 습도계

06 사용시설 중 호스는 연소기에서 몇 m 이내로 설치하는가?(금속 플렉시블 제외)

정답
3m

07 정압기(Governor)에 대하여 설명하시오.

정답
1차 압력에 관계없이 2차 압력을 일정하게 유지하는 기기

해설
정압기는 가스가 통과하는 배관의 적당한 곳에 설치하며, 1차 압력 및 부하 유량의 변동에 관계없이 2차 압력을 일정한 압력으로 유지하는 기능을 가지고 있다. 즉 시간별 가스 수요량의 변동에 따라 공급압력을 소요압력으로 조정한다.

08 다음은 막식 가스미터의 고장에 대한 설명이다. 각각 어떤 고장인지 쓰시오.

(1) 가스가 통과하나 계량이 측정되지 않는 고장이다. 계량막의 파손, 밸브의 탈락, 밸브와 밸브시트 사이 누설, 지시장치 톱니 불량 등이 원인이다.

(2) 계량기가 막혀 가스가 통과하지 못하는 고장이다. 크랭크축이 녹슬었을 때, 밸브시트가 타르 수분 등에 의해 붙거나 동결된 경우에 발생한다.

정답
(1) 부동
(2) 불통

09 양정 30m, 유량 1.5m³/min, 효율 72%일 때 펌프 동력은 몇 kW인가?

(단, kW = $\dfrac{r \times Q \times H}{102 \times 60 \times n}$ 이다.)

정답
10.21kW

해설
$$kW = \dfrac{1{,}000 \times 30 \times 1.5}{102 \times 60 \times 0.72}$$
$$= 10.212$$
물의 비중량(γ) = $1{,}000\,kg/m^3$

10 LNG의 주성분을 쓰시오.

정답
메탄(CH_4)

해설
LNG
주성분은 메탄(CH_4)이며, 냉매를 사용하여 상압하에서 $-162℃$로 냉각, 액화시킨 것이다.

11 용기저장실은 몇 ℃ 이하에서 직사광선을 받지 않도록 유지해야 하는가?

정답
40℃

SECTION 2   동영상

01 다음은 수조 안에서 부탄가스 용기가 지나는 검사이다. 이 검사의 명칭을 쓰시오.

정답
에어졸 누설(누출)검사

해설 소형용기 및 가스난방기용기 충전 기술기준
액화석유가스가 충전된 이동식 부탄연소기용 용접용기 및 이동식 프로판연소기용 용접용기는 연속공정에 의하여 55±2℃의 온수조에 60초 이상 통과시키는 누출검사를 모든 용기에 실시하고, 불합격된 용기는 파기한다.

02 PE 배관의 접합방법 중 다음 영상의 접합방법을 쓰시오.

정답
맞대기 융착이음

03 10년이 경과된 가스용기(47L)의 재검사 주기는?

정답
3년

04 다음 전위측정용 터미널(T/B)은 외부 전원법에서 몇 m 간격으로 설치해야 하는가?

정답
500m

05 정압실에서 A 장치의 명칭과 기능을 쓰시오.

정답
(1) 명칭 : 긴급차단장치 또는 차단장치(밸브)
(2) 기능 : 공급압력 이상 시 가스 공급 차단

|해설|
• B : 이상압력 통보장치
• C : 자기압력기록계
• D : 정압기

06 가스계량기와 화기의 이격거리(m)를 쓰시오.

정답
2m 이상

07 다음 영상에서 방사선 비파괴검사 방법의 장점을 세 가지 쓰시오.

정답
(1) 장치가 간단하다.
(2) 내부결함 검출이 가능하다.
(3) 운반이 용이하다.
(4) 신뢰성이 높다.

정답
내압방폭구조, 본질안전방폭구조

08 다음에 설치된 조명시설의 방폭 종류를 쓰시오.

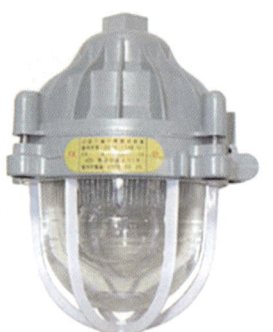

정답
바닥면 둘레 20m마다 1개 이상

09 정압기실의 가스누출경보기 검지부 설치기준을 쓰시오.

정답
원터치형

10 LPG 충전시설에서 다음과 같은 가스 호스 형식의 명칭을 쓰시오.

11 다음 자연 환기 저장소 1개소의 통풍구 면적은 몇 cm² 이하인가?

정답
2,400cm² 이하

12 다음 영상의 작업자가 하는 검사의 명칭을 쓰시오.

 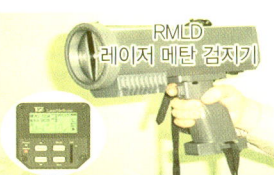

정답
가스누설(누출)검사

CHAPTER 02 2021년 2회 기출문제

SECTION 1 필답형

01 0.1MPa, 25℃에서 공기의 부피가 100m³라면, 5MPa, −150℃일 때의 공기의 부피(L)를 구하시오.

정답
825.50L

해설
$$\frac{P_1 V_1}{T_1} = \frac{P_2 V_2}{T_2}$$
$$V_2 = \frac{P_1 V_1 T_2}{P_2 T_1}$$
$$= \frac{0.1 \times 100 \times (273-150)}{5 \times (273+25)}$$
$$= 0.825503 \text{m}^3 = 825.503 \text{L}$$

02 압축기를 다단압축하는 목적을 두 가지 쓰시오.

정답
효율 증가(기계, 압축, 체적), 압축일량 감소, 가스의 온도상승 방지, 힘의 평형 양호

03 다음 빈칸에 연산부호(+, −)를 넣어 완성하시오.
(1) 절대압력 = 대기압 (   ) 게이지압력
(2) 절대압력 = 대기압 (   ) 진공압

정답
(1) +   (2) −

04 다음은 기체 용해도에 대한 설명이다. 빈칸에 알맞은 내용을 쓰시오.

기체 용해도는 온도가 (①)수록, 압력이 (②)수록 용해가 잘된다.

정답
① 낮을
② 높을

| 해설 |
기체의 용해도는 온도에 반비례하고, 압력에 비례한다.

05 고압가스는 상태에 따라(압축가스, 액화가스, 용해가스), 가연성 여부에 따라(가연성 가스, 조연성 가스, 불연성 가스), 독성 여부에 따라(독성 가스, 비독성 가스) 분류한다. 염소(Cl_2)는 각각 어디에 해당하는지 쓰시오.

정답
액화가스, 조연성 가스, 독성 가스

06 충전용기 보관장소에 대한 설명이다. 빈칸에 알맞은 내용을 채우시오.

(1) 용기 보관장소에는 계량기 등 작업에 필요한 물건 외에는 두지 말 것
(2) 화기 (①) 이내에는 인화성, 발화성 물질을 두지 말 것
(3) 충전용기는 전락, 전도 등의 충격 및 (②) 파손 등의 조치와 난폭한 취급 금지
(4) 용기 보관장소는 항상 (③) 이하 유지, 직사광선을 받지 않게 한다.
(5) 충전용기 보관장소에는 (④) 휴대용 손전등 이외의 등화휴대 금지
(6) 충전용기는 잔가스 용기와 구분하여 저장할 것

정답
① 2m, ② 밸브, ③ 40℃, ④ 방폭형

07 가스긴급차단장치의 주요 구성부 세 가지를 쓰시오.

정답
검지부, 제어부, 차단부

08 액화산소 50L의 용기저장능력은?(단, 액화산소의 정수는 1.04이다.)

정답
48.08kg

해설
액화가스용기 및 차량에 고정된 탱크의 저장능력
$$W = \frac{V}{C} = \frac{50}{1.04} = 48.076$$
여기서, W : 저장능력(kg)
V : 내용적(L)
C : 가스정수

09 정압기(Governor)는 2차 압력을 조절하고, 압력을 조정하는 (①), 가스량을 조절하는 (②)과 가스량을 직접 조정하는 (③)로 구성되어 있다. 빈칸을 알맞게 채우시오.

정답
① 스프링
② 다이어프램(다이어프램 밸브)
③ 메인밸브

해설

10 다음 빈칸을 알맞게 채우시오.
(1) 아세틸렌의 분자량은 ( )으로 공기보다 조금 가볍다.
(2) 아세틸렌은 ( )이(가) 낮기 때문에 위험하다.
(3) 아세틸렌은 흡열, 압축하면 ( )을 일으킨다.
(4) 아세틸렌은 동 및 은과 반응하여 금속물질 ( )를 생성한다.
(5) 아세틸렌을 제조할 때 카바이드(CaC_2)에 ( )을 반응시켜 만든다.

정답
(1) 26 = 26g
(2) 폭발하한값 = 폭발하한계 = 폭발하한치 = 하한계 = 하한값
(3) 분해폭발
(4) 동 아세틸라이드, 은 아세틸라이드 = 아세틸라이드
(5) 물

11 도시가스로 사용되는 액화천연가스를 영문 약어로 쓰시오.

정답

LNG

해설
- Liquefied Natural Gas : LNG
- Liquefied Petroleum Gas : LPG
- Substitute Natural Gas : SNG

12 물의 전기분해 과정에서, 물에 묽은 황산, 수산화나트륨을 넣고 직류로 인가할 때 양극(+), 음극(−)에 발생하는 가스를 각각 쓰고, 산소와 수소의 비율을 쓰시오.

정답

(1) 양극(+) : 산소
(2) 음극(−) : 수소
(3) 산소 : 수소 = 1 : 2

해설
물의 전기분해
증류수에 전해질(수산화나트륨, 황산, 질산나트륨 등)을 가하여 전류를 흘려주면 (−)극에서는 수소, (+)극에서는 산소가 발생하며, 그 부피비는 2 : 1이 된다.
$2H_2O \rightarrow 2H_2 + O_2$
- (−)극 : $2H_2O(l) + 2e^- \rightarrow H_2(g) + 2OH^-(aq)$: 물분자가 전자를 얻음(환원)
- (+)극 : $2H_2O(l) \rightarrow O_2(g) + 4H^+(aq) + 4e^-$: 물분자가 전자를 제공함(산화)

SECTION 2 동영상

01 다음은 연소에 필요한 공기를 일부 흡입하여 연소하는 연소기이다. 영상을 보고 이 가스버너의 형식을 쓰시오.

정답: 분젠식

02 저장탱크 지반 침하의 검사주기는 몇 년인가?

정답: 1년

03 다음 가연성 가스 충전소에 적합한 방폭구조의 명칭을 쓰시오.

정답: 안전증방폭구조

04 가스누출자동검지기에서 A 표시한 것은 무엇인가?

정답
제어부

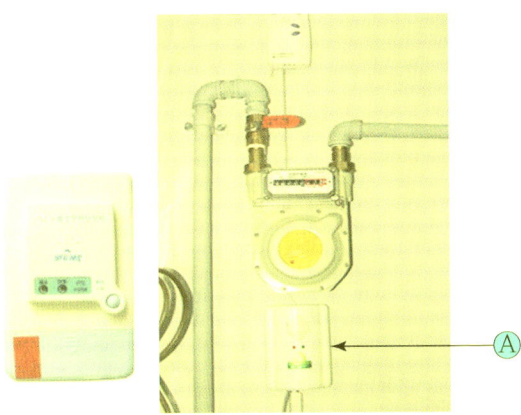

05 다음의 기능을 세 가지 쓰시오.

정답
(1) 감압 기능
(2) 정압 기능
(3) 폐쇄 기능

06 가스계량기(30m³/h 미만)와 단열하지 않은 굴뚝과의 거리 기준은?

정답
30cm 이상

정답
0.25MPa

해설
$$\text{SDR} = \frac{D(\text{관의 외경})}{S(\text{관의 최소두께})}$$
- 파이프 직경과 두께의 비율
- 고압일수록 작은 값을 가진다.

정답
(1) 펌프에 비해 이송시간이 짧다.
(2) 잔가스 회수가 가능하다.
(3) 베이퍼록 현상이 없다.

정답
긴급차단장치
(긴급차단밸브)

07 배관 SDR 값이 17 이하일 때 최대사용압력은?

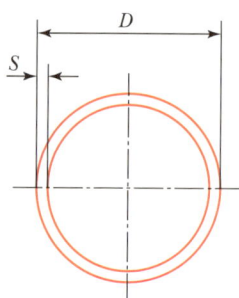

08 가스 이송 시 압축기 이용의 장점을 세 가지 쓰시오.

09 영상을 보고 다음 기기의 명칭을 쓰시오.

10 다음 지상식 저장탱크에서 보냉재의 가장 중요한 기능을 쓰시오.

정답
열전도율이 작아야 한다.

| 해설 |
열전도율은 비중이 작을수록, 온도차가 작을수록, 기공층이 많을수록, 두께가 두꺼울수록 작아진다.

11 영상에서 볼트와 너트 사이 흰 부분의 역할을 쓰시오.

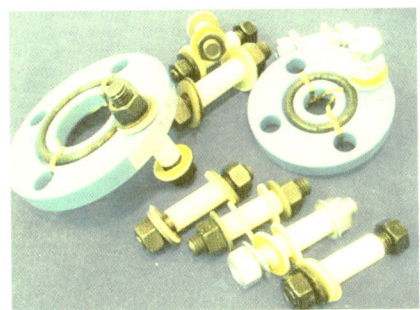

정답
(절연 조치) 부식 방지

12 영상을 보고 다음 용기의 재질을 쓰시오.

정답
탄소강

CHAPTER 03 2021년 3회 기출문제

SECTION 1 필답형

01 가스배관을 연결할 때 동일구경 직선연결 이음재를 두 가지 쓰시오.

> 정답
> (1) 유니언(유니온)   (2) 소켓
> (3) 플랜지   (4) 니플

02 내용적 3,000L 액화암모니아 저장탱크의 저장능력은 얼마인가?(단, 액화암모니아 비중 0.77)

> 정답
> 2,079kg

> 해설
> 액화가스 저장탱크의 저장설비 저장능력
> $W = 0.9dV$
> $= 0.9 \times 0.77 \times 3,000$
> $= 2,079$
> 여기서, W : 저장능력(kg)
> d : 상용온도에서 액화가스 비중(kg/L)
> V : 내용적(L)

03 정압기는 정특성, 동특성, 유량특성으로 나뉜다. 그중 동특성에 대해 설명하시오.

> 정답
> 정압기 부하변동에 대한 응답의 신속성과 안정성을 나타낸다.

> 해설
> • 정특성 : 유량과 2차 압력의 관계
> • 유량특성 : 메인밸브 열림과 유량의 관계

04 온도계는 1600년경 갈릴레오 갈릴레이에 의해 발명되었다. 통상적으로 사용되는 온도 단위를 두 가지 쓰시오.

정답
(1) ℃ (2) ℉

05 대기압 755mmHg, 게이지압력 1.25kg/cm²일 때 절대압력(kg/cm²)은?

정답
2.28kg/cm²

해설
절대압력
= 대기압 + 게이지압력
= $\dfrac{755}{760} \times 1.033 + 1.25$
= $1.026 + 1.25 = 2.276$

06 다음은 질소(N_2)에 대한 설명이다. 빈칸에 알맞은 내용을 채우시오.
(1) 질소는 공기 중 부피로 (　)% 존재한다.
(2) 질소 분자량은 (　)로 공기보다 약간 가볍다.
(3) 질소는 가연성 여부에 따라 (　)성 가스로 다른 원소와 결합하지 않는다.
(4) 질소는 고온, 고압하에서 (　)와(과) 결합하여 암모니아를 생성한다.
(5) 질소는 공기를 압축하여 액화시키고 끓는점 차이로 (　)을(를) 한다.

정답
(1) 79 (2) 28
(3) 불연 (4) 수소
(5) 공기액화분리(공기액화분리장치, 공기액화분리기)

07 가스분석법에는 기기분석법, 연소분석법, 흡수분석법, 화학분석법이 있다. 흡수분석법을 한 가지 쓰시오.

정답
(1) 헴펠법
(2) 오르사트법
(3) 게겔법

08 가스배관 지하매설 시 전기부식 방법을 두 가지 쓰시오.

> **정답**
> (1) 희생양극법(유전양극법)
> (2) 외부전원법
> (3) 배류법

09 가스의 발열량을 비중의 제곱근으로 나눈 값으로, 가스의 연소성 지수를 무엇이라 하는가?

> **정답**
> 웨버지수

| 해설 |

$$WI = \frac{H_g}{\sqrt{d}}$$

여기서, WI : 웨버지수
H_g : 도시가스 총발열량 $(kcal/m^3)$
d : 도시가스 비중

10 시안화수소(HCN)를 장시간 저장하지 못하는 이유에 대해 설명하시오.

> **정답**
> 중합폭발 위험 때문에

11 펌프 사용 중 물의 정압이 증기압력보다 낮은 부분이 생겨 증발을 일으키고 증기가 발생하는 현상을 무엇이라 하는가?

> **정답**
> 공동현상(캐비테이션)

12 아세틸렌 또는 압축가스 9.8MPa 이상의 경우, 아세틸렌 압축기와 충전장소 사이에 높이 2m 이상, 두께 12cm 이상 철근콘크리트 강도 이상으로 무엇을 설치해야 하는가?

> **정답**
> 방호벽

SECTION 2 　동영상

01 가스계량기(30m³/h 미만)와 전기접속기와의 거리는 얼마인가?

정답

30cm 이상

|해설|
- 전기계량기, 전기계폐기 : 60cm 이상
- 전기점멸기, 전기접속기 : 30cm 이상
- 전선, 배기통, 단열조치 하지 않은 굴뚝 : 15cm 이상
- 절연전선 : 10cm 이상

02 다음은 가스 충전 시 필요한 장치이다. A의 명칭과 충전 시 장점을 두 가지 쓰시오.

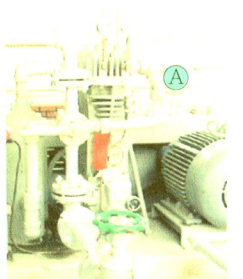

정답

(1) A : 압축기
(2) 장점 : 펌프에 비해 이송 시간이 짧다. 잔가스 회수가 가능하다. 베이퍼록 현상이 없다.

03 다음은 정압기 시설로, 유량계의 정확한 명칭을 쓰시오.

정답

터빈식 가스미터 유량계

정답
석회석, 목탄, 규조토, 탄산마그네슘, 다공성 플라스틱, 산화철

04 아세틸렌 용기 내부물질을 네 가지 쓰시오.

정답
절연조치

05 영상을 보고 B에 해당하는 조치를 쓰시오.

정답
오리피스 조리개 기구

06 영상을 보고 확대, 축소시키는 기구의 명칭을 쓰시오.

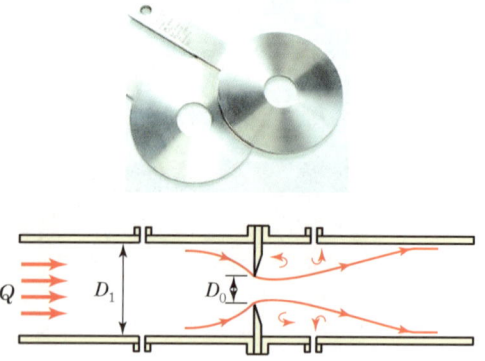

07 영상을 보고 다음 밸브의 용도상 명칭을 쓰시오.

정답
충전용 주관 밸브
(충전용 주 밸브)

08 가스크로마토그래피 분석법에서 사용되는 캐리어 가스를 두 가지 쓰시오.

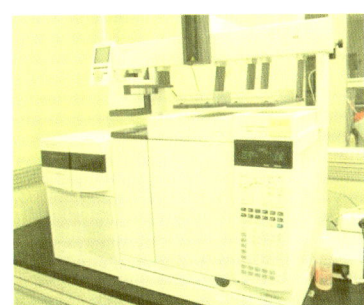

정답
수소, 헬륨, 아르곤, 질소

09 영상을 보고 경계책 설치 기준을 쓰시오.

정답
지면에서 1.5m 이상

정답
85%

10 소형 LPG 탱크는 과충전방지장치를 설치하여 내용적이 초과하지 않도록 한다. 규정 충전용량은 얼마인가?

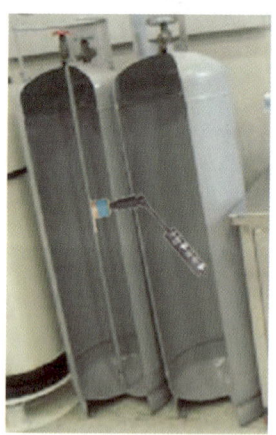

정답
(1) A : 긴급차단장치
(2) 기능 : 가스공급 압력 이상 시 가스 긴급차단

11 영상을 보고 A가 표시하는 것의 이름과 기능을 쓰시오.

정답
피그

12 다음은 가스배관 시공상 필요한 장치이다. 이 장치의 명칭을 쓰시오.

CHAPTER 04 2021년 4회 기출문제

SECTION 1 필답형

01 표준상태에서 프로판가스 1L를 완전연소 시 이론산소량(L)을 구하시오.

정답

5L

해설

반응식
$C_3H_8 + 5O_2 \rightarrow 3CO_2 + 4H_2O$
$22.4 : 22.4 \times 5 = 1 : x$
$\therefore x = \dfrac{22.4 \times 5 \times 1}{22.4} = 5$

02 다음은 고압가스 안전관리법에서 안전관리자의 업무이다. 보기에서 알맞게 골라 빈칸을 채우시오.

보기
사용신고시설, 공급자, 안전관리자, 안전관리규정, 제조공정, 특정제조소, 고압가스 안전관리법, 특정고압가스

(1) 사업소 또는 (①)의 시설 등 작업과정의 안전유지
(2) 용기 등의 제조공정관리
(3) 법 제10조에 따른 (②)의 의무이행 확인
(4) 법 제11조에 따른 (③)의 시행 및 그 기록의 작성 보존

정답
① 사용신고시설
② 공급자
③ 안전관리규정

03 대기 중 가장 많이 차지하는 기체를 쓰시오.

정답
질소(N_2)

04 다음의 물음에 답하시오.
(1) 연소의 3요소를 쓰시오.
(2) 탄소의 완전연소 반응식을 쓰시오.

정답
(1) 가연물, 산소, 점화원
(2) $C + O_2 \rightarrow CO_2$

05 차압식 유량계를 한 가지 쓰시오.

정답
오리피스 = 오리피스미터 = 오리피스 유량계

| 해설 |
차압식 유량계
- 오리피스미터
- 벤투리미터
- 플로노즐

06 비접촉식 온도계를 한 가지 쓰시오.

정답
방사온도계

| 해설 |
비접촉식 온도계
- 색온도계, 방사온도계, 광고온도계, 광전관식 온도계
- 장점 : 응답이 빠르다. 이동물체 측정에 적합하다.

07 다음 물음에 알맞은 것을 보기에서 각각 고르시오.

보기
① 산소　　② 수소　　③ 염소　　④ 아세틸렌
⑤ 이산화탄소　⑥ 메탄　⑦ 암모니아　⑧ 아르곤

(1) 밀도가 가장 작은 것과 가장 큰 것의 번호를 순서대로 쓰시오.
(2) 조연성(지연성) 가스 번호를 모두 쓰시오.
(3) 가연성 가스, 독성 가스 번호를 모두 쓰시오.
(4) 특유의 냄새를 발생하는 가스 번호를 모두 쓰시오.
(5) 공기액화분리기로 얻을 수 있는 가스 번호를 모두 쓰시오.

정답
(1) ②, ③
(2) ①, ③
(3) ⑦
(4) ③, ④, ⑦
(5) ①, ⑧

08 LNG의 주성분을 쓰시오.

정답
메탄(CH_4)

해설
LNG
주성분은 메탄(CH_4)이며, 냉매를 사용하여 상압하 $-162°C$로 냉각, 액화시킨 것이다.

09 다음은 초저온용기에 대한 설명이다. 빈칸을 알맞게 채우시오.

(1) 초저온용기는 섭씨 (　)도 이하에서 액화가스를 충전하기 위한 용기이다.
(2) (　)시험은 액화산소, 액화질소로 외부침입 열량을 검사한다.

정답
(1) -50
(2) 단열성능

10 도시가스 연소기는 호환성이 중요하므로 입열량과 연소속도가 중요하다. 발열량을 비중의 제곱근으로 나눈 것을 무엇이라 하는가?

> **정답**
> 웨버지수

| 해설 |
$$WI = \frac{H_g}{\sqrt{d}}$$
여기서, WI : 웨버지수
H_g : 도시가스 총발열량 $(kcal/m^3)$
d : 도시가스 비중

11 도시가스 저장탱크와 용기로부터 연소기까지 2~3kPa로 공급된다. 이때 용기 및 저장탱크(1.56MPa)로 연소기까지 일정하게 가스를 공급해주는 장치는?

> **정답**
> 조정기(레귤레이터)

12 아세틸렌 충전 시 다공물질을 채운 후 침윤제를 넣는다. 침윤제를 한 가지 쓰시오.

> **정답**
> 아세톤 또는 DMF(디메틸포름아미드)

SECTION 2 동영상

01 다음은 수조 안에서 부탄가스 용기가 지나가는 시험이다. 이 시험의 명칭은?

정답
누출시험(기밀시험)

해설 소형용기 및 가스난방기용기 충전 기술기준
액화석유가스가 충전된 이동식 부탄연소기용 용접용기 및 이동식 프로판연소기용 용접용기는 연속공정에 의하여 55±2℃의 온수조에 60초 이상 통과시키는 누출검사를 모든 용기에 실시하고, 불합격된 용기는 파기한다.

02 영상을 보고 LPG 주입밸브의 형식을 쓰시오.

정답
원터치 형식

03 영상을 보고 갈색 용기(공업용 가스)의 명칭을 쓰시오.

정답
액화염소

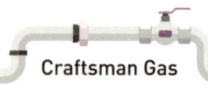

정답
터빈식 가스미터

04 영상을 보고 다음 가스미터의 종류를 쓰시오.

정답
긴급차단장치
(긴급차단밸브)

05 영상을 보고 이 기기의 명칭을 쓰시오.

정답
오리피스(오리피스 기구, 오리피스 조리개)

06 영상을 보고 유량을 확대, 축소시키는 기구의 명칭을 쓰시오.

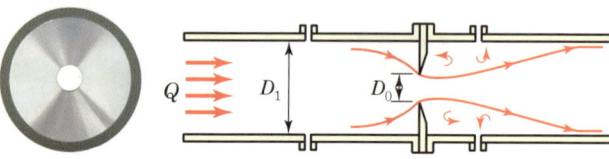

정답
(1) 명칭 : 초저온용기
(2) 정의 : −50℃ 이하의 액화가스를 충전하기 위한 용기

07 영상을 보고 다음의 명칭과 정의를 쓰시오.

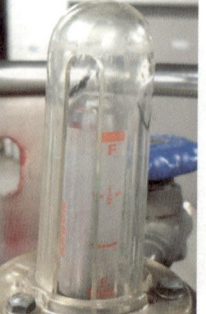

08 영상을 보고 A와 B의 용도를 쓰시오.

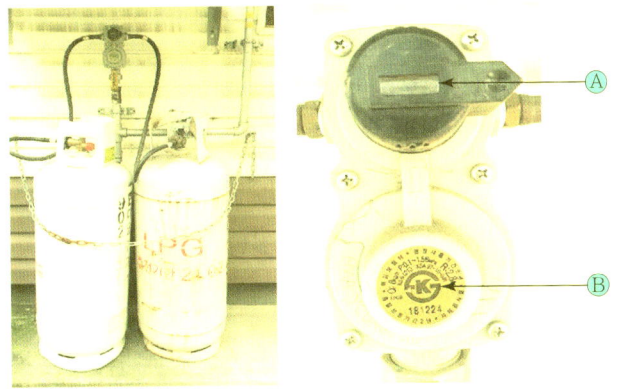

정답
- A : 사용 측 가스가 소진되면 (압력이 저하되면) 자동으로 예비 측으로 전환
- B : 가스 공급압력을 일정하게 유지(최적의 압력 유지로 안정된 연소 도모)

09 영상을 보고 다음 부속의 명칭을 쓰시오.

정답
새들 분기 티(새들 이음 분기 티, 새들)

10 영상을 보고 다음 그림에서 화살표가 가리키는 것의 용도를 쓰시오.

정답
저장탱크 내 액면을 표시하고 감시

정답
액화석유가스 외의 액화가스 충전용기 부속품

11 영상을 보고 다음 그림이 표시하는 것을 쓰시오.

정답
100mm 이상

12 지하 정압실 공기 흡입구 및 배기기구 배관 관경은 몇 mm 이상이어야 하는가?

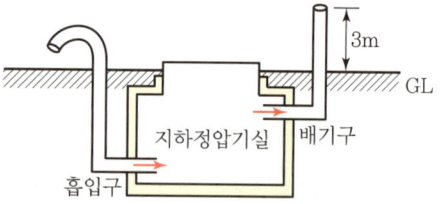

CHAPTER 05 2022년 1회 기출문제

SECTION 1 필답형

01 다음은 도시가스에 대하여 설명하고 있다. 각각의 물음에 알맞은 답을 쓰시오.

(1) 도시가스 연료 중 액체 성분 1가지를 쓰시오.
(2) 도시가스 발열량을 가스비중의 제곱근으로 나눈 값을 무엇이라 하는지 쓰시오.
(3) 도시가스는 가스의 제조, ( ), 열량 조정 등의 공정에 의해 제조된다. 빈칸에 알맞은 말을 쓰시오.
(4) 도시가스 누설 시 냄새로 알 수 있도록 첨가하는 것의 명칭은 무엇인지 쓰시오.
(5) 수요처의 사용량에 따라 저장하는 기능을 하는 것은 무엇인지 쓰시오.

정답
(1) LNG
(2) 웨버지수
(3) 정제
(4) 부취제
(5) 가스홀더

해설
도시가스 연료의 분류
- 고체연료 : 석탄, 코크스
- 액체연료 : LNG, LPG, 나프타가스
- 기체연료 : 천연가스, 오프가스 (정유가스 또는 업가스)

02 다음 설명에서 빈칸을 알맞게 채우시오.

"(①) 또는 (②)용기"란 동판 및 경판을 각각 성형하여 심용접 및 그 밖의 방법으로 (①)하거나 (②)하여 만든 내용적 1리터 이하인 1회용 용기로서 에어졸 제조용, 라이터 충전용, 연료용, 가스용, 절단용 또는 용접용으로 제조한 것을 말한다.

정답
① 접합
② 납붙임

해설
접합 또는 납붙임 용기
동판 및 경판을 각각 성형하여 심용접 및 그 밖의 방법으로 접합하거나 납붙임하여 만든 내용적 1리터 이하인 1회용 용기로서, 에어졸 제조용, 라이터 충전용, 연료용, 가스용, 절단용 또는 용접용으로 제조한 것을 말한다.

03 도시가스 누출 시 냄새로 알 수 있게 첨가하는 것의 구비조건 2가지를 쓰시오.

정답
(1) 독성이 없을 것
(2) 보통 존재하는 냄새와는 명확하게 식별될 것

| 해설 |
부취제의 구비조건
- 독성이 없을 것
- 보통 존재하는 냄새와는 명확하게 식별될 것
- 극히 낮은 농도에서도 냄새가 확인될 수 있을 것
- 가스관이나 가스미터에 흡착되지 않을 것
- 완전히 연소하고 연소 후에 유해한 혹은 냄새를 갖는 성질을 남기지 않을 것
- 도관 내의 상용 온도에서는 응축하지 않을 것
- 도관을 부식시키지 않을 것
- 물에 잘 녹지 않는 물질일 것
- 화학적으로 안정된 것
- 토양에 대해 투과성이 클 것
- 가격이 저렴할 것

04 산소 압축기의 내부 윤활제로 주로 사용되는 것은 무엇인지 쓰시오.

정답
물 또는 10% 이하의 묽은 글리세린수

| 해설 |
압축기에 사용되는 내부 윤활유
- 공기압축기 : 양질의 광유
- 산소압축기 : 물 또는 10% 이하의 묽은 글리세린
- 염소압축기 : 진한 황산
- 아세틸렌 압축기 : 양질의 광유
- LPG 압축기 : 식물성 유

05 열팽창계수가 다른 2개의 금속판을 접합하여 만든 온도계는 무엇인지 쓰시오.

정답
바이메탈 온도계

| 해설 |
바이메탈(Bimetal) 온도계
열팽창률이 다른 두 종류의 얇은 금속 조각을 접합하여 만든 온도계로, 온도변화에 따라 휘는 정도가 다른 점을 이용하여 화재경보기, 자동온도조절기 등에 이용한다.

06 다음 설명의 빈칸을 알맞게 채우시오.

가연물이 연소되기 위해서는 (①), (②)이 필요하며 활성화 에너지가 (③), 발열량이 (④) 때 연소가 잘 일어난다.

정답
① 산소공급원
② 점화원
③ 작고
④ 높을

해설
활성화 에너지
가연물이 연소가 되기 위해 흡수하는 최저의 에너지 변화로, 대부분 활성화 에너지가 작은 물질은 반응 속도가 상대적으로 빠르며, 활성화 에너지가 큰 물질은 반응 속도가 느리다.

07 액화석유가스의 안전관리 및 사업법에서 정한 안전관리자의 종류 4가지를 쓰시오.

정답
(1) 안전관리총괄자
(2) 안전관리부총괄자
(3) 안전관리책임자
(4) 안전관리원

08 공기의 성분이 산소, 질소, 이산화탄소, 아르곤일 때 다음 물음에 답하시오.

(1) 공기 중에 가장 많이 포함된 물질을 쓰시오.
(2) 공기 중에 가장 적게 포함된 물질을 쓰시오.

정답
(1) 질소
(2) 이산화탄소

해설
공기의 조성

구분	체적분율 (%)	질량분율 (%)
산소(O_2)	20.99	23.20
질소(N_2)	78.03	75.47
이산화탄소 (CO_2)	0.030	0.046
아르곤(Ar)	0.933	1.28
수소(H_2)	0.01	0.001

09 게이지압력이 1.03MPa일 경우 절대압력은 몇 kgf/cm²인지 쓰시오.(단, 대기압은 1.0332 kgf/cm²이다.)

정답
11.54kgf/cm²

해설
$$1.0332 + \frac{1.03}{0.101325} \times 1.0332 = 11.54$$

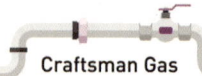

10 철근콘크리트제 방호벽의 규격을 쓰시오.

(1) 두께(cm) (2) 높이(m)

> **정답**
> (1) 12cm 이상
> (2) 2m 이상

해설

방호벽 설치기준

구분	규격	
	두께	높이
철근 콘크리트	12cm 이상	2m 이상
콘크리트 블록	15cm 이상	2m 이상
박강판	3.2mm 이상	2m 이상
후강판	6mm 이상	2m 이상

11 표시유량 이상의 가스량이 통과되었을 경우 가스유로를 차단하는 장치를 쓰시오.

> **정답**
> 과류차단장치 또는 과류차단안전기구

12 보기를 보고 다음 물음에 알맞게 답하시오.

> **보기**
> 이산화탄소, 산소, 오존, 에탄, 메탄, 이산화황, 암모니아, 일산화탄소

(1) 밀도가 가장 작은 가스를 쓰시오.
(2) 온실가스로 분류되는 가스를 쓰시오.
(3) 냄새로 식별이 가능한 가스를 쓰시오.
(4) 가연성이면서 독성 가스를 쓰시오.
(5) 불연성 가스를 쓰시오.

> **정답**
> (1) 메탄
> (2) 이산화탄소, 메탄
> (3) 암모니아, 이산화황
> (4) 일산화탄소, 암모니아
> (5) 이산화탄소, 이산화황

해설

대기 온난화의 대표 온실가스 종류
이산화탄소, 메탄, 아산화질소, 육불화황, 삼불화질소, 수소화불화탄소 등

SECTION 2 동영상

01 다음은 PE관 융착이음이다. 이음 명칭을 쓰시오.

정답
맞대기 융착이음

02 다음 비파괴검사법의 영문 약호를 쓰시오.

정답
RT

| 해설 | 비파괴검사 명칭과 기호

명칭	기호
방사선투과시험	RT
침투탐상검사	PT
초음파탐상검사	UT
와전류탐상 검사	ET
자분탐상검사	MT
누설검사	LT
육안검사	VT

03 다음 도시가스 사용시설에 설치된 가스계량기가 격납상자 내에 설치되었을 때 설치높이는 얼마인가?

정답
바닥으로부터 2m 이내

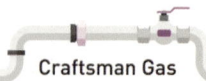

정답

(1) 명칭 : 신축흡수장치(루프이음)
(2) 기능 : 가스배관의 온도 변화에 대한 신축을 흡수하기 위한 장치

04 다음 도시가스 입상관 중 "ㄷ"자 형으로 되어 있는 것의 명칭과 기능을 쓰시오.

정답

(1) 최종압력이 정확하다 (공급압력이 일정).
(2) 중간배관이 가늘어도 된다.
(3) 입상배관에 의한 압력손실을 보정된다.
(4) 연소기구에 알맞은 압력으로 공급이 가능하다.

|해설| 2단 감압식 조정기의 단점
• 설비가 복잡하다.
• 조정기 수가 많이 든다.
• 재액화의 우려가 있다.

05 가스조정기 중 2단 감압식 조정기의 장점 3가지를 쓰시오.

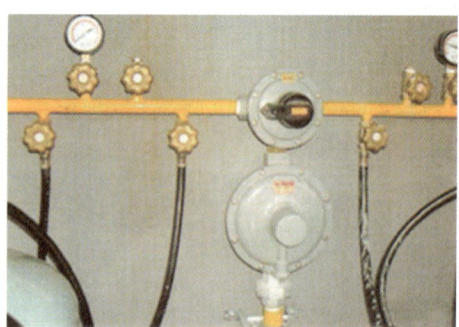

정답

(1) 명칭 : 긴급차단장치
(2) 기능 : 누설, 화재 등의 이상사태가 발생하였을 때 그 피해 확대를 방지하기 위하여 가스의 공급을 긴급정지시킨다.

06 다음 장치의 명칭과 기능을 쓰시오.

07 액화석유가스 용기보관실 지붕 재료의 구비조건 2가지를 쓰시오.

정답
(1) 가벼울 것
(2) 불연성 재료를 사용할 것

08 다음 LPG 사용시설에 설치된 가스검지기는 바닥면에서 몇 cm 이내에 설치하는가?

정답
바닥면에서 30cm 이내

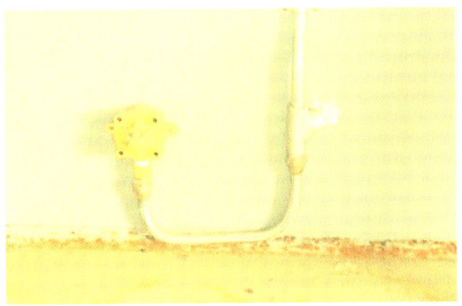

09 다음은 도시가스 정압기실에 설치된 기기이다. 사각형 내 지시하는 기기의 명칭과 기능을 쓰시오.

정답
(1) 명칭 : 이상압력 통보설비
(2) 기능 : 정압기 출구 측의 압력이 설정압력보다 상승하거나 낮아지는 경우에 이상 유무를 상황실에서 알 수 있도록 경보음 등으로 알려준다.

10 다음 방폭등 명판에 기재되어 있는 "Ex d IIB T4" 내용 중 "T4"가 의미하는 것을 쓰시오.

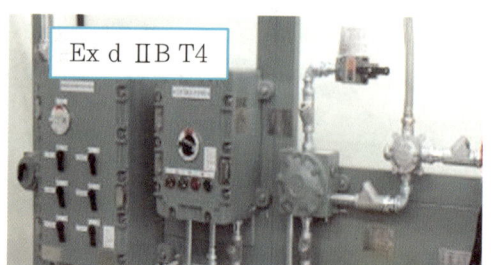

정답
가연성 가스 발화온도에 따른 방폭전기기기의 온도등급을 나타내는 것으로 가연성 가스의 발화도 범위가 135℃ 초과 200℃ 이하이다.

|해설|
"Ex d IIB T4" 내용 구분
- Ex : 방폭구조방법
- d : 내압방폭구조
- IIB : 내압방폭구조의 폭발등급
- T4 : 방폭기기의 온도등급

11 배관의 매설심도를 확보할 수 없는 경우 및 타 시설물과 이격거리를 유지하지 못하는 경우 배관을 보호하기 위해 사용하는 보호판은 배관의 정상부에서 몇 cm 이상 높이에 설치하여야 하는지 쓰시오.

정답
배관 정상부에서 30cm 이상

12 가스보일러와 연통의 접합방법을 쓰시오.

정답
내열실리콘 또는 내열실리콘 밴드

|해설|
가스보일러 연통의 호칭지름은 가스보일러 연통의 접촉부 호칭지름과 동일한 것으로 하며, 연통과 가스보일러의 접촉부 및 연통과 연통의 접촉부는 내열실리콘 또는 내열실리콘 밴드(석고붕대는 제외)로 마감조치하여 기밀이 유지되도록 한다.

CHAPTER 06 2022년 2회 기출문제

SECTION 1 필답형

01 아래 보기를 보고 다음 물음에 답하시오.

> 보기
> 수소, 염소, 산소, 암모니아, 질소, 메탄

(1) 밀도가 가장 작은 가스를 쓰시오.
(2) 밀도가 가장 큰 가스를 쓰시오.
(3) 조연성 가스를 쓰시오.
(4) 독성이면서 가연성 가스를 쓰시오.
(5) 공기액화분리기로 얻을 수 있는 가스를 쓰시오.
(6) 압축 가스를 모두 쓰시오.

> **정답**
> (1) 수소   (2) 염소
> (3) 산소, 염소   (4) 암모니아
> (5) 산소, 질소   (6) 산소, 수소, 질소, 메탄

02 다음 설명에 해당하는 법칙을 쓰시오.

온도가 일정할 때 일정량의 기체가 차지하는 체적은 압력에 반비례한다.

> **정답**
> 보일의 법칙

03 일반적인 가스미터의 종류 중 추량식 가스미터의 종류 2가지를 쓰시오.

> **정답**
> (1) 터빈식
> (2) 오리피스식

| 해설 |
일반적 가스미터의 종류
① 실측식
  • 건식 : 막식형(독립내기식, 크로바식)과 회전식(루츠식, 로터리식, 오벌식)으로 구분
  • 습식
② 추량식
  • 오리피스식
  • 터빈식
  • 선근차식

04 도시가스 배관에 사용하는 폴리에틸렌관의 최고사용압력을 쓰시오.

> **정답**
> 0.4MPa 이하

05 액화가스의 증기를 강제로 기화시킬 때 사용하는 장치를 쓰시오.

> **정답**
> 기화기

06 아세틸렌 위험도를 계산하시오.(단, 아세틸렌의 폭발범위는 2.5~81%이다.)

> **정답**
> 31.4

| 해설 |

$$H = \frac{U-L}{L}$$

여기서, H : 위험도
U : 폭발상한계
L : 폭발하한계

$$H = \frac{81-2.5}{2.5} = 31.4$$

07 다음 물음에 답하시오.

(1) 측정값과 참값의 차이를 무엇이라고 하는가?
(2) 반복된 측정 데이터를 얻어내어 그 차이가 어느 정도인지를 판단하는 것을 무엇이라 하는가?
(3) 측정이 얼마나 정확하게 이루어졌는지를 나타내는 것을 무엇이라 하는가?

정답
(1) 절대오차 또는 오차   (2) 정확도
(3) 정밀도

08 도시가스 기체연료의 장단점을 쓰시오.

정답
(1) 장점
  ① 천연가스 그대로 이용하여 경제적이다.
  ② 기존 도시가스와 혼합 공급이 가능하다.
  ③ 천연가스를 공기로 희석하여 공급이 가능하다.
(2) 단점
  ① 배관 관경이 커야 한다(설치비용이 비싸다).
  ② 발열량이 적다.
  ③ 불순물(저급탄화수소)이 혼합될 수 있다.

09 가스 배관에 상용압력 또는 0.7MPa 이상으로 실시하는 시험을 무엇이라 하는지 쓰시오.

정답
기밀시험

10 황(S)을 이산화황(SO_2)으로 완전연소 시 이론산소량(kg/kg)은 얼마인지 쓰시오.

정답
1kg/kg

해설
흡수분석법
황의 연소식
$S + O_2 \rightarrow SO_2$
(S 분자량 32kg, O_2 분자량 32kg)
32kg : 16kg × 2(= 32kg)
∴ $\dfrac{32kg}{32kg}$ = 1kg/kg

11 가스사용 시설에서 가스 누설 시 경보가 울리고 자동으로 가스 공급을 차단하는 장치를 쓰시오.

> **정답**
> 가스누출 자동차단장치

12 다음 빈칸에 알맞은 단어를 쓰시오.

산소의 농도가 18~22%까지 된 것이 확인될 때까지 (①)로 반복 치환한다. 독성 가스의 농도는 (②) 기준농도 이하인 것을 재확인한다.

> **정답**
> ① 공기
> ② 허용농도(TLV-TWA)

SECTION 2 동영상

01 다음 PE배관의 SDR 값이 17일 때 최고사용압력(MPa)은 얼마인지 쓰시오.

정답
0.25MPa 이하

해설 SDR 값에 따른 허용압력범위

SDR 값	허용압력(MPa)
11 이하	0.4 이하
17 이하	0.25 이하
21 이하	0.2 이하

02 다음 배관 이음법의 명칭을 쓰시오.

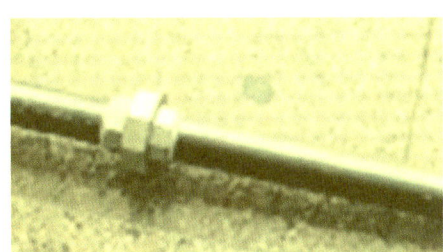

정답
유니언 이음(나사이음)

03 다음 도시가스 가스계량기와 전기계량기와의 이격거리를 쓰시오.

정답
60cm 이상

해설 가스미터 설치 기준
① 설치높이 : 바닥으로부터 1.6m 이상 2m 이내(단, 격납상자 내에 설치 시 제외)
② 유지거리
- 전기계량기 및 전기개폐기 : 60cm
- 굴뚝, 전기 전멸기 및 전기 접속기 : 30cm
- 절연조치하지 않은 전선 : 15cm

정답
(1) 명칭 : 접속금구
(2) 목적 : 정전기를 제거하고 폭발을 방지하기 위함

04 LPG 이입·충전시설에 설치된 것으로 다음 장치의 명칭과 설치목적을 쓰시오.

정답
해수(바닷물)

| 해설 |
해수식 기화기는 고압펌프로부터 이송된 LNG가 얇은 판의 형태로 만들어진 열교환기 내부를 아래쪽에서 위쪽으로 통과하는 동안 상부에서 하부로 바닷물을 흘려서 해수의 현열을 LNG에 전달하여 기화시키는 설비이다.

05 다음 LNG 기화기에 사용되는 열매체를 쓰시오.

정답
① 제어부
② 차단부
③ 검지부

06 다음은 연료용 가스를 사용하는 시설의 모습이다. 지시하는 부분의 명칭을 쓰시오.

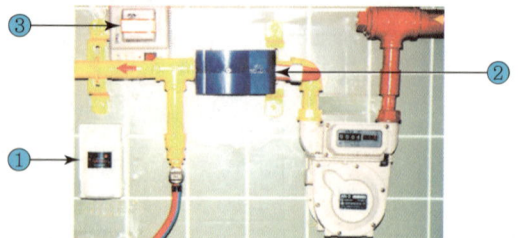

07 다음 가스크로마토그래피 장치의 구조 3가지를 쓰시오.

정답
(1) 분리관
(2) 검출기
(3) 기록계

08 다음 보냉제에서 가장 중요한 성질을 쓰시오.

정답
(1) 열전도율이 낮을 것
(2) 단열효과가 높을 것

09 다음 도시가스 매설배관에 전기방식을 시공하는 전기방식법의 명칭을 쓰시오.

정답
희생양극법

정답
Tig 용접
(불활성 가스 아크용접)

10 다음 용접법의 명칭을 영문으로 쓰시오.

정답
(1) 명칭 : 피그
(2) 용도 : 배관 내부의 이물질을 제거하는 데 사용

11 다음 장치의 명칭과 용도를 쓰시오.

정답
세이프티 커플링

12 표시된 부분은 LPG 자동차 충전호스이다. 과도한 힘을 가할 시 자동으로 분리되는 장치가 무엇인지 쓰시오.

CHAPTER 07 2022년 3회 기출문제

SECTION 1 필답형

01 다음은 아세틸렌을 용기에 충전할 때의 기준이다. 빈칸에 알맞은 내용을 쓰시오.

(1) 아세틸렌을 압축하여 온도에 관계없이 (　)MPa의 압력으로 할 때는 희석제를 첨가한다.
(2) 습식 가스 발생기의 표면온도는 (　)℃ 이하로 유지한다.
(3) 아세틸렌은 분해폭발을 일으키므로 용기에 다공물질과 용제인 (　), DMF를 넣어 용해시켜 충전한다.
(4) 충전 후 압력은 15℃에서 (　)MPa 이하로 한다.

> **정답**
> (1) 2.5　　(2) 70
> (3) 아세톤　(4) 1.5

02 가연성 가스 또는 독성 가스의 가스설비에서 이상 상태가 발생한 경우 당해 설비 내의 내용물을 설비 밖 대기 중으로 방출시키는 장치의 명칭을 쓰시오.

> **정답**
> 벤트스택

03 다음에서 설명하는 가스분석방법은 무엇인지 쓰시오.

혼합성분의 시료가 분석관에 채워져 이동하면서 상호 물리·화학적 작용에 의하여 각각의 단일 성분으로 분리되는 원리를 가진 분석방법이다. 가스의 성분을 분석하고, 발열량, 밀도, 웨버지수, 연소 속도 등을 계산에 의하여 구할 수 있다.

> **정답**
> 가스크로마토그래피

04 차압식 유량계의 종류 2가지를 쓰시오.

> **정답**
> 오리피스, 벤투리, 플로노즐

05 다음 내용의 빈칸에 들어갈 말을 쓰시오.

저장능력 1,000톤인 고압가스 일반제조시설에는 (①) 1명, (②) 1명, (③) 1명, (④) 2명의 안전관리자가 있어야 한다.

> **정답**
> ① 안전관리총괄자 ② 안전관리부총괄자
> ③ 안전관리책임자 ④ 안전관리원

06 지방 중소도시 지역에는 아직 LPG+Air 방식의 도시가스를 공급하고 있다. LPG에서 Air를 혼입하는 방식 1가지를 쓰시오.

> **정답**
> 공기 혼합가스 공급방식

07 다음 내용의 빈칸에 들어갈 말을 쓰시오.

액화가스란 가압 또는 (①) 등의 방법에 의하여 액체상태로 되어 있는 것으로서 대기압에서의 끓는점이 섭씨 40도 이하 또는 (②) 이하인 것을 말한다.

> **정답**
> ① 냉각 ② 상용온도

08 공기 중에 산소는 21v%이다. 공기의 분자량이 29이면 산소 무게는 몇 wt%인지 구하시오.

> **정답**
> 23.17wt%
>
> | 해설 |
> 공기의 분자량이 29이고, 산소는 21v%이므로
> 산소무게 $= \dfrac{32 \times 0.21}{29} \times 100$
> $= 23.17\text{wt}\%$

09 다음 보기를 보고 질문에 답하시오.

> **보기**
> 산소, 오존, 이산화탄소, 일산화탄소, 아르곤, 메탄, 이산화황, 암모니아

(1) 밀도가 가장 낮은 것을 쓰시오.
(2) 밀도가 가장 높은 것을 쓰시오.
(3) 공기액화분리장치로 얻을 수 있는 것을 쓰시오.
(4) 냄새로 알 수 있는 것을 쓰시오.
(5) 온실가스인 것을 쓰시오.
(6) 가연성이면서 독성인 것을 쓰시오.

정답
(1) 메탄
(2) 이산화황
(3) 아르곤, 산소, 이산화탄소
(4) 이산화황, 암모니아
(5) 이산화탄소, 메탄
(6) 암모니아, 일산화탄소

---

10 일산화탄소의 위험도를 구하시오.(단, 일산화탄소의 폭발범위는 12.5~74%이다.)

정답
4.92

해설
$$H = \frac{U-L}{L} = \frac{74-12.5}{12.5} = 4.92$$

---

11 배관의 입상높이가 20m인 곳에 프로판(C_3H_8)을 공급할 때 압력손실은 수주로 몇 mm인지 구하시오.(단, C_3H_8의 비중은 1.5이다.)

정답
12.93mmH$_2$O

해설
H(압력손실)
$= 1.293(S-1) \times h$
$= 1.293 \times (1.5-1) \times 20$
$= 12.93 \text{mmH}_2\text{O}$

---

12 가연성 가스의 제조설비 또는 저장설비의 전기설비는 방폭성능을 가지는 것을 설치하여야 한다. 전기불꽃에 의한 폭발을 방지하기 위한 방폭구조 2가지를 쓰시오.

정답
(1) 유입방폭구조
(2) 안전증방폭구조
(3) 본질안전방폭구조

SECTION 2　동영상

01 가스 사용시설에 설치된 압력조정기의 안전점검실시 주기를 쓰시오.

정답
1년에 1회 이상

02 다음 계측방식의 명칭을 쓰시오.

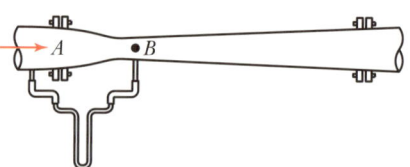

정답
벤투리 유량계

03 다음 공업용 청색용기에 충전하는 가스 명칭을 쓰시오.

정답
이산화탄소

|해설|
- 산소 : 녹색
- 수소 : 주황색
- 아세틸렌 : 황색
- 액화염소 : 갈색
- 질소 : 회색

04 다음 배관 부속품의 명칭을 쓰시오.

정답
유니언

05 다음 용기의 명칭을 쓰시오.

정답
사이펀 용기

06 다음 화면에 보여주는 가스 저장소에 대한 물음에 답하시오.
(1) 환기구의 통풍면적은 바닥면적 100m² 일 때 몇 cm² 이상인가?
(2) 충전용기 보관장소는 몇 도 이하로 유지되어야 하는가?

정답
(1) 30,000cm²
(1m²당 300cm² 비율)
(2) 40℃ 이하

07 다음 화면을 보고 물음에 답하시오.
(1) 이 가스를 연소성으로 분류 시 어떤 성질의 가스로 분류되는가?
(2) 이 가스의 비점은?

정답
(1) 조연성(지연성)
(2) −183℃

08 다음 전위측정용 터미널(T/B)은 배류법에서는 몇 m의 간격으로 설치해야 하는지 쓰시오.

정답: 300m마다 설치

09 다음 사각형 내 녹색선을 설치한 목적을 쓰시오.

정답: 정전기를 제거하기 위하여

10 다음 접지접속선은 단면적 얼마 이상의 것을 사용하여야 하는지 쓰시오.(단, 단선은 제외한다.)

정답: 단면적 5.5mm² 이상

11 방폭 전기기기 명판에 표시된 "ib"가 설명하는 구조는 어떤 구조인지 쓰시오.

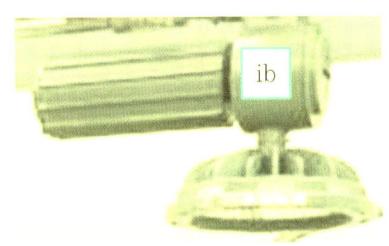

정답

본질안전방폭구조

|해설| 방폭구조의 종류와 기호

방폭구조	표시약호
내압방폭구조	d
유입방폭구조	o
압력방폭구조	p
안전증방폭구조	e
본질안전방폭구조	ia or ib
특수방폭구조	s

12 다음에서 진흙탕이나 슬러지가 함유되어 있는 액체 이송에 적합한 펌프의 번호를 쓰시오.

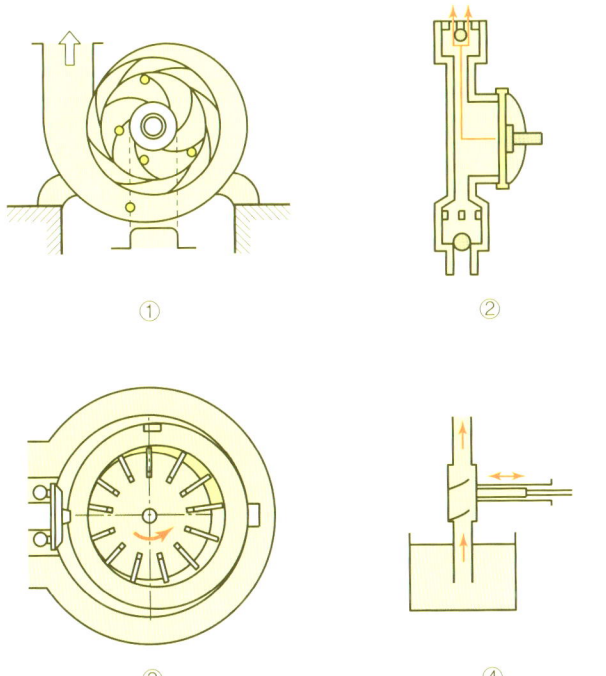

정답

②

|해설|
① 볼류트 펌프
② 다이어프램 펌프
③ 베인 펌프
④ 플런저 펌프

CHAPTER 08 2022년 4회 기출문제

SECTION 1 필답형

01 다음 보기를 보고 물음에 알맞은 번호를 모두 쓰시오.

> 보기
> ① 산소　　② 수소　　③ 일산화탄소　　④ 이산화탄소
> ⑤ 암모니아　　⑥ 질소　　⑦ 아르곤　　⑧ 에틸렌

(1) 공기보다 무거워서 가라앉는 것을 쓰시오.
(2) 이원자분자를 쓰시오.
(3) 가연성이면서 독성인 것을 쓰시오.
(4) 고유의 냄새가 있는 것을 쓰시오.
(5) 6대 온실가스에 해당하는 것을 쓰시오.

> **정답**
> (1) ①, ④, ⑦　　(2) ①, ②, ⑥
> (3) ③, ⑤　　(4) ⑤, ⑧
> (5) ④

02 메탄이 주성분인 천연가스를 액화시켜 LNG로 만드는 이유를 쓰시오.

> **정답**
> 액화로 인한 체적감소로 운반, 저장이 편리하다.

03 다음 설명의 빈칸에 알맞은 내용을 쓰시오.

물을 전기분해하면 양극에서는 (①) 기체가 나오고 음극에서는 (②) 기체가 나온다.

정답
① 산소
② 수소

해설
물의 전기분해
- 전해액은 약 20%의 NaOH 수용액을 사용하며 니켈 도금한 강판을 전극으로 하여 약 2V의 직류전압으로 전기분해를 한다.
- 음극에서는 수소(H_2)가, 양극에서는 산소(O_2)가 2 : 1의 용적비율로 발생한다.

$$2H_2O \rightleftarrows 2H_2 + O_2$$
$$(-극) \quad (+극)$$

04 Seamless 용기의 특징을 2가지만 쓰시오.

정답
(1) 이음매가 없으므로 고압에 견디기 쉬운 구조이다.
(2) 이음매가 없으므로 내압에 대한 응력분포가 균일하다.

해설
이음새 없는 용기의 특징
- 용기 재료는 C 0.55% 이하, P 0.04% 이하, S 0.05% 이하의 강을 사용한다.
- 보통 염소, 암모니아 등 비교적 저압 용기에는 탄소강을 사용한다.
- 산소, 수소 등 고압 용기는 망간강을 사용한다.
- 초저온 용기의 재료는 오스테나이트계 스테인리스강, 알루미늄 합금을 사용한다.
- 알루미늄 합금 용기를 재료로 하여 제조된 용기에 충전되는 고압가스는 산소, 질소, 탄산가스, 프로판 등으로 한정된다.
- 제작 가격이 비싸다.

05 다음 가스공급시설에 대해서 빈칸에 공통적으로 들어가야 할 명칭을 쓰시오.

가스 시설 중 (   )설비는 공급압력이 자동으로 제어되어야 하며, 공급가스 성분이 변해도 수용가에게 일정한 열량을 공급하도록 (   )설비가 되어야 한다.

정답
가스홀더

해설

가스홀더의 기능
- 가스 수요의 시간적 변동에 대하여 일정한 제조 가스량을 안정하게 공급하고 남는 가스를 저장한다.
- 정전, 배관공사, 제조 및 공급설비의 일시적 저장에 대하여 어느 정도 공급을 확보한다.
- 각 지역에 가스홀더를 설치하여 피크 시에 각 지구의 공급을 가스홀더에 의해 공급함과 동시에 배관의 수송효율을 올린다.
- 조성 변동이 있는 제조가스를 저장 혼합하여 공급가스의 열량, 성분, 연소성 등을 균일화한다.

06 지하매설 도시가스배관에 이온화 경향이 강한 금속을 전기적으로 연결해서 배관이 음극이 되도록 하는 방식 방법의 이름을 쓰시오.

정답
희생양극법

07 아세틸렌은 폭발범위가 넓어서 대단히 위험하다. 아세틸렌을 가열, 충격을 가했을 때 폭발하는 것을 무슨 폭발이라고 하는지 쓰시오.

정답
분해폭발

해설

아세틸렌가스 발생압력은 $1.3kg/cm^2$ 이하로 해야 하며($1.5kg/cm^2$에서 폭발위험) 110℃ 이상이면 분해폭발의 위험이 있다.

08 내용적 45L인 용기에 35kgf/cm²의 압력을 가했더니 45.05L가 되었다가 압력을 뺐더니 내용적이 45.004L가 되었다. 이 용기의 항구변형률을 계산하고 합격 여부를 판정하시오.(단, 항구변형률에 단위를 제시하지 않음)

정답
8%, 합격

해설
- 영구증가율
$$= \frac{항구증가}{전증가} \times 100$$
$$= \frac{(45.004L - 45L)}{(45.05L - 45L)} \times 100$$
$$= 8\%$$
- 항구증가율이 10% 이하이므로 합격이다.

09 어느 용기에 담긴 혼합기체의 비율과 각 기체의 허용농도는 다음과 같다. 이 혼합 독성 가스의 허용농도를 구하시오.(단, 허용농도에 단위를 제시하지 않음)

A – 50% 25ppm
B – 10% 2.5ppm
C – 40% ∞

정답
16.67ppm

해설
$$LC_{50} = \frac{1}{\dfrac{C_i}{LC_{50i}}}$$
$$= \frac{1}{\dfrac{0.5}{25} + \dfrac{0.1}{2.5} + \dfrac{0.4}{\infty}}$$
$$= 16.67\text{ppm}$$

10 가스 노즐에 적혀 있어서 압력이 동일하다면 수용가에서 동일한 열량을 사용할 수 있다는 호환성을 알 수 있는 지수를 쓰시오.

정답
웨버지수

해설
웨버지수(WI)
가스의 발열량을 비중의 제곱근으로 나눈 것으로 가스의 연소성 판단의 지수로 사용한다.
$$WI = \frac{H_g}{\sqrt{S}}$$
여기서, S : 가스비중
H_g : 총발열량

11 습식 가스미터의 장점과 단점을 각각 1가지씩 쓰시오.

> **정답**
> (1) 장점 : 계량이 적확하다.
> (2) 단점 : 설치면적이 크고 가격이 비싸다.

12 압력이 변함에 따라서 금속의 탄성이 변하는 것을 이용한 탄성식 압력계를 2가지 쓰시오.

> **정답**
> (1) 부르동관식
> (2) 다이어프램식(격막식)

| 해설 |
- 1차 압력계 : 액주식(Manometer), 자유 피스톤형 압력계 등
- 2차 압력계 : 부르동관식, 다이어프램식(격막식), 벨로스식, 전기저항 압력계 등

SECTION 2 동영상

01 화면에서 지시하는 부분은 LPG 저장시설에서 배관에 설치되어 있다. (A), (B) 기기의 명칭을 쓰시오.

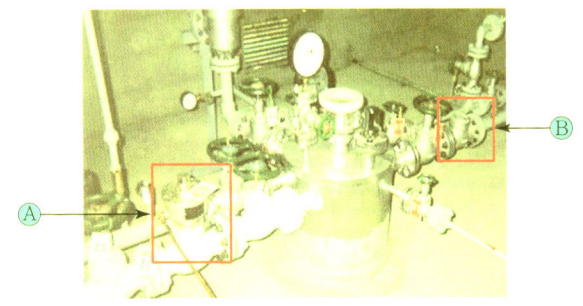

정답
A : 긴급차단장치
B : 역류방지밸브

02 동영상의 전기설비에 대한 전기기기 방폭구조의 명칭을 쓰시오.

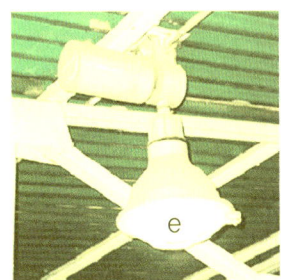

정답
안전증방폭구조

03 도시가스 입상배관에서 보이는 배관에서 U자형으로 한 것을 무엇이라고 하는가?

정답
루프이음(신축흡수장치)

정답

A : 공기를 냉각하여 액체 공기를 분별증류하여 제조한다.
B : -183℃

해설 | **공기의 액화분리**
공기를 냉각하면 액체공기의 비등점은 -194.2℃이고, 액체산소(O_2)의 비등점은 -183℃, 액체질소(N_2)의 비등점은 -196℃이므로 저비점 성분의 질소는 정류탑 탑정(상부)에서, 고비점 산소는 탑저(하부)에서 얻게 된다. 그리고 공기 중에 존재하는 희가스도 분리할 수 있다.

정답

A : 1MPa
B : 기화기를 방폭형으로 설치한 경우

04 다음은 압축하는 포집 시설을 보여준다. (A) 액화 산소의 공업적 제조 방법과 (B) 액화산소의 비등점을 각각 쓰시오.

05 (A) 소형저장탱크에 기화장치를 설치하는 경우에 기화장치의 출구 측 압력은 얼마 미만으로 하는지 쓰고, (B) 소형저장탱크는 그 외면으로부터 기화장치까지 3m 이상의 우회거리를 유지해야 하는데 언제 3m 이내로 유지할 수 있는지 쓰시오.

해설 | **소형저장탱크에 기화장치 설치기준**
- 기화장치의 출구 측 압력은 1MPa 미만이 되도록 하는 기능을 갖거나, 1MPa 미만에서 사용한다.
- 가열방식이 액화석유가스 연소에 의한 방식인 경우에는 파일럿버너가 꺼지는 경우 버너에 대한 액화석유가스 공급이 자동적으로 차단되는 자동안전장치를 부착한다.
- 기화장치는 콘크리트기초 등에 고정하여 설치한다.
- 기화장치는 옥외에 설치한다. 다만 옥내에 설치하는 경우 건축물의 바닥 및 천장 등은 불연성 재료를 사용하고 통풍이 잘되는 구조로 한다.
- 소형저장탱크는 그 외면으로부터 기화장치까지 3m 이상의 우회거리를 유지한다. 다만, 기화장치를 방폭형으로 설치하는 경우에는 3m 이내로 유지할 수 있다.
- 기화장치의 출구 배관에는 고무호스를 직접 연결하지 않는다.
- 기화장치의 설치장소에는 배수구나 집수구로 통하는 도랑이 없어야 한다.
- 기화장치에는 정전기 제거조치를 한다.

06 동영상의 비파괴검사의 명칭을 영문 약자로 쓰시오.

정답
PT(침투검사)

07 화면에 보이는 기기는 정압기실이다. 사각형 내 지시하는 장치의 명칭을 쓰시오.

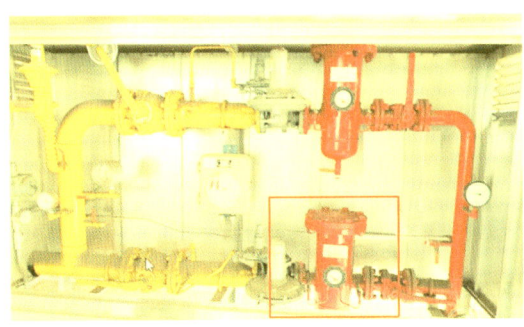

정답
정압기 필터

08 소형 가스계량기와 절연조치하지 않은 굴뚝과의 이격거리를 쓰시오.

정답
30cm 이상

해설 참고 : 가스미터 설치기준
① 설치높이 : 바닥으로부터 1.6m 이상 2m 이내(단, 격납상자 내에 설치 시 제외)
② 이격거리
  • 전기계량기 및 전기개폐기 : 60cm
  • 굴뚝, 전기 전멸기 및 전기 접속기 : 30cm
  • 절연조치하지 않은 전선 : 15cm

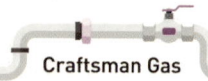

09 동영상에서 주황색 용기의 일반적인 재질에 대하여 쓰시오.

정답
크롬강

해설
고압인 산소용기와 수소용기는 주로 크롬강을 사용하고, LPG 용기, 염소용기 등은 탄소강을 사용한다.

10 화면은 도시가스 사용시설인 가스용품이다. 이 기기의 명칭을 쓰시오.

정답
다기능 가스안전계량기

11 고압가스 운반차량이 주차하고자 할 때 1종 지역과의 거리는 얼마 이상이어야 하는지 쓰시오.

정답
15m 이상

해설 운행 후 조치 사항
충전용기 등을 적재한 차량은 제1종 보호시설에서 15m 이상 떨어뜨리고, 제2종 보호시설이 밀집되어 있는 지역과 육교 및 고가차도 등의 아래 또는 부근은 피하며, 주위에 교통장애, 화기 등이 없는 안전한 장소에 주정차한다. 또한, 차량의 고장, 교통 사정 또는 운반책임자·운전자의 휴식, 식사 등 부득이한 경우를 제외하고는 그 차량에서 동시에 이탈하지 않으며, 동시에 이탈할 경우에는 차량이 쉽게 보이는 장소에 주차한다.

12. 화면의 자동차는 도시가스 매설배관의 가스누설 탐지용 차량이다. 이 가스누출검지기의 명칭을 쓰시오.

정답

FID
(수소불꽃이온화 검출기)

CHAPTER 09 2023년 1회 기출문제

SECTION 1 필답형

01 모든 기체의 1mol은 표준상태에서 22.4L이다. 어떤 물질이 0.1m³일 때는 몇 mol이 되는지 계산하시오.

정답
4.46mol

해설
1mol = 22.4L
1m³ = 1,000L
$$\frac{1\text{mol} \times 0.1\text{m}^3 \times 1,000\text{L}}{22.4\text{L} \times 1\text{m}^3} = 4.4642\text{mol} \fallingdotseq 4.46\text{mol}$$

02 다음의 빈칸을 알맞게 채우시오.

가스누출검지장치는 검지부, (　　), 차단부로 구성되어 있다.

정답
제어부

해설
가스누출검지장치의 구성 3요소는 검지부, 제어부, 차단부이다.

03 화씨(℉) 100도를 섭씨(℃)로 환산하여 쓰시오.

정답
37.78℃

해설
$$t℃ = \frac{5}{9}(t℉ - 32)$$
$$= \frac{5}{9}(100 - 32)$$
$$= 37.7777℃ \fallingdotseq 37.78℃$$

04 다음은 액화가스와 고압가스의 정의를 설명하고 있다. 빈칸을 알맞게 채우시오.

(1) 액화가스란 가압 (①) 등의 방법에 의해 액체로 되는 것
(2) 압축가스란 일정한 (②)에 의해 압축되어 있는 것

정답
① 냉각　　　　　② 압력

05 다음은 연소기의 연소에 대한 설명이다. 빈칸을 알맞게 채우시오.

(1) 연소는 가연물과 산소가 (①)하면서 열과 빛을 내는 것이다.
(2) 연료는 (②), 수소, 산소, 황 등으로 이루어져 있다.
(3) 프로판의 연소범위는 (③)이다.

정답
① 산화반응　　　② 탄소
③ 2.1%~9.5%

06 다음은 독성 가스의 설명이다. 빈칸을 알맞게 채우시오.

독성 가스란 성숙한 흰쥐 집단을 대기 중에 1시간 동안 계속해서 노출시킨 경우 14일 이내에 흰쥐 집단의 (①) 이상이 죽게 되는 가스 농도를 말한다. 허용 농도가 100만분의 (②) 이하인 것을 말한다.

정답
① $\frac{1}{2}$　　　　　② 5,000

07 산소와 일산화탄소의 분자식을 각각 쓰시오.

정답
CO(일산화탄소), O_2(산소)

08 다음의 보기를 보고 물음에 답하시오.

> 보기
> 산소, 질소, 수소, 이산화탄소, 일산화탄소, 황화수소, 불소, 염소

(1) 밀도가 가장 큰 가스는?
(2) 밀도가 가장 작은 가스는?
(3) 가연성 가스는?
(4) 불연성 가스는?
(5) 냄새로 구별할 수 있는 가스는?
(6) 색상으로 구별할 수 있는 가스는?

> **정답**
> (1) 염소
> (2) 수소
> (3) 수소, 일산화탄소, 황화수소
> (4) 질소, 이산화탄소
> (5) 황화수소, 불소, 염소
> (6) 불소, 염소
>
> **│해설│**
> 밀도는 분자량이 클수록 큰 값을 가진다.

09 공기액화장치로 얻을 수 있는 가스 3가지를 쓰시오.

> **정답**
> (1) 산소　　(2) 질소
> (3) 아르곤

10 프로판 200kg을 내용적 40L인 용기에 충전 시 필요 용기 본수를 구하시오.(단, 프로판의 충전정수는 2.35이다.)

> **정답**
> 12본
>
> **│해설│**
> $G = \dfrac{V}{C} = \dfrac{40}{2.34}$
> $= 17.0213 ≒ 17.02$
> $∴ \dfrac{200}{17.0213} = 11.7499 ≒ 12본$

11 다음의 현상에 대하여 쓰시오.

저비점 액체 등을 이송할 때 펌프의 입구에서 액 자체 또는 흡입배관 외부의 온도가 상승하여 고온의 액체가 끓는 현상 또는 흡입관로 폐쇄로 저항이 증대될 경우 발생하는 현상을 말한다.

> **정답**
> 베이퍼록 현상

12 PE관 열융착 이음방식 2가지를 쓰시오.

> **정답**
> (1) 맞대기 융착이음　　(2) 소켓 융착이음
> (3) 새들 융착이음

SECTION 2 동영상

01 화면의 가스설비 방폭구조에서 p가 나타내는 의미를 쓰시오.

정답
압력방폭구조

해설 방폭구조의 종류와 기호

방폭구조	표시약호
내압방폭구조	d
유입방폭구조	o
압력방폭구조	p
안전증방폭구조	e
본질안전방폭구조	ia or ib
특수방폭구조	s

02 화면에서 저압으로 공급하는 정압기의 공급세대 기준을 쓰시오.

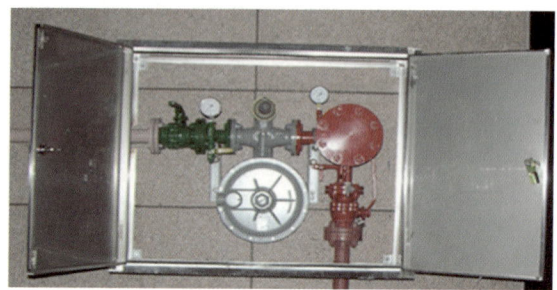

정답
250세대

03 다음의 가스 계측기 명칭과 작업자가 실행하는 작업에 대하여 쓰시오.

정답
(1) 명칭 : 레이저메탄 검지기(RMLD)
(2) 실행작업 : 가스누출검사

04 화면의 가스계량기에 표시된 ①, ②의 내용을 쓰시오.

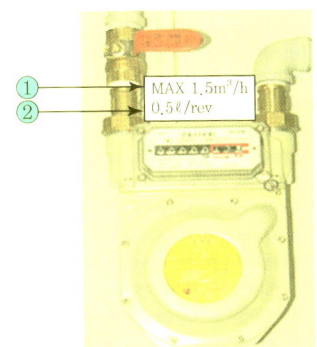

정답
① MAX 1.5m³/h : 가스미터의 최대사용능력이 1시간당 1.5m³이다.
② 0.5L/rev : 가스미터의 1주기 체적이 0.5L이다.

05 다음 LPG 사용시설에서 화살표가 가리키는 장치의 명칭을 쓰시오.

정답
스프링식 안전밸브

06 다음 LPG 사용시설에 설치된 장치의 명칭과 용도를 쓰시오.

정답
(1) 명칭 : 맨홀
(2) 용도 : 탱크 검사 시 안전점검원이 점검, 수리 등을 위해 내부로 들어가기 위함

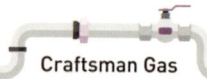

정답
(1) 30,000cm²
(2) 2,400cm² 이하

| 해설 | 충전용기의 환기구
- 환기구의 통풍가능면적의 합계를 바닥면적 m²당 300cm²의 비율로 하고 사방에 방호벽 등을 설치하고 환기구는 2방향 이상으로 한다.
  ∴ 통풍구 최대면적
    $= 100m^2 \times 300cm^2/m^2$
    $= 30,000cm^2$
- 1개의 환기구의 면적은 400cm² 이하로 한다.
- 기계식 환기구의 통풍능력은 1m²당 0.5m³/min 이상으로 한다.

정답
(1) 명칭 : 보호포
(2) 두께 : 0.2mm 이상
(3) 최고사용압력 : 중압

정답
(A) 소켓
(B) 엘보
(C) 유니언

07 화면의 바닥면적이 100m²일 경우 통풍구의 면적은 몇 cm²로 하고, 이때 환기구 1개소의 면적은 몇 cm² 이하로 하는지 각각 쓰시오.

08 다음의 명칭과 두께를 쓰고, 색상이 적색일 때 최고사용압력은 얼마인지 쓰시오.

09 화면에 보이는 배관 부속품의 명칭을 각각 쓰시오.

　　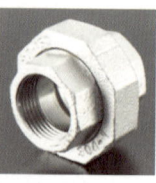
(A)　　　　　(B)　　　　　(C)

10 화면의 PE관에서 이음의 융착의 합격 유무는 무엇으로 판단하는지 쓰시오.

정답
비드

11 다음 분석장비의 명칭을 쓰고 분석원리를 설명하시오.

정답
(1) 명칭 : 가스크로마토그래피
(2) 분석원리 : 시료가 이동상에 의해 이동하면서 칼럼의 고정상과의 물리·화학적 작용에 의해서 각각의 단일성분으로 분리가 이루어지는 분석방법

12 화면에서 보여 주는 압축기의 명칭을 쓰시오.

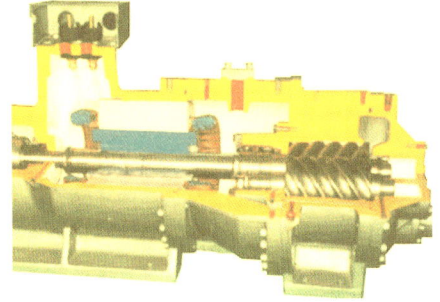

정답
스크루(나사)식 압축기

CHAPTER 10 2023년 2회 기출문제

SECTION 1 필답형

01 일산화탄소의 연소반응식을 분자식으로 쓰시오.

> **정답**
> $2CO(일산화탄소) + O_2(산소) \rightarrow 2CO_2(이산화탄소)$

02 다음에서 설명하는 현상은 무엇인지 쓰시오.

"가스 중 음속보다 화염의 전파 속도가 큰 경우 발생하는 현상"

> **정답**
> 폭굉

03 다음의 보기를 보고 물음에 답하시오.

> **보기**
> 산소, 질소, 수소, 이산화탄소, 에틸렌, 암모니아, 메탄, 염소

(1) 공기보다 무거운 기체를 쓰시오.
(2) 2원자 분자를 쓰시오.
(3) 냄새로 구별할 수 있는 가스를 쓰시오.
(4) 불연성 가스를 쓰시오.
(5) 지구온난화 가스를 쓰시오.

> **정답**
> (1) 산소, 염소, 이산화탄소
> (2) 산소, 수소, 질소, 염소
> (3) 암모니아, 염소, 에틸렌
> (4) 질소, 이산화탄소
> (5) 이산화탄소, 메탄

> **해설**
> 주요 온실가스 종류
> 이산화탄소(CO_2), 질소산화물(N_2O), 메탄(CH_4) 등

04 섭씨온도 40℃는 절대온도로 몇 K인지 쓰시오.

정답
313K

해설
$273 + t℃ = 273 + 40 = 313K$

05 다음의 가스설비 안전장치에 대한 물음에 답하시오.
(1) 가스 및 증기의 압력상승 방지를 위하여 설치하는 장치는?
(2) 급격한 압력상승, 독성 물질의 누출 및 유체의 부식성 또는 반응 생성물의 생성에 따라 안전밸브 설치가 어려운 경우에 설치하는 안전장치는?

정답
(1) 안전밸브
(2) 파열판식 안전장치

06 다음의 빈칸을 채우시오.
(1) 1atm = (①)kPa
(2) 절대압력 = 대기압 + (②)

정답
① 101.325
② 게이지 압력

07 다음 물질의 분자식을 쓰시오.
(1) 염소
(2) 황화수소

정답
(1) 염소 : Cl_2
(2) 황화수소 : H_2S

08 고압의 기체를 좁은 구멍으로 통과시키면 압력과 온도가 낮아지는 현상으로 수소, 헬륨, 네온 등의 기체를 제외한 모든 기체에서 나타나는 현상은 무엇인지 쓰시오.

정답
줄-톰슨 효과

09 저장탱크 보호시설 중 높이 2m, 두께 0.12m인 철근콘크리트 또는 이와 동등 이상의 구조벽의 명칭을 쓰시오.

정답
방호벽

10 도시가스 공급시설 중 정상상태에서 정압기의 송출유량과 2차 압력의 관계를 쓰시오.

정답
정특성

11 이상기체의 절대압력이 2kPa일 때 체적이 5L이다. 이 기체를 절대압력 10kPa로 하였을 때 체적 L을 구하시오.

정답
1L

| 해설 |
$PV = P'V'$
$2 \times 5 = 10 \times x$
$\therefore x = \dfrac{2 \times 5}{10} = 1L$

12 아세틸렌의 분해폭발을 방지하기 위해 충전 후 15℃에서 압력이 몇 Pa 이하로 될 때까지 정치하는지 쓰시오.

정답
1,500,000Pa

| 해설 |
아세틸렌은 분해폭발을 방지하기 위해 충전 후 15℃에서 압력이 1.5MPa 이하로 될 때까지 정치한다. (1MPa = 1,000,000Pa)

SECTION 2 동영상

01 다음의 용기에 각인된 TW, V, W의 기호를 각각 설명하시오.

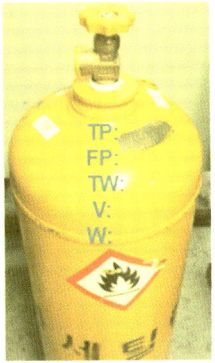

정답
(1) TW : 다공물질 및 용제를 포함한 용기의 총질량
(2) V : 용기의 내용적(L)
(3) W : 용기의 질량

02 화면에 보이는 매설배관 ①, ②의 명칭을 쓰시오.

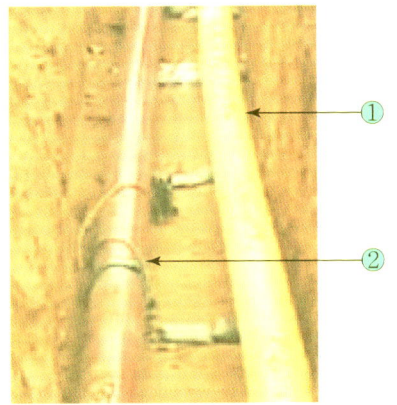

정답
① 가스용 폴리에틸렌관 (일명 PE)
② 폴리에틸렌 피복강관 (일명 PLP관)

03 다음의 가스사용시설에 사용하는 호스 길이를 쓰시오.

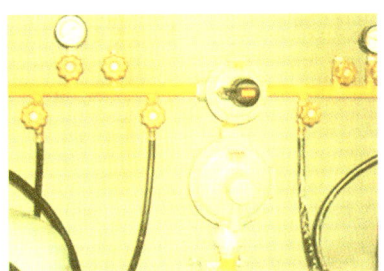

정답
3m 이내

04 화면의 초저온 용기에서 사각형 내 지시하는 것의 명칭을 쓰시오.

정답
액면계

05 다음에 설치된 정압기실의 가스누출검지기의 설치기준을 쓰시오.

정답
20m마다 1개 이상

06 가스 저장소의 자연통풍구 1개의 크기는 얼마 이하로 하는지 쓰시오.

정답
2,400cm² 이하

07 다음 사각형 내 지시하는 장치의 명칭을 쓰시오.

정답

역화 방지기

08 정압기실에서 사각형 내 지시하는 장치의 명칭과 기능을 쓰시오.

정답

(1) 명칭 : 이상압력통보장치
(2) 기능 : 가스공급압력이 저압으로 낮아지거나 고압으로 높아지는 경우 통보하는 장치이다.

09 화면에 보여주는 용기에 저장하는 가스명을 각각 쓰시오.

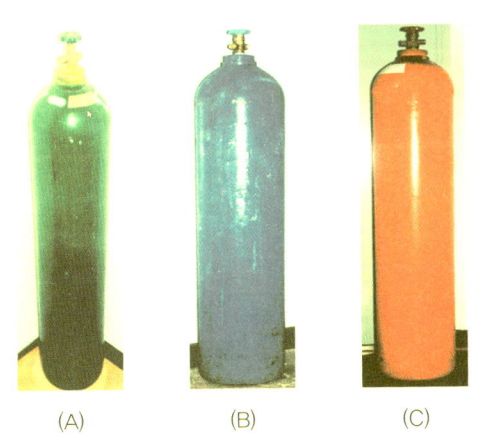

(A)   (B)   (C)

정답

(A) 산소
(B) 이산화탄소
(C) 수소

정답
17m

10 LPG 소형저장탱크에 2.9톤을 저장 시 사업소 경계 간 유지하는 이격거리를 쓰시오.

정답
5m

11 물분무장치의 조작시설과 당해 저장탱크와의 이격거리를 쓰시오.

정답
PT

12 화면에 보여주는 비파괴검사법의 영문 약자를 쓰시오.

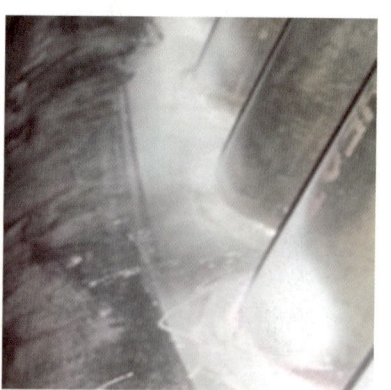

CHAPTER 11 2023년 3회 기출문제

SECTION 1 필답형

01 고압 액화가스를 육로로 이송할 경우 액화가스 장거리 이송방법 2가지를 쓰시오.

정답
(1) 탱크로리 이송
(2) 철도 이송(해상은 선박 이송)

02 프로판가스의 완전연소반응식을 쓰시오.

정답
$C_3H_8 + 5O_2 \rightarrow 3CO_2 + 4H_2O$

03 다음의 보기를 보고 물음에 답하시오.

보기
산소, 질소, 수소, 이산화탄소, 일산화탄소, 암모니아, 메탄, 염소

(1) 공기보다 무거운 기체를 쓰시오.
(2) 공기액화장치에서 얻는 가스를 쓰시오.
(3) 냄새로 구별할 수 있는 가스를 쓰시오.
(4) 불연성 가스를 쓰시오.
(5) 지구온난화 가스를 쓰시오.

정답
(1) 산소, 염소, 이산화탄소
(2) 산소, 질소
(3) 암모니아, 염소
(4) 질소, 이산화탄소
(5) 이산화탄소, 메탄

04 섭씨 40도의 온도를 랭킨온도(°R)로 쓰시오.

정답
564°R

해설
$$t°F = \frac{9}{5}t°C + 32$$
$$= \frac{9}{5} \times 40 + 32 = 104°F$$
$$°R = 460 + t°F$$
$$= 460 + 104 = 564°R$$

05 게이지압력이 4atm에서 부피 10L 용기의 기체는 20L 용기에서 절대압력으로 몇 atm인지 계산하시오.(단, 온도는 일정하다.)

정답
2.50atm

해설
$$PV = P'V'$$
$$(4+1)\text{atm} \times 10\text{L} = x \times 20\text{L}$$
$$\therefore x = \frac{(4+1) \times 10}{20} = 2.5\text{atm}$$

06 수은주 높이가 38cm일 때 몇 atm인지 계산하시오.(단, 대기압은 1atm = 76cmHg이다.)

정답
1.5atm

해설
수은주의 높이는 게이지 압력이므로 절대압력으로 기록한다.
- 게이지 압력(atm)
$$\frac{38\text{cmHg}}{76\text{cmHg}} \times 1\text{atm} = 0.5\text{atm(g)}$$
- 절대압력(atm)
$$1\text{atm} + 0.5\text{atm} = 1.5\text{atm}$$

07 가스 공급시설인 정압기에서 가스 내의 이물질을 제거하는 장치의 명칭을 쓰시오.

정답
여과기(필터)

08 가스 공급시설에서 가스의 조성을 일정하게 유지하면서 연속적으로 가스를 공급하는 장치의 명칭을 쓰시오.

정답
가스 발생기(기화기)

09 다음 물질의 분자식을 쓰시오.
(1) 일산화탄소
(2) 수소

정답
(1) CO
(2) H_2

10 가스 연소방식 중에서 2차 공기로 연소하는 방식을 쓰시오.

정답
적화식

11 유체 이송 중 발생하는 수격작용 방지법을 2가지를 쓰시오.

정답
(1) 관 내 유속을 낮추고, 관경을 크게 한다.
(2) 압력조절용 탱크를 설치한다.
(3) 플라이휠을 설치한다.

12 화학제품의 중요한 제품 원료로 연소범위가 좁고, 올레핀계 탄화수소 중 가장 간단한 구조를 갖는 물질의 명칭을 화학식으로 쓰시오.

정답
C_2H_4(에틸렌)

SECTION 2 동영상

01 다음 화면에 보이는 계측장치의 명칭을 쓰시오.

정답: 자유 피스톤(기준 분동)식 압력계

02 다음의 지하에 매설하는 도시가스배관은 주위의 상수도 배관과의 이격거리를 몇 m 이상으로 하여야 하는지 쓰시오.

정답: 0.3m

03 화면에서 화살표가 가리키는 방호벽의 두께를 쓰시오.

정답: 0.15m

04 다음의 가스시설에서 가스미터와 전기계량기와의 이격거리를 쓰시오.

정답
60cm

05 화면의 정압기실에 설치되는 안전장치의 명칭과 기능을 쓰시오.

정답
(1) 명칭 : 긴급차단장치
(2) 기능 : 이상 압력 발생 시 가스공급을 차단하는 장치

06 다음의 저장시설에서 가스탱크 누설 시 긴급차단밸브의 조작거리를 쓰시오.

정답
5m 이상

정답
루프형 신축이음

07 화면에서 화살표가 지시하는 것의 명칭을 쓰시오.

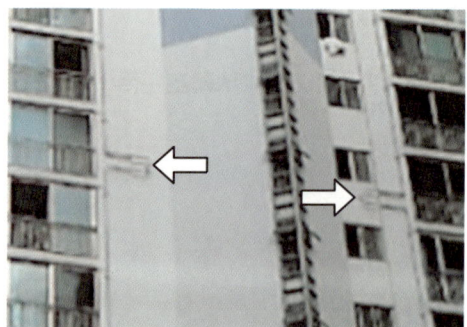

정답
(1) 비등점 : -183℃
(2) 연소성 : 조연(지연)성 가스

08 다음에서 보여주는 액화산소의 비등점과 연소성에 대하여 쓰시오.

정답
새들 융착이음

09 화면에 보이는 PE관의 접합방법을 쓰시오.

10 화면에 보여주는 비파괴검사법의 영문 약자를 쓰시오.

정답: PT

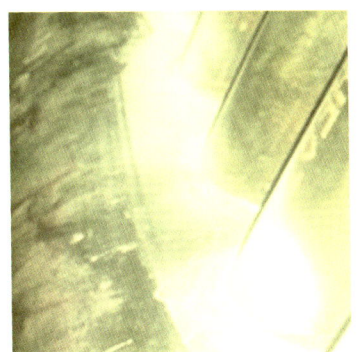

11 다음의 도시가스 정압기 설계유량이 1,000Nm³/hr 이상일 때 방출관의 크기를 쓰시오.

정답: 50A

12 다음 사각형 내 지시하는 부분의 기능을 쓰시오.

정답: 절연 및 부식방지 기능

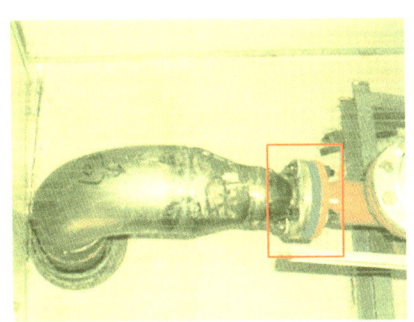

CHAPTER 12 2023년 4회 기출문제

SECTION 1 필답형

01 고압가스 제조시설에서 방호벽을 설치하는 이유를 쓰시오.

> **정답**
> 저장소에서 가스 폭발 시 파편 등의 비산을 방지하고 외부로의 충격파를 방지하기 위해서이다.

> **해설**
> 방호벽은 두께 12cm 이상, 높이 2m 이상의 강도의 철근콘크리트 구조로 한다.

02 메탄가스의 완전연소 반응식을 쓰시오.

> **정답**
> $CH_4 + 2O_2 \rightarrow CO_2 + 2H_2O$

> **해설**
> LPG의 주성분인 프로판과 부탄의 완전연소 반응식
> - 프로판(C_3H_8)
> $C_3H_8 + 5O_2 \rightarrow 3CO_2 + 4H_2O$
> - 부탄(C_4H_{10})
> $C_4H_{10} + 6.5O_2 \rightarrow 4CO_2 + 5H_2O$

03 부피 10L 용기에 0°C에서 절대압력으로 200kPa의 기체가 충전된 후 온도가 40°C로 상승한 경우 용기의 절대압력은 몇 kPa인지 계산하시오.

> **정답**
> 229.3kPa

> **해설**
> $$\frac{P_1 V_1}{T_1} = \frac{P_2 V_2}{T_2}$$
> $$\frac{10 \times 200}{(273+0)} = \frac{10 \times x}{(273+40)}$$
> $$\therefore x = \frac{(10 \times 200) \times (273+40)}{273 \times 10}$$
> $$= 229.30 kPa$$

04 다음의 보기를 보고 물음에 해당하는 가스를 쓰시오.

보기
산소, 수소, 염소, 일산화탄소, 이산화탄소, 메탄, 아세틸렌, 암모니아, 시안화수소

(1) 가장 무거운 가스를 쓰시오.
(2) 불연성 가스를 쓰시오.
(3) 냄새로 구별할 수 있는 가스를 모두 쓰시오.
(4) 절단 및 용접에 사용하는 가스 2가지를 쓰시오.
(5) 6대 온실가스에 해당하는 가스를 모두 쓰시오.

정답
(1) 염소
(2) 이산화탄소
(3) 염소, 암모니아, 시안화수소
(4) 산소, 아세틸렌
(5) 이산화탄소, 메탄

해설
- 분자량이 클수록 무거운 가스이다(염소 분자량 : 71).
- 온실효과를 일으키는 6대 온실기체는 이산화탄소(CO_2), 메탄(CH_4), 아산화질소(N_2O), 수소불화탄소(HFCs), 과불화탄소(PFCs), 육불화황(SF_6)이다.

05 절대온도 1K은 섭씨온도로 몇 ℃인지 쓰시오.

정답
−272℃

해설
절대온도 K(Kelvin)
= 273 + t(℃) = 1K
∴ t = 1 − 273 = −272℃

06 LPG의 주성분 2가지를 쓰시오.

정답
프로판(C_3H_8), 부탄(C_4H_{10})

07 액화석유가스를 저장하기 위한 소형저장탱크의 저장능력 기준을 쓰시오.

정답
3톤 미만

해설
소형저장탱크란 액화석유가스를 저장하기 위하여 지상 또는 지하에 고정 설치된 탱크로서 그 저장능력이 3톤 미만인 탱크를 말한다.

08 고압가스 제조 시 산소 중의 아세틸렌, 에틸렌 및 수소의 용량의 합계가 전체 용량의 2% 이상일 때 금지 사항을 쓰시오.

정답
압축 금지

해설
고압가스 제조 충전 시 가스 압축 금지 기준
- 가연성 가스(아세틸렌, 에틸렌 및 수소는 제외) 중 산소 용량이 전체 용량의 4% 이상인 것
- 산소 중의 가연성 가스의 용량이 전체 용량의 4% 이상인 것
- 아세틸렌, 에틸렌 또는 수소 중의 산소 용량이 전체 용량의 2% 이상인 것
- 산소 중의 아세틸렌, 에틸렌 및 수소의 용량 합계가 전체 용량의 2% 이상인 것

09 가연성 가스 연소 현상에서 공기 중의 산소농도가 높아지는 경우 그 변화를 쓰시오.
 (1) 연소속도
 (2) 폭발범위
 (3) 발화온도
 (4) 화염온도

정답
(1) 빨라진다.   (2) 넓어진다.
(3) 내려간다.   (4) 높아진다.

10 펌프가 높은 능력으로 운전하는 경우 임펠러 흡입부의 압력이 유체의 증기압보다 작아지면 흡입부의 유체는 증발하게 되어 흐름이 불규칙하며 소음과 진동, 부식 등이 일어나는 현상을 무엇이라 하는가?

정답
캐비테이션(Cavitation)

해설
캐비테이션의 발생원인
- 흡입양정이 지나치게 길 때
- 흡입관의 저항이 증가될 때
- 회전수 증가로 유량이 증가될 때
- 관로 내의 온도가 상승될 때

11 질소와 산화에틸렌의 분자식을 각각 쓰시오.

정답
(1) 질소 : N_2
(2) 산화에틸렌 : C_2H_4O

12 대기압이 750mmHg일 때 게이지압력이 200kPa인 경우 절대압력으로 몇 kPa인지 쓰시오.

정답
300kPa

해설
절대압력
= 대기압 − 진공압력
= 750mmHg + 200kPa
= $\dfrac{750\text{mmHg} \times 101.325\text{kPa}}{760\text{mmHg}}$ + 200kPa
= 99.99kPa + 200kPa
= 299.99kPa ≒ 300kPa

SECTION 2 동영상

01 화면에서 LPG 저장탱크로 이입·충전 시 사용하는 접지선의 설치목적을 쓰시오.

정답
가스 유동에 의해 발생한 정전기 제거

02 화면에서 LPG 이송방법 중 압축기로 이송하는 경우 장점 3가지를 쓰시오.

정답
(1) 충전시간이 짧다.
(2) 탱크 내 잔가스 회수가 용이하다.
(3) 베이퍼록 발생 우려가 없다.

03 화면은 도시가스 막식 가스미터기이다. 가스미터(가스계량기)와 전기계량기의 이격거리는 얼마인지 쓰시오.

정답
60cm

|해설| 도시가스 배관의 이음매 유지거리
- 전기계량기 및 전기개폐기와의 거리 : 60cm 이상
- 굴뚝·전기점멸기 및 전기접속기와의 거리 : 30cm 이상
- 절연전선과의 거리 : 10cm 이상
- 절연조치를 하지 않은 전선과의 거리 : 30cm 이상

04 도시가스 배관 중 내관의 호칭지름을 20A로 설치할 경우 배관의 고정간격을 쓰시오.

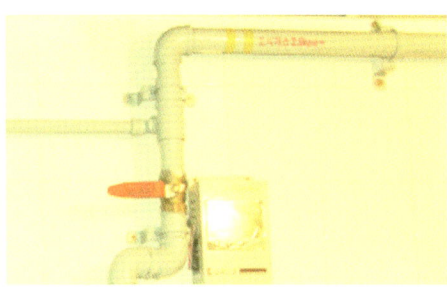

정답
2m

해설
배관은 움직이지 않도록 건축물에 고정 부착한다.
- 호칭지름 ϕ13mm 미만의 것 : 1m마다
- 호칭지름 ϕ13mm 이상 33mm 미만의 것 : 2m마다
- 호칭지름 ϕ33mm 이상의 것 : 3m마다

05 다음 화면의 폴리에틸렌 배관 작업 시공은 어떤 융착이음 방식인지 쓰시오.

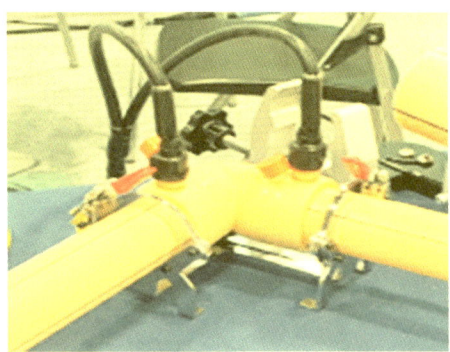

정답
전기식 융착이음

해설 PE관 접합 방법
- 열 융착이음
- 전기 융착이음

06 화면에서 충전용기 밸브에 각인된 LG 표시의 의미를 설명하시오.

정답
액화석유가스 외의 액화가스를 충전하는 용기 부속품 밸브

해설 용기 종류별 부품 기호 표시

구분	기호
아세틸렌가스를 충전하는 용기의 부속품	AG
압축가스를 충전하는 용기의 부속품	PG
액화석유가스 외의 액화가스를 충전하는 용기의 부속품	LG
액화석유가스를 충전하는 용기의 부속품	LPG
초저온용기 및 저온용기의 부속품	LT

정답
안전증방폭구조(0종 위험장소)

07 화면은 가연성 가스를 취급하는 장소에 설치하는 방폭등이다. 이 방폭구조의 종류를 쓰시오.

정답
300cm²

|해설| **가스 저장시설의 환기구 기준**
• 환기구의 통풍가능면적의 합계가 바닥면적 1m²당 300cm²의 비율로 하고 사방을 방호벽 등을 설치하고 환기구는 2방향 이상으로 한다.
• 1개의 환기구의 면적은 2,400cm² 이하로 한다.
• 기계식 환기구의 통풍능력은 1m²당 0.5m³/min 이상으로 한다.

08 각종 가스저장실에서 바닥면적 1m²당 통풍환기구 면적은 몇 cm² 크기로 하여야 하는지 쓰시오.

정답
5m 이내

09 화면에서 LPG 자동차 디스펜서(충전기)용 충전 호스길이는 몇 m 이내이어야 하는지 쓰시오.

10 화면에 보이는 비파괴검사 방법의 명칭을 기호로 쓰시오.

정답

PT(침투탐상검사)

해설 비파괴검사 명칭과 기호

명칭	기호
방사선투과시험	RT
침투탐상검사	PT
초음파탐상검사	UT
와전류탐상 검사	ET
자분탐상검사	MT
누설검사	LT
육안검사	VT

11 제조시설로 산소와 질소를 공업적으로 대량 제조하는 장치의 명칭을 쓰시오.

정답

공기액화장치

12 LNG 기지에서 주로 사용하는 기화장치의 베이스 로드용으로 사용하는 열매체를 쓰시오.

정답

해수 또는 바닷물

해설

오픈 랙 기화기(Open Rack Vaporizer)는 약 5℃의 해수를 이용하여 기화시키므로 경제적이며 설비의 안정성도 높다.

CHAPTER 13 2024년 1회 기출문제

SECTION 1 필답형

01 가스사용시설에서 사용되는 가스누출 자동차단장치의 구성요소 3가지를 쓰시오.

정답
검지부, 제어부, 차단부

해설
가스누설검지 경보장치의 경보농도
- 가연성 가스 : 폭발하한계의 1/4 이하
- 독성 가스 : 허용농도 이하(단, NH_3를 실내에서 사용하는 경우 : 50ppm)

02 다음 가스의 분자식을 쓰시오.

(1) 염화메탄
(2) 일산화탄소

정답
(1) CH_3Cl (2) CO

03 가스배관의 방식에 이용하는 전기 방식법의 종류 4가지를 쓰시오.

정답
(1) 전기양극법   (2) 외부전원법
(3) 선택배류법   (4) 강제배류법

해설
전기 방식의 원리
매설관의 전위를 주위 토양의 전위보다 내려서 매설관이 부식되지 않도록 방식전류를 발생시켜서 철이 토양으로 용출하는 것을 방지한다.

04 염소(Cl_2)가스에 대하여 다음 물음에 답하시오.

(1) 성질에 따른 분류 명칭
(2) 독성에 따른 분류 명칭
(3) 상태에 따른 분류 명칭

> **정답**
> (1) 조연성 가스 (2) 독성 가스
> (3) 액화 가스

05 섭씨 40°C를 화씨(°F)로 환산하시오.

> **정답**
> 104°F

해설
$$°F = \frac{9}{5} \times °C + 32$$
$$= \frac{9}{5} \times 40 + 32$$
$$= 104°F$$

06 비중이 0.8인 액체의 높이가 8m일 때 수은주로 몇 mmHg인지 계산하시오. (단, 수은의 비중은 13.6으로 한다.)

> **정답**
> 470.50mmHg

해설
$$\gamma_1 h_1 = \gamma_2 h_2$$
$$\therefore h_1 = \frac{\gamma_2 \times h_2}{\gamma_1}$$
$$= \frac{0.8 \times 8m}{13.6}$$
$$= 0.4705 mHg \times \frac{1,000mm}{1m}$$
$$= 470.50 mmHg$$

07 절대압력이 10atm일 때 내용적이 10L라면, 일정한 온도에서 내용적이 5L인 용기에 옮겼을 때 절대압력은 몇 atm인가?

> **정답**
> 20atm

해설
$$P_1 V_1 = P_2 V_2$$
$$\therefore P_2 = \frac{P_1 \times V_1}{V_2}$$
$$= \frac{10L \times 10atm}{5L} = 20atm$$

08 정압기의 기능을 3가지만 쓰시오.

정답
(1) 감압기능
(2) 정압기능
(3) 폐쇄기능

해설
정압기의 대표적인 기능
- 감압기능 : 공급가스(도시가스) 압력을 사용처에 알맞게 낮추는 기능
- 정압기능 : 정압기 토출 측(2차측)의 압력을 허용범위 내에서 일정한 공급압력으로 유지하는 기능
- 폐쇄기능 : 가스 사용이 없고 가스 흐름이 없는 경우 밸브를 완전히 폐쇄하여 압력 상승을 방지하는 기능

09 액화석유가스 수리시설에 대하여 ( ) 안에 알맞은 내용을 쓰시오.

(1) 액화석유가스 시설의 수리 등을 할 때는 가스공급을 차단하기 위해 필요한 안전조치를 하고 기준에 따라 미리 그 내부의 가스를 불활성 가스 또는 (①) 등 해당 가스와 반응하지 않는 가스 또는 액체로 치환한다.

(2) 잔류가스를 대기 중에 방출할 경우에는 방출한 가스의 착지농도가 액화석유가스 폭발하한계의 (②) 이하가 되도록 방출관으로부터 서서히 방출한다.

정답
① 물, ② $\dfrac{1}{4}$

10 프로판 $1Sm^3$의 완전연소반응식을 쓰고, 이론공기량을 계산하시오.

정답
(1) $C_3H_8 + 5O_2 \rightarrow 3CO_2 + 4H_2O$
(2) $23.81 Sm^3$

해설
- 이론산소량(A_0)
$1Sm^3(프로판) : 5Sm^3$
$= 1Sm^3 : A_0$
$\therefore A_0 = \dfrac{1 \times 5}{1} = 5Sm^3$

- 이론공기량(A) : 공기 중 산소는 21% 존재하므로
$A = 5 \times \dfrac{100}{21}$
$= 23.809 Sm^3 = 23.81 Sm^3$

11 다음 보기를 보고 물음에 답하시오.

> 보기
> ① 아세틸렌　② 메탄　③ 암모니아　④ 수소　⑤ 산소
> ⑥ 일산화탄소　⑦ 불소　⑧ 에틸렌　⑨ 에탄

(1) 가장 간단한 올레핀계 탄화수소의 번호를 쓰시오.
(2) 냄새가 없는 가스의 번호를 모두 쓰시오.
(3) 비점이 가장 낮은 가스의 번호를 쓰시오.
(4) 조연성 가스의 번호를 모두 쓰시오.
(5) 누출 시 바닥에 가라앉는 가스의 번호를 모두 쓰시오.

정답
(1) ⑧　　　　　　　　　(2) ②, ④, ⑤, ⑥, ⑦, ⑨
(3) ④　　　　　　　　　(4) ⑤, ⑦
(5) ⑤, ⑦, ⑨

해설
- 아세틸렌은 에테르향, 암모니아는 강한 자극향, 에틸렌은 감미향이 난다.
- 조연성 가스는 산소, 염소, 불소, 오존 등이 있다.
- 누출 시 바닥에 가라앉는 가스는 공기의 분자량 29보다 높은 분자량을 갖는다.

12 고압가스 제조시설에서 방호벽을 설치하는 이유를 쓰시오.

정답
저장소에서 가스폭발 시 파편 등의 비산을 방지하고 외부로 충격파를 방지하기 위해서이다.

SECTION 2 동영상

01 다음 도시가스 공급시설에서 확보하여야 하는 조도(lux)는 얼마인가?

정답
150 lux 이상

02 공기액화분리장치에서 이산화탄소를 제거해야 하는 이유를 쓰시오.

정답
장치 내에서 이산화탄소는 고형(고체) 드라이아이스가 되어 밸브 및 배관을 폐쇄하여 장애를 발생시키기 때문이다.

03 충전용기 밸브에 표시된 AG의 의미를 쓰시오.

정답
아세틸렌가스를 충전하는 용기 부속품

04 다음 아세틸렌가스 충전용기의 재질을 쓰시오.

정답
탄소강

05 소형 가스계량기(30m³/h)와 단열조치하지 않은 굴뚝과의 거리는 얼마 이상 떨어져야 하는지 쓰시오.

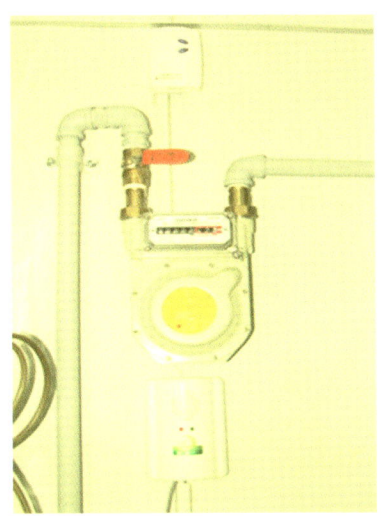

정답
0.3m(30cm)

06 고압가스 안전관리법에 따른 독성 가스의 정의에 대하여 ( ) 안에 알맞은 내용을 쓰시오.

"독성 가스"란 공기 중에 일정량 이상 존재하는 경우 인체에 유해한 독성을 가진 가스로서 (①)(해당 가스를 성숙한 흰쥐 집단에게 대기 중에서 1시간 동안 계속하여 노출시킨 경우 14일 이내에 그 흰쥐의 2분의 1 이상이 죽게 되는 가스의 농도)가 100만분의 (②) 이하인 것을 말한다.

정답
① 허용농도
② 5,000

정답
액화염소

07 다음 동영상의 용기제조자가 도색한 용기 외면의 색상을 보고 가스의 이름을 쓰시오.

정답
본질안전방폭구조

08 다음 설비에 'Ex ib'라고 표시된 것은 무슨 방폭구조를 의미하는지 쓰시오.

정답
(A) 왼나사
(B) 오른나사
(C) 오른나사

09 다음 동영상에서 보여주는 용기 밸브에 적용하는 나사 방향을 각각 쓰시오.

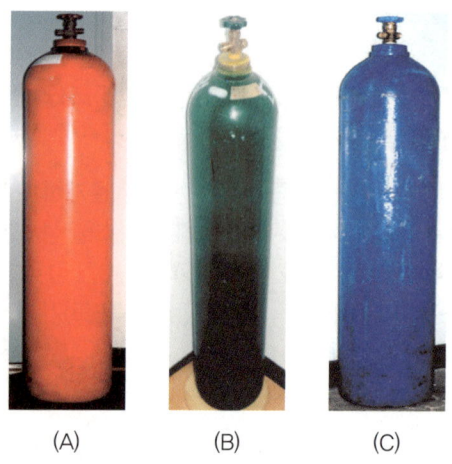

(A)　　　　(B)　　　　(C)

10 다음 영상에 보이는 가스보일러의 배기방식을 쓰시오.

정답

강제배기식 보일러(FE)

해설

급배기 방식에 따른 구분
① 밀폐식 연소기 : 연소에 필요한 공기를 실외에서 취하고 연소가스는 실외로 급배기하는 방식
  - 자연급배기식(BF) : 급배기통을 옥외로 빼고, 자연 통풍력으로 배기
  - 강제급배기식(FF) : 급배기통을 옥외로 빼고, 송풍기로 배기
② 반밀폐식 연소기 : 연소에 필요한 공기를 실내에서 취하고 연소가스는 실외로 급배기하는 방식
  - 자연배기식(CF) : 자연 통풍력으로 배기
  - 강제배기식(FE) : 송풍기로 배기
③ 개방식 연소기 : 연소에 필요한 공기를 실내에서 취하고 배기가스 역시 실내로 배기하는 방식

11 LNG 저장탱크 보냉재에서 가장 중요한 기능은 무엇인가?

정답

열전도율이 작을 것

12 다음 동영상에서 A와 B의 배관 부속 명칭을 쓰시오.

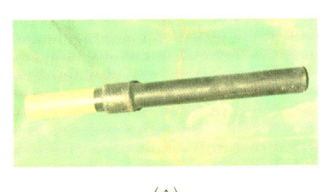 

(A)   (B)

정답

(A) 이형질 이음관
(B) 캡

해설

- 이형질 이음관(Transition Fitting)
- 말단부 마감(Cap)

CHAPTER 14 2024년 2회 기출문제

SECTION 1 필답형

01 에탄 1Sm³을 완전 연소시키는 데 필요한 이론산소량(Sm³)을 계산하시오.

정답
$3.5Sm^3$

해설
에탄의 완전연소식
$2C_2H_6 + 7O_2 \rightarrow 4CO_2 + 6H_2O$
$2Sm^3 : 7Sm^3 = 1Sm^3 : x$
$\therefore x = \dfrac{1 \times 7}{2} = 3.5Sm^3$

02 LPG 강제기화장치를 적용했을 경우 장점 2가지를 쓰시오.

정답
(1) 한랭 시에도 연속적 가스 공급이 가능하다.
(2) 가스 조성이 일정하다.
(3) 설치 면적이 적다.
(4) 기화량 조절이 가능하다.

03 연소에 대한 다음 물음에 답하시오.
(1) 연소의 3요소를 쓰시오.
(2) 탄소의 완전연소반응식을 쓰시오.

정답
(1) 가연물, 산소공급원, 점화원
(2) $C + O_2 \rightarrow CO_2$

04 다음 설명에 해당하는 열역학 법칙을 쓰시오.

온도가 서로 다른 물체를 접촉시키면 높은 온도를 지닌 물체의 온도는 내려가고, 낮은 온도를 지닌 물체의 온도는 올라가서 두 물체의 온도 차이는 없어져 평형을 이룬다.

정답
열역학 제0법칙

해설

열역학의 법칙
- 열역학 제0법칙(열평형 법칙) : 한 물체 C와 각각 열평형 상태에 있는 두 물체 A와 B는 서로 열평형을 이룬다는 법칙이다.
- 열역학 제1법칙(에너지 보존 법칙) : 일은 열로, 열은 일로 교환할 수 있다는 법칙으로, 외부로부터 에너지원을 공급받지 않고 영구히 일을 할 수 있는 기관은 불가능하다.
- 열역학 제2법칙(에너지 흐름 법칙) : 일은 열로 바꿀 수 있지만 열은 일로 변하기 어렵다는 법칙으로, 효율이 100%인 열기관은 제작이 불가능하다.

05 다음 설명에 해당하는 가스를 보기에서 모두 골라 그 번호를 쓰시오.

보기
① 불소　② 일산화탄소　③ 산소　④ 질소
⑤ 메탄　⑥ 이산화탄소　⑦ 황화수소

(1) 공기보다 무거운 것
(2) 독성인 것
(3) 조연성인 것
(4) 공기액화분리장치에서 얻을 수 있는 것
(5) 대기 중에 있는 가스 중에 지구온난화와 관련 있는 것

정답
(1) ①, ③, ⑥, ⑦
(2) ①, ②, ⑦
(3) ①, ③
(4) ③, ④
(5) ⑤, ⑥

06 도시가스나 LPG에 공기 중의 혼합비율의 용량이 1,000분의 1의 상태에서 감지할 수 있도록 혼합하는 물질의 이름을 쓰시오.

정답
부취제

해설
도시가스나 LPG는 무색, 무취의 가스로 누설 시 이를 감지하기 위해 부취제를 첨가한다.

07 비접촉 온도계의 종류를 2가지만 쓰시오.

정답
(1) 방사온도계 (2) 광고온도계
(3) 광전관 온도계 (4) 색온도계

08 다음 물질의 분자식을 쓰시오.
(1) 시안화수소 (2) 아산화질소
(3) 수소 (4) 포스핀

정답
(1) HCN (2) N_2O
(3) H_2 (4) PH_3

09 27℃에서 압력 100kPa, 부피 2L인 기체가 압력 200kPa을 받을 때 부피(L)를 구하고, 어떤 법칙이 적용되었는지 쓰시오.

정답
(1) 1.34L
(2) 보일의 법칙

해설
보일의 법칙
$P_1V_1 = P_2V_2$
$(101.325 + 100)\text{kPa} \times 2\text{L}$
$= (101.325 + 200)\text{kPa} \times x$
$\therefore x = \dfrac{201.325\text{kPa} \times 2\text{L}}{301.325\text{kPa}}$
$= 1.336\text{L} = 1.34\text{L}$

10 표준대기압 1atm에 대하여 ( ) 안에 해당하는 수치를 쓰시오.

1atm = (①)Pa = (②)mH₂O = (③)mmHg = (④)mbar

정답
① 101325
② 10.332
③ 760
④ 1013.25

해설
- 표준 대기압(atm) : 지구상의 표면에 작용하는 압력
- 1기압(atm)
  = 760mmHg = 76cmHg
  = 760Torr = 10.332mH₂O
  = 30inHg
  = 14.7 lb/in²(psi)
  = 1.0332kg/cm²
  = 1.01325bar
  = 1013.25mbar
  = 0.101325MPa
  = 101.325kPa
  = 101325Pa(N/m²)

11 다음과 같이 조성된 혼합기체의 평균분자량을 구하시오.

질소 50%, 산소 20%, 이산화탄소 30%

정답
33.6

해설
혼합가스의 평균 분자량(M)
$M = M_a \times a + M_b \times b + \cdots$
여기서,
 M_a, M_b : 각 기체의 분자량
 a, b : 각 기체의 조성비(%)
$\therefore M = \left(28 \times \dfrac{50}{100}\right) + \left(32 \times \dfrac{20}{100}\right) + \left(44 \times \dfrac{30}{100}\right) = 33.6$

12 정전기 방지 대책과 관련하여 다음 설명에 해당하는 것을 쓰시오.

(1) 지면과 금속을 전기적으로 연결하여 동일한 전위를 유지하여 작업자의 신체를 보호한다.
(2) 독립적인 두 금속을 전기적으로 연결시켜 동일한 전위를 유지한다.

정답
(1) 접지
(2) 본딩

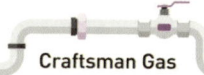

SECTION 2　동영상

01 다음 충전용기 밸브에 표기된 "PG"의 의미를 쓰시오.

정답
압축가스를 충전하는 용기의 부속품

| 해설 |
용기 종류별 부품 기호 표시
- 아세틸렌가스를 충전하는 용기의 부속품 : AG
- 압축가스를 충전하는 용기의 부속품 : PG
- 액화석유가스 외의 액화가스를 충전하는 용기의 부속품 : LG
- 액화석유가스를 충전하는 용기의 부속품 : LPG
- 초저온용기 및 저온용기의 부속품 : LT

02 다음 도시가스 배관에 사용하는 황색 배관의 재질을 쓰시오.

정답
PE(폴리에틸렌)관

| 해설 |
도시가스 배관의 구분
- 적색 배관은 PLP관으로 중압 이상에 사용하며, 최고사용압력은 1MPa 미만에 사용한다.
- 황색 배관은 PE관으로 저압에 사용하며, 최고사용압력은 0.4MPa 미만에 사용한다.

03 다음 LPG 충전시설 주변에 설치해야 하는 경계책의 높이는 몇 m 이상이어야 하는지 쓰시오.

정답
1.5m

04 다음 영상의 방식 방법에서 사용되는 양극재(Anode)의 일반적인 재질을 쓰시오.

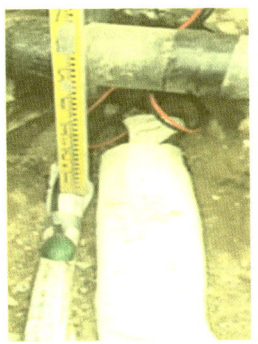

정답
마그네슘, 아연, 알루미늄

해설 희생양극법(유전양극법, 전기양극법)
- 양극의 금속과 음극의 매설배관을 전선으로 연결하여 고유의 전위차로 방식전류를 얻는다.
- 양극 재료는 주로 마그네슘(Mg), 알루미늄(Al), 아연(Zn)을 사용한다.

05 다음 화면의 정압기실 내부에서 원형 내 지시하는 장치의 명칭과 설치 위치를 쓰시오.

정답
(1) 명칭 : 이상압력 통보장치(압력경보장치)
(2) 설치 위치 : 정압기 출구

06 다음 영상의 일반가스공급시설에서 사용하는 비파괴검사 시험의 명칭을 각각 쓰시오.

 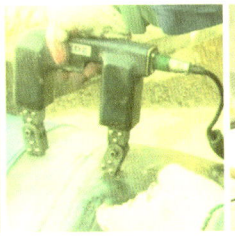 
(A) (B) (C)

정답
(A) 초음파탐상시험(UT)
(B) 자분탐상시험(MT)
(C) 방사선투과시험(RT)

해설 비파괴검사 명칭과 기호

명칭	기호
방사선투과시험	RT
침투탐상검사	PT
초음파탐상검사	UT
와전류탐상 검사	ET
자분탐상검사	MT
누설검사	LT
육안검사	VT

07 다음 영상의 벤투리 원리를 이용한 펌프의 명칭을 쓰시오.

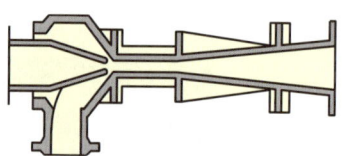

정답
제트 펌프

08 영상에서 보여주는 아세틸렌 용기와 관련하여 ( ) 안에 알맞은 내용을 쓰시오.

- 아세틸렌 용기에는 그 용기의 부속품을 보호하기 위하여 (①)를 부착할 것
- 다공물질은 품질·충전량 및 (②)를 만족할 것

정답
① 프로텍터
② 다공도

|해설|
아세틸렌의 용기는 다공물질(규조토, 목탄, 산화철, 다공성 플라스틱, 석면, 석회 등)로 채우며, 다공도는 75% 이상 92% 미만으로 한다.

09 다음 영상에서 A 배관의 최고사용압력(MPa)은 얼마인지 쓰시오.

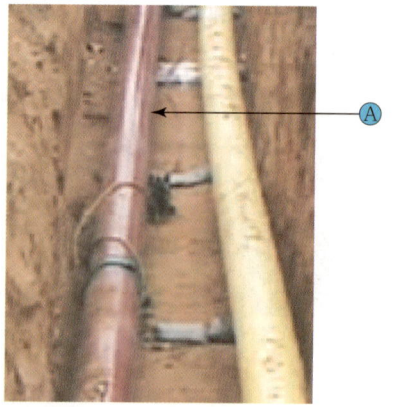

정답
1MPa

|해설|
도시가스 배관의 구분
- 적색 배관은 PLP관으로 중압 이상에 사용하며, 최고사용압력은 1MPa 미만에 사용한다.
- 황색 배관은 PE관으로 저압에 사용하며, 최고사용압력은 0.4MPa 미만에 사용한다.

10 도시가스 차량용 검사 기구의 명칭을 영문 약자로 쓰시오.

정답

FID(Flame Ionization Detector)

11 다음 영상의 배관 위에 설치된 것의 명칭과 설치 목적을 쓰시오.(PE관 위 전선이 테이프로 부착됨)

정답

(1) 명칭 : 로케이팅 와이어
(2) 설치 목적 : 배관의 매설 위치를 지상에서 탐지한다.

12 다음 A, B 중 먼저 부식이 진행되는 곳은?

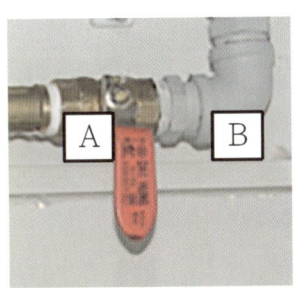

정답

B

|해설|
- A부분은 노란색 볼밸브로 황동 재질이며 내식성이 강하다.
- B부분은 보통의 경우 아연도관으로 황동 재질보다 내식성이 약하다.

저자약력

권오수   한국가스기술인협회 회장
            한국에너지관리자격증연합회 회장
            한국기계설비관리협회 명예회장
            한국보일러사랑재단 이사장
            한국가스학회 부회장 역임

권혁채   서울 중앙열관리기술학원 고압가스 강사 역임
            서울 제일열관리기술학원 고압가스 강사 역임
            한국가스기술인협회 사무총장 역임
            올윈에듀 가스분야 동영상 강사
            가스분야 동영상 전문강사

전삼종   대한민국 가스명장
            대한민국 산업현장 교수
            (주)건일산업 대표이사
            기업체(가스, 안전관리) 위촉강사
            한국가스기술인협회 부회장

가스기능사 실기

발행일 | 2025. 1. 10   초판 발행

저 자 | 권오수 · 권혁채 · 전삼종
발행인 | 정용수
발행처 |

주 소 | 경기도 파주시 직지길 460(출판도시) 도서출판 예문사
T E L | 031) 955-0550
F A X | 031) 955-0660
등록번호 | 11-76호

- 이 책의 어느 부분도 저작권자나 발행인의 승인 없이 무단 복제하여 이용할 수 없습니다.
- 파본 및 낙장은 구입하신 서점에서 교환하여 드립니다.
- 예문사 홈페이지 http://www.yeamoonsa.com

정가 : 28,000원

ISBN 978-89-274-5582-0   13570